高等学校计算机应用规划教材

电子技术实验、实训及课程设计

范立南　张明　刘洋　吴琼　　编著

U0131881

清华大学出版社

北　京

内 容 简 介

电子技术是一门技术性和实践性都很强的课程，本书依托"模拟电子技术"和"数字电子技术"两门课程，对电子技术的实验、实训及课程设计进行了阐述。全书共分 4 篇，总计 10 章。第 1 篇和第 2 篇分别介绍了模拟电子技术和数字电子技术实验的内容，分别包括 4 章的内容，分基础性实验、提高性实验、应用性实验、综合性与设计性实验；第 3 篇介绍了电子技术实训的内容；第 4 篇介绍了电子技术课程设计的内容。

本书可作为高等院校电气信息类专业(含自动化、电气工程、电子信息工程、电子信息科学与技术、生物医学工程、通信、计算机、测控技术等)及相关专业的本科实验教材，还可作为高职高专院校电子、电气、信息类及相关专业的实验教材，也可供从事电子技术研究和开发的工程技术人员参考。

图书在版编目(CIP)数据

电子技术实验、实训及课程设计/范立南等 编著. —北京：清华大学出版社，2011.11
(高等学校计算机应用规划教材)
ISBN 978-7-302-26803-1

Ⅰ. 电… Ⅱ. 范… Ⅲ. 电子技术—实验—高等学校—教材 Ⅳ. TN-33

中国版本图书馆 CIP 数据核字(2011)第 178966 号

责任编辑：王　军
装帧设计：孔祥丰
责任校对：蔡　娟
责任印制：何　芊

出版发行：清华大学出版社　　　　　　　地　　址：北京清华大学学研大厦 A 座
　　　　　http://www.tup.com.cn　　　邮　　编：100084
　　　　社　总　机：010-62770175　　邮　　购：010-62786544
　　投稿与读者服务：010-62776969，c-service@tup.tsinghua.edu.cn
　　质　量　反　馈：010-62772015，zhiliang@tup.tsinghua.edu.cn
印　装　者：清华大学印刷厂
经　　销：全国新华书店
开　　本：185×260　印　张：20.5　字　数：473 千字
版　　次：2011 年 11 月第 1 版　　印　　次：2011 年 11 月第 1 次印刷
印　　数：1～4000
定　　价：39.00 元

产品编号：042944-01

前　言

电子技术实验、实训及课程设计是电子信息类及电子类相关专业课程理论与实践相结合的一个重要纽带和桥梁，是对已学电子技术基础知识的综合性训练，对学生掌握基本理论、运用基本知识、训练基本技能，达到应用型教育培养目标要求有着十分重要的意义和作用。这种训练是通过学生独立进行实验、实训，及应用型电路的设计、安装和调试来完成的，着重培养学生工程实践动手能力、创新能力和进行综合设计的能力，为以后从事电子电路设计、研制电子产品奠定坚实的基础。

本书紧扣教育部规划教材的教学内容，可与各校普遍使用的、多种版本的通用理论教材配套。本书既是基本技能和实验的入门指导，又是启迪学生科技创新思维的开端，体现了前沿的知识、技术，尽量贴近生产实际。实验部分比例合理，适当增加了设计性和综合性实验，提高学生的实际应用设计能力。实训及课程设计部分内容新颖，实用性较强。

本书内容包括电子技术的实验、实训及课程设计。其中：实验内容包括基础性实验、设计性实验和综合性实验；实训及课程设计内容主要是实际电路的设计、调试、运行。实验、实训及课程设计的内容安排由浅到深：既有测试、验证性内容，也有设计、研究的内容；既有实际电路的调试及运行，也有电子电路的扩展设计；既有局部知识点的实践，也有综合设计性内容的训练。本书突出工程性和实践性，实验内容循序渐进，逐渐增强实践的难度，层次分明。与其他同类图书相比，内容涉及面较广，可满足电子技术实验、实习实训及课程设计所有实践环节的教学要求，内容新颖，实践过程详尽，可指导并规范学生的实践过程，为其提供标准的范例，引导学生通过具体电路的设计进而完成相关课题的设计与实现。在实际应用中，不同类型的高校可结合教学的实际需要选择所需的实验内容，为读者提供了较大的自主空间。

本书是作者依据多年教学经验和科研的积累，参考国内外优秀教材编写而成的。作者将电子技术的基本理论及实际电路的设计、运行及调试有机地结合在一起，精心编排和设计章节。全书共分4篇，总计10章：第1篇和第2篇分别介绍了模拟电子技术和数字电子技术实验的内容，包括4章的内容，即基础性实验、提高性实验、应用性实验、综合性与设计性实验；第3篇介绍了电子技术实训的内容；第4篇介绍了电子技术课程设计的内容。本书第1~4章由吴琼编写，第5章由范立南编写，第6~8章、第10章由刘洋编写，第9章由张明编写。全书由范立南统稿。

　　本书可作为高等院校电气信息类专业(含自动化、电气工程、电子信息工程、电子信息科学与技术、生物医学工程、通信、计算机、测控技术等)及相关专业的本科实验教材，还可作为高职高专院校电子、电气、信息类及相关专业的实验教材，也可供从事电子技术研究和开发的工程技术人员参考。

　　由于作者水平有限，时间仓促，书中难免存在不妥之处，敬请读者批评指正。

编　者

2011 年 6 月

目　　录

第4篇 电子技术课程设计

第 1 篇　模拟电子技术实验

第 1 章　基础性实验

第 2 章　提高性实验

第 3 章　应用性实验

第 4 章　设计性与综合性实验

第1章 基础性实验

1.1 常用电子仪器的使用

1. 实验目的

学习电子技术实验中常用的电子仪器——函数信号发生器、交流毫伏表、示波器、万用表等的主要工作原理及技术指标,掌握常用电子仪器设备的正确使用方法。

2. 实验仪器及设备

直流稳压电源	1台
低频信号发生器	1台
示波器	1台
数字万用表	1块
交流毫伏表	1块

3. 实验原理

(1) 函数信号发生器

函数信号发生器是一种常用的电子测量仪器,用于产生某些特定的周期性时间函数波形,如正弦波、方波、三角波等,频率范围可从几个微赫到几十兆赫。其内部主要由信号产生电路和信号放大电路等部分组成。函数信号发生器各种类型输出信号的参量(如电压幅值、频率高低等)都可以通过相应的输出调节旋钮进行调节。

需要注意的是:作为信号源,函数信号发生器的输出端不能直接短路!

(2) 交流毫伏表

交流毫伏表简称毫伏表,是一种用于测量正弦交流电压有效值的电子仪器。电压测量范围通常为 100μV 至 300V。内部结构主要有分压器、交流放大器和整流器等组成部分。可以根据被测信号大小的不同选取合适档位进行电压测量。测量正弦交流电压的有效值 U 和峰值 U_m 之间的关系是

$$U = \frac{U_m}{\sqrt{2}}$$

注意事项:

① 交流毫伏表只能用于测量正弦交流电压值，不能用于测量非正弦交流或直流电压值。

② 测量时，仪器的地线应与被测电路的地线接在一起。

③ 为防止过载损坏，测量前应将交流毫伏表的量程开关置于量程较大位置上，测量中逐档减小至合适量程。一般认为，交流毫伏表指针位于满刻度的 1/3 以上为合适量程。

(3) 示波器

示波器是一种用来观测各种周期性变化的电压波形的电子仪器，主要用来观察各种电信号(电压或电流)的波形及测定电信号的各种参数，如幅度、频率、相位，等等。示波器主要由示波管、垂直放大器、水平放大器、锯齿波发生器、衰减器等部分组成。观测波形时，将被测信号通过专用电缆线与垂直通道(Y 通道)输入插口接通，调整示波器扫速开关及 Y 轴灵敏度开关，使荧光屏上显示出被测信号的稳定波形。

(4) 直流稳压电源

直流稳压电源是常用的电子设备，它能保证在电网电压波动或负载发生变化时，输出稳定的直流电压值。通常能输出几十伏连续可调的电压，是被测电路的能源。

(5) 万用表

万用表又叫多用表、三用表、复用表，是一种多功能、多量程的测量仪表，分为指针式万用表和数字万用表。万用表一般可用于测量直流电流、直流电压、交流电压、电阻和音频电平等。利用万用表进行测量时，应根据被测量的种类及大小，设定转换开关的档位及量程，读出相应的读数。

上述电子仪器设备，在接下来的电子技术实验过程中会反复用到。为了能够在实验中更加准确地测量数据，必须熟练掌握这些必备电子仪器的使用方法。它们的主要用途及相互关系如图 1-1 所示。

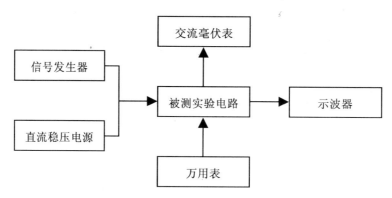

图 1-1 常用仪器与被测电路连接框图

4. 实验内容及步骤

(1) 示波器的使用

用示波器观察、测量其内部产生的方波波形的幅值和周期，填入表 1-1 中，熟悉各有关调节装置的功能。步骤如下：

① 调整扫描基线

将示波器的触发方式开关置于"自动"位置，将触发源选择开关置于"内"，将示波器显示方式置于"单踪"(CH1 或 CH2)方式。打开电源开关，调节"灰度"、"聚焦"，使荧光屏上显示一条细的并且亮度适中的扫描基线，并适当调节垂直($\updownarrow$)和水平($\leftrightarrow$)移位旋钮，使其位于屏幕中央。

观测波形时，将被观测信号通过专用电缆线与 Y_1(或 Y_2)输入插口接通，改变示波器扫速开关及 Y 轴灵敏度开关，在荧光屏上显示出一个或数个稳定的信号波形。

② 调节"校准信号"

将示波器的"校准信号"通过专用电缆引入选定 Y 通道，并选择相应内触发源，调节 X 轴"扫描速率"与 Y 轴"输入灵敏度"开关，使屏幕显示"50Hz，100mV"标准方波信号。

③ 测量"校准信号"

将 Y 轴"输入灵敏度微调"和 X 轴"扫描速率微调"顺时针旋足，处于"校准"位置。读取校正信号周期和幅度，计入表 1-1 中。

表 1-1　校准信号测量数据表

被 校 参 量	标 准 值	实 测 值
幅度 U_{P-P}(V)		
周期 T(ms)		

(2) 低频信号发生器与示波器、毫伏表的使用

按图 1-2 所示电路，将低频信号发生器与示波器、毫伏表进行连接。

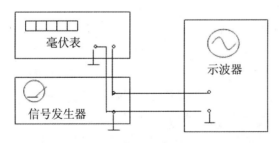

图 1-2　测量信号参数

① 校准

将示波器按照步骤(1)中所述方法进行校准；打开交流毫伏表电源，调节调零旋钮，使其无外接信号时处于零刻度。

② 测量信号参数

调整低频信号发生器，使其输出频率为 1kHz、有效值为 3V 的正弦波、三角波和方波，用示波器观察并画出波形。

调整低频信号发生器，使其输出为正弦波，频率为 3kHz 不变，取电压有效值分别为 2V、0.2V、0.02V，用示波器和毫伏表分别测量相应的电压值。测量结果填入表 1-2 中。

表 1-2 正弦信号电压测量数据表

函数信号发生器输出电压(V)	2	0.2	0.02
示波器灵敏度所在档位(V/div)			
峰-峰 波形高度/div			
峰-峰 电压 U_{P-P}(V)			
用毫伏表测量输出的电压(有效值)V			

调整低频信号发生器，使其输出为正弦波，电压有效值为 3V 不变，其频率分别为 300Hz、1kHz、5kHz、10kHz、30kHz，用示波器测量相应的电压值。测量结果填入表 1-3 中。

表 1-3 正弦信号频率测量数据表

函数信号发生器输出频率(Hz)	300	1K	5K	10K	30K
用毫伏表测量输出的电压(有效值)V					
示波器扫描速率(t/div)所在档位					
峰-峰 间隔 div					
被测信号的周期 t(ms)					
被测信号的频率(Hz)					

(3) 稳压电源和万用表的使用

接通稳压电源开关，调节直流稳压电源有关旋钮，使其输出电压分别为 3V、6V、9V、12V，选择万用表合适档位进行连接，验证电源电压的读数与电压表读数是否一致，分析误差原因。

5. 实验思考题

(1) 根据预习和实验情况，完成操作内容，总结常用设备的用途。

(2) 怎样操作才能从示波器上观测到稳定清晰的信号波形？

(3) 数字万用表可以测量什么物理量？如何测量？

(4) 交流毫伏表主要测量什么物理量？用毫伏表和示波器同时测量正弦波信号的电压，它们的测量值之间有什么关系？

1.2　晶体管共射放大电路

1. 实验目的

(1) 熟悉常用电子仪器的使用方法。

(2) 学会放大器静态工作点的调试方法，定性了解静态工作点对放大器性能的影响，观察放大电路的非线性失真。

(3) 掌握放大器电压放大倍数、输入电阻、输出电阻等动态参数的测试方法。

2. 实验仪器及设备

晶体管共射放大电路板	1 块
直流稳压电源	1 台
低频信号发生器	1 台
示波器	1 台
数字万用表	1 块
交流毫伏表	1 块

3. 实验原理

晶体管单级放大器分高频放大和低频放大。能将频率为几赫兹到几百、几千赫兹的微弱信号不失真地放大到一定程度的放大器，称为低频放大器。这里主要讨论基本的单管共发射极放大电路。

图 1-3 所示为单管共发射极放大电路的实验电路图，由晶体管(NPN 型)、输入电路(C_1、R_b 和 U_{BB})和输出电路(C_2、R_c 和 U_{CC})三部分组成。u_i 为输入信号，u_o 为输出信号。

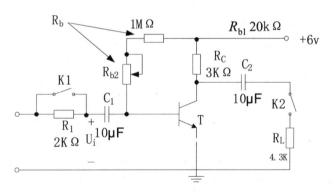

图 1-3　晶体管放大电路

晶体管 T 是放大器中的核心元件，起电流放大的作用。C_1 和 C_2 分别称为输入耦合电容和输出耦合电容，起到"隔直通交"的作用。基极偏流电阻 R_b 由 R_{b1} 和 R_{b2} 两部分组成，称为基极偏流电阻，通过调节滑动变阻器 R_{b1}，可以控制偏流 I_B 的大小，使晶体管处于正常工作状态。R_c 称为集电极负载电阻，把集电极电流的变化量转换为电压的变化量，即把交流电流放大转换为电压放大。U_{cc} 为直流供电电源，为整个放大电路提供了能量。

放大器的测量和调试一般包括：放大器静态工作点的测量与调试，消除干扰与自激振荡及放大器各项动态参数的测量与调试等。

(1) 放大器静态特征

① 静态工作点的理论估算

放大器的静态工作点，是指在没有输入信号(u_i=0)的条件下，晶体管各极的直流电流、直流电压(即 I_B、U_{BE}、I_c、U_{CE})的数值。静态工作点可用万用表直接测得，也可用万用表先测得电压值，再间接求出电流的值。实际测量中，通常按下列公式估算电路的静态工作点的值。

$$U_{BE} = U_B - U_E \tag{1-1}$$

$$U_{CE} = U_C - U_E \tag{1-2}$$

$$I_B = \frac{V_{CC} - U_{BE}}{R_b} \tag{1-3}$$

$$I_C = \frac{V_{CC} - U_{CE}}{R_C} \tag{1-4}$$

$$\beta = \frac{I_C}{I_B} \tag{1-5}$$

② 静态工作点的测量

实验中为了避免断开集电极，通常采用先测量电压，然后算出 I_b、I_c 的方法。首先将放大器输入端接地，使输入信号 $U_i=0$，然后选用万用表的合适量程，分别测量晶体管各电极的对地电位 U_B、U_C 和 U_E。计算 U_{BE}、U_{CE}、I_b、I_c。

③ 静态工作点的调试

静态工作点是否合适，对放大器的性能和输出波形都有很大的影响。为了让放大器工作在一个较好的工作状态上，必须设置合适的静态工作点。

影响静态工作点的因素很多，当晶体管 T 确定以后，电源电压 U_{CC} 和电路参数 R_C、$R_B(R_{B1}$、$R_{B2})$的变化都会引起静态工作点 Q 发生移动。图 1-4 所示为三极管的输出特性曲线簇，当基极偏置电阻 R_B 发生变化(如增大)时，基极电流 I_b 发生变化(减小)，Q 沿负载线移动至 Q'；当电源电压 U_{CC} 变化(如增大)时，直流负载线左右平移，Q 移动至 Q''；当集电极负载 R_C 变化(如增大)时，直流负载线的斜率发生变化，Q 移动至 Q'''。从图中能够看出，在影响静态工作点的参数发生变化的时候，通常基极偏置电阻 R_B 改变较为显著，因此，通常多采用调节偏置电阻 R_B 的方法来改变电路的静态工作状态。

为获得最大的输出动态范围，静态工作点一般选取交流负载线的中点。若工作点偏高，放大器上半部分线性范围较窄，外加交流信号以后易产生饱和失真，基于基本共射放大电路的反向放大特性，此时 U_O 的负半周将被削底，如图 1-5(a)所示；反之，则易产生截止失真，即 U_O 的正半周被缩小，如图 1-5(b)所示。因此为了输出不失真的放大信号，在选定静态工作点以后还必须进行动态调试，即在放大器的输入端加入一定的 U_i，检查输出电压 U_O 的大小和波形是否满足要求。如不满足，则应进一步调节静态工作点。

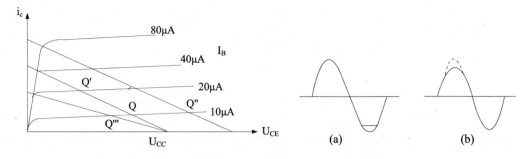

图 1-4　电路参数对静态工作点的影响　　　　　图 1-5　静态工作点对 U_O 波形失真的影响

需要说明并指出的是：如果信号幅度很小，则即使工作点较高或较低也不一定会出现失真。将静态工作点设置尽量靠近交流负载线的中点，是为了让放大器能够尽可能地满足较大输入信号幅度的要求，扩展其线性范围。也就是说，产生波形失真，是信号幅度与静态工作点设置配合不当所致。

(2) 放大器的动态特性

放大器的动态指标包括电压放大倍数、输入电阻和输出电阻、最大不失真输出电压(即动态范围)、通频带等内容。

① 电压放大倍数 A_u 的测量

电压放大倍数的测量实质上是测量输入电压 u_i 与输出电压 u_o 的有效值 U_i 和 U_o。将放大器调整到合适的静态工作点，在图 1-3 中外加交流输入电压值 U_i，在输出电压 U_O 无明显失真和测试仪表的频率范围符合要求的条件下，用交流毫伏表测出输入电压的有效值 U_i 和输出电压有效值 U_O，则可计算出电压放大倍数：

$$A_u = \frac{U_o}{U_i} \tag{1-6}$$

② 输入电阻 R_i 的测量

输入电阻 R_i 是从放大电路输入端看进去的等效电阻，用来衡量放大器对前级信号功率消耗的大小，是放大器的一个重要性能指标。R_i 越大，表明放大电路从信号源索取的电流越小，放大电路所得到的输入电压 U_i 越接近信号源电压 U_s；即信号源内阻上的电压越小，信号电压损失越小。

输入电阻的测量原理如图 1-6 所示。在放大器的输入回路中串联一个已知电阻 R，加入信号源的交流电压 u_s 后，在放大器输入端产生一个电压 u_i 及电流 i_i。

则有

$$R_i = \frac{u_i}{i_i} \tag{1-7}$$

又因为

$$i_i = \frac{u_s - u_i}{R} \tag{1-8}$$

所以

$$R_i = \frac{u_i}{u_s - u_i} R \qquad (1\text{-}9)$$

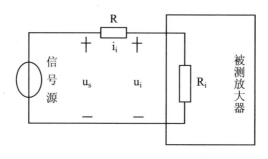

图 1-6　输入电阻测量原理图

测量时，应注意电阻 R 的取值最好与 R_i 为同一数量级，以免产生较大的测量误差。

③ 输出电阻 R_O 的测量

任何放大电路的输出都可以等效成一个有内阻的电压源。从放大电路输出端看进去的等效内阻，称为输出电阻 R_O。R_O 越小，负载电阻 R_L 变化时，U_O 的变化越小，放大器输出就越接近于恒压源，放大电路的带负载能力越强。

输出电阻的测量原理电路如图 1-7 所示。在放大器输入端加上一个固定的信号电压 u_s，选定一负载 R_L，分别测量开关 K 断开和接上时的输出电压 U_O 和 U_L。根据

$$U_L = \frac{R_L}{R_O + R_L} U_O \qquad (1\text{-}10)$$

即可求出 R_O

$$R_O = (\frac{U_O}{U_L} - 1) R_L \qquad (1\text{-}11)$$

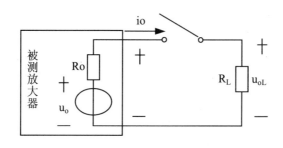

图 1-7　输出电阻测量原理图

在测试中应注意，必须保持 R_L 接入前后输入信号的大小不变。

④ 最大不失真输出电压U_{OPP}的测量(最大动态范围)

最大不失真输出电压定义为：当输入电压再增大就会使输出波形产生非线性失真时的输出电压。一般以有效值U_{om}表示，也可以用峰-峰值U_{OPP}表示，$U_{OPP}=2\sqrt{2}\,U_{om}$。

测量方法是：

① 调节静态工作点在交流负载线的中央。在放大器正常工作的情况下，逐步增大输入信号的幅度，并同时调节R_{b2}(改变静态工作点)，用示波器观察U_O，当输出波形同时出现削底和缩顶现象(见图1-8)时，说明静态工作点调节完毕。

② 调整输入信号。逐渐增大输入信号，使波形输出幅度最大且无明显失真。

③ 用交流毫伏表测出U_O(有效值)，则动态范围等于$2\sqrt{2}\,U_O$，也可以用示波器直接读出U_{OPP}。

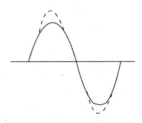

图1-8　静态工作点正常、输入信号太大引起的失真

4. 实验内容及步骤

(1) 连线

按电路图1-3所示连接电路(为防止干扰，各仪器的公共端必须连在一起)。先将R_W调至最大，确认连接无误之后接通电源。

(2) 静态工作点的调整

① 将放大器的输入端接地，即$U_i=0$。调节R_{b2}使$I_C=1.0\text{mA}$(即$U_{CE}=3\text{V}$)，用万用表测量U_B、U_E、U_C的值。计算U_{CE}和U_{BE}，记入表1-4中。得到合适的静态工作点。

表1-4　$I_C=1\text{mA}$

测　量　值			计　算　值		
$U_B(V)$	$U_E(V)$	$U_C(V)$	$U_{BE}(V)$	$U_{CE}(V)$	$I_C(\text{mA})$

② 调节低频信号发生器，发出频率为1kH_Z、幅值为10mV(有效值)的正弦波信号，加入交流信号源U_S，将开关K_1打开，放大器的输出端不接负载(即$R_L=\infty$)；用示波器观察输出波形并记入表1-5中。

③ 断开电源后，用万用表测量R_{b2}与R_{b1}的串联值(红笔接V_{cc}端，黑笔接晶体管基极)，即为R_b的合适值，记入表1-5中。

(3) 静态工作点对电路工作状态的影响

保持负载 R_L 不变，调节 R_{b2} 使 $I_C=1.0mA$(即 $U_{CE}=3V$)，再逐步加大输入信号，使输出电压 U_O 足够大但不失真，用示波器和毫伏表分别记录此时的 U_{OPP}(峰-峰值)和 U_O(有效值)，即为放大器的最大输出电压值。调节 R_{b2} 使 R_b 增大或减小，改变静态工作点的状态，观察输出电压 U_O 波形失真的情况，测量并计算此时的静态值 U_{CE}、I_C，将波形和测量的数值填入表 1-5 中。

表 1-5　静态工作点对电路输出波形的影响

	R_{b2} 合适(kΩ)	R_{b2} 减小(kΩ)	R_{b2} 增大(kΩ)
R_b 值(kΩ)			
U_{CE}			
I_C			
输出 Uo 波形			
三极管 T 工作状态			
放大器失真情况			

$U_{OPP}=$　　　V　　　$U_O=$　　　V

(4) 放大倍数的测量与计算以及元件参数对放大倍数的影响

将放大器的静态工作点调回到合适的值 $U_{CE}=3V$(输出信号不失真)，输入信号不变，在 Uo 不失真的条件下用示波器分别测量当 $R_L=\infty$ 和 $R_L=4.3kΩ$ 两种情况下的输出电压 Uo 及输入电压 U_i 的值，填入表 1-6 中，总结负载对放大器电压放大倍数的影响。

表 1-6　负载对放大器的影响

	U_i	U_o	A_u
$R_L=\infty$			
$R_L=4.3kΩ$			

(5) 测量并计算放大器的输入电阻 R_i 和输出电阻 R_o

保持 U_S 不变，K_1 断开，接入 R_1，K_2 断开，接入负载 R_L。交流信号源 U_S 接入 $1kH_Z$、10mV(有效值)的正弦波信号，在输出电压 U_o 不失真的情况下，用交流毫伏表测出 U_S、U_i 和 U_L，记入表 1-7 中。保持 U_S 不变，断开 R_L，测量输出电压 U_o，记入表 1-7 中。

表 1-7　$I_c=1mA$　　$R_c=3kΩ$　　$R_L=4.3kΩ$

U_S(mV)	U_i(mV)	R_i(kΩ)		U_L(mV)	U_O(mV)	R_0(kΩ)	
		测量值	计算值			测量值	计算值

5. 实验思考题

(1) 放大电路的电源和信号源分别由哪些设备的哪些输出端提供？

(2) 列表整理测量结果，并把实测的静态工作点、电压放大倍数、输入电阻、输出电阻的值与理论计算值比较(取一组数据进行比较)，分析产生误差原因。

(3) 放大电路的静态工作点主要受什么元件参数的影响？如何调节最佳的静态工作点？

(4) 总结 R_b 对静态工作点(静态值 U_{CE} 和 I_C)和输出波形以及放大器工作状态的影响。

(5) 怎样通过测量和计算得出晶体管的 β 值？

(6) 本实验中若出现图 1-9 所示的输出波形，试判断它们各属于哪种类型的失真。

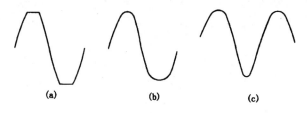

图 1-9　失真波形的判断

(7) 根据实验电路，如何通过测量电压计算放大器的交流电压放大倍数和输入、输出电阻？

1.3　共射单管分压偏置式电路实验

1. 实验目的

(1) 掌握共射单管分压偏置式放大电路静态工作点的测试方法。

(2) 掌握晶体管放大电路电压放大倍数、输入电阻、输出电阻动态技术指标的测试方法。

2. 实验仪器及设备

晶体管共射放大电路板	1 块
直流稳压电源	1 台
低频信号发生器	1 台
示波器	1 台
数字万用表	1 块
交流毫伏表	1 块

3. 实验原理

晶体管处于放大状态时要有一个合适的静态工作点。偏置电路的任务就是，保证静态工作点选择在线性区域内且保持稳定。为使静态工作点稳定，必须考虑设计合适的偏置电路。保证外界条件改变后工作点 Q 的位置仍然不变。

任何因素引起静态工作点的不稳定，结果都会使集电极电流 I_C 发生变化，导致工作点 Q (I_C，U_{CE}) 的变化。图 1-10 所示的偏置电路就是利用了 I_C 的这种变化，反过来作用到输入回路去影响 I_B 的变化，以使集电极电流、电压产生与其相反的变化趋势，实现稳定工作点的目的。

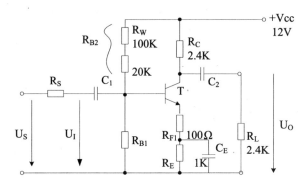

图 1-10 共射极单管放大器实验电路

图 1-10 与图 1-3 相比，基极和地之间设有电阻 R_{b2}，发射极电路中增加了电阻 R_e。称 R_{b1} 为上偏置电阻，R_{b2} 为下偏置电阻，R_e 为发射极反馈电阻。当流过偏置电阻 R_{b1} 和 R_{b2} 的电流远大于晶体管 T 的基极电流 I_B 时(一般 5～10 倍)，它的静态工作点可用下式估算

$$U_B = \frac{R_{B1}}{R_{B1} + R_{B2}} U_{CC} \tag{1-12}$$

$$I_E \approx \frac{U_B - U_{BE}}{R_E + R_{F1}} \approx I_C \tag{1-13}$$

$$U_{CF} = U_{CC} - I_C(R_C + R_E + R_{F1}) \tag{1-14}$$

电压放大倍数

$$A_u = -\beta \frac{R_C /\!/ R_L}{r_{be} + (1+\beta)R_{F1}} \tag{1-15}$$

输入电阻

$$R_i = R_{B1} /\!/ R_{B2} /\!/ [r_{be} + (1+\beta)R_{F1}] \tag{1-16}$$

输出电阻

$$R_o = R_c \tag{1-17}$$

由于电子器件性能的分散性比较大，因此在设计前应对所用元器件的参数进行测量，在完成设计和装配以后，还要测量和调试放大器的静态工作点和各项性能指标，才能保证放大器的各项参数指标符合标准。

放大器的测量和调试一般包括：放大器静态工作点的测量与调试，放大器各项动态参数的测量与调试等。

(1) 静态工作点的测量

测量放大器的静态工作点，应在输入信号 $u_i=0$ 的情况下进行，即将放大器输入端与地端短接，然后选用量程合适的直流毫安表和直流电压表，分别测量晶体管的集电极电流 I_C 以及各电极对地的电位 U_B、U_C、U_E。一般实验中，为了避免断开集电极，通常采用测量电压 U_E 或 U_C，然后算出 I_C 的方法。例如，只要测出 U_E，即可用

$$U_B = \frac{R_{B1}}{R_{B1} + R_{B2}} U_{CC} \tag{1-18}$$

算出 I_C，同时也能算出

$$U_{BE} = U_B - U_E \tag{1-19}$$

$$U_{CE} = U_C - U_E \tag{1-20}$$

为了减小误差、提高测量精度，应选用内阻较高的直流电压表。

(2) 放大器的动态特性

放大器的动态指标包括电压放大倍数、输入电阻和输出电阻、最大不失真输出电压(即动态范围)、通频带等内容。

① 电压放大倍数 A_u 的测量

电压放大倍数的测量，实质上是测量输入电压 u_i 与输出电压 u_o 的有效值 U_i 和 U_o。将放大器调整到合适的静态工作点，在图 1-10 中外加交流输入电压值 U_i，在输出电压 U_O 无明显失真和测试仪表的频率范围符合要求的条件下，用交流毫伏表测出输入电压的有效值 U_i 和输出电压有效值 U_O，则可计算出电压放大倍数

$$A_u = \frac{U_O}{U_i} \tag{1-21}$$

② 输入电阻 R_i 的测量

输入电阻 R_i 是从放大电路输入端看进去的等效电阻，用来衡量放大器对前级信号功率消耗的大小，是放大器的一个重要性能指标。R_i 越大，表明放大电路从信号源索取的电流越小，放大电路所得到的输入电压 U_i 越接近信号源电压 U_s；即信号源内阻上的电压越小，信号电压损失越小。

输入电阻的测量原理如图 1-11 所示。在放大器的输入回路中串联一个已知电阻 R，加入信号源的交流电压 u_s 后，在放大器输入端产生一个电压 u_i 及电流 i_i。

则有

$$R_i = \frac{u_i}{i_i} \tag{1-22}$$

又因为

$$i_i = \frac{u_s - u_i}{R} \tag{1-23}$$

所以

$$R_i = \frac{u_i}{u_s - u_i}R \tag{1-24}$$

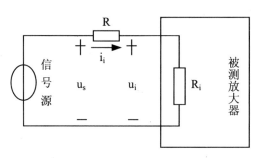

图 1-11　输入电阻测量原理图

测量时，应注意电阻 R 的取值最好与 R_i 为同一数量级，以免产生较大的测量误差。

③ 输出电阻 R_o 的测量

任何放大电路的输出都可以等效成一个有内阻的电压源。从放大电路输出端看进去的等效内阻，称为输出电阻 R_o。R_o 越小，负载电阻 R_L 变化时，U_o 的变化越小，放大器输出就越接近于恒压源，放大电路的带负载能力越强。

输出电阻的测量原理电路如图 1-12 所示。在放大器输入端加上一个固定的信号电压 u_s，选定一负载 R_L，分别测量开关 K 断开和接上时的输出电压 U_O 和 U_L。根据

$$U_L = \frac{R_L}{R_o + R_L}U_o \tag{1-25}$$

即可求出 R_O

$$R_O = (\frac{U_O}{U_L} - 1)R_L \tag{1-26}$$

在测试中应注意，必须保持 R_L 接入前后输入信号的大小不变。

④ 放大器频率特性的测量

通频带用于衡量放大电路对不同频率信号的放大能力。由于放大电路中电容、电感及半导体器件结电容等电抗元件的存在，在输入信号频率较低或较高时，放大倍数的数值会下降并产生相移。一般情况下，放大电路只适用于放大某一个特定频率范围内的信号。通频带越宽，表明放大电路对不同频率信号的适应能力越强。

通常规定电压放大倍数随频率变化降到中频放大倍数的 $1/\sqrt{2}$ (即 0.707)倍时，所对应的高、低端频率分别称为上限频率 f_H 和下限频率 f_L，上、下限频率之差即为放大器的通频带，用 f_{BW} 表示，即：$f_{BW} = f_H - f_L$。

　　图 1-13 所示为某放大电路的幅频特性曲线，表明了电压放大倍数 A_u 随频率信号变化而变化的关系。幅频特性的测量一般采用"点频法"：保持输入信号的幅度不变，每改变一个信号频率，测量其相应的电压放大倍数。测量时应注意取点要恰当，在低频段与高频段应多测几点，在中频段可以少测几点。

　　通频带的测量可以简单地使用"三点法"。即保持输入信号大小不变，先测出中频段的输出电压值 U_O，然后以其 0.707 倍作为目标电压值，调高或调低输入信号频率，得到对应的上、下限频率，即可求得通频带的值。

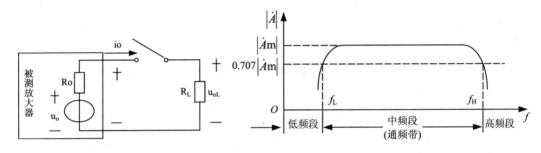

图 1-12　输出电阻测量原理图　　　　　　　图 1-13　放大电路的频率指标

4. 实验内容及步骤

　　实验电路如图 1-10 所示。各电子仪器可按图 1-10 所示方式连接，为防止干扰，各仪器的公共端必须连在一起，同时信号源、交流毫伏表和示波器的引线应采用专用电缆线或屏蔽线。

　　(1) 调试静态工作点

　　接通直流电源前，先将 R_W 调至最大，交流输入信号暂不接入。接通+12V 电源、调节 R_W，使 $I_C=2.0mA$（即 $U_E=2.0V$），用直流电压表测量 U_B、U_E、U_C，用万用电表测量 R_{B2}，测量结果记入表 1-8 中。

表 1-8　IC＝2mA

测　量　值			计　算　值			
$U_B(V)$	$U_E(V)$	$U_C(V)$	$R_{B2}(k\Omega)$	$U_{BE}(V)$	$U_{CE}(V)$	$I_C(mA)$

　　(2) 测量电压放大倍数

　　在放大器输入端加入频率为 1kHz 的正弦波信号 U_S，调节函数信号发生器的输出旋钮，以使放大器输入电压幅值分别为 10mV 和 30mV(有效值)，同时用示波器观察放大器输出电压 u_O 波形，在波形不失真的条件下用交流毫伏表测量下述三种情况下的 U_O 值，并用双踪示波器观察 u_O 和 u_i 的相位关系，记入表 1-9 中。

表 1-9   Ic=2.0mA   U_i=   mV

U_i (mV)	R_C (kΩ)	R_L (kΩ)	U_o (V)	A_V	观察记录一组 u_O 和 u_1 波形
10	2.4				
	1.2				
	2.4	2.4			
30	2.4				
	1.2				
	2.4	2.4			

(3) 测量并计算放大器输入电阻 R_i 和输出电阻 R_o。

保持 U_S 不变，K_1 断开，接入 R_1，K_2 断开，接入负载 R_L。交流信号源 U_S 接入 1kHz、10mV(有效值)的正弦波信号，在输出电压 u_o 不失真的情况下，用交流毫伏表测出 U_S、U_i 和 U_L 记入表 1-10 中。保持 U_S 不变，断开 R_L，测量输出电压 U_o，记入表 1-10 中。

表 1-10   Ic=1mA   Rc=3kΩ R_L=4.3kΩ

U_S(mV)	U_i(mV)	R_i(kΩ)		U_L(mV)	U_O(mV)	R_0(kΩ)	
		测 量 值	计 算 值			测 量 值	计 算 值

(4) 频率特性和通频带

取 I_C=1.0mA、R_C=9kΩ、R_L=4.3kΩ。保持输入信号 10mV 的幅度不变，改变信号源频率 f，逐点测出相应的输出电压 U_O，记入表 1-11 中。用描点法作放大器的幅频特性曲线。

表 1-11 U_i=10mV

f(Hz)	50	100	500	1000	2000	3000	4000	5000	8000	10000	20000
U_O(V)											
$A_V=U_O/U_i$											

5. 实验思考题

(1) 说明分压偏置式静态工作点稳定电路的工作过程和稳压原理。

(2) 在图 1-10 所示电路中，上偏置固定电阻 R_{B2} 起什么作用？既然有了 R_p，不要 R_{B2} 可否？为什么？

(3) 输入交流信号，通过改变基极电位的大小，用示波器观察输出电压波形的变化。根据实验数据分析 R_L 对电压放大倍数的影响，还有哪些因素影响电压放大倍数？

(4) 分别使输出和输入电流固定，改变输入和输出电流，记录与其对应的电压值，并画出其特性曲线。

(5) 测试中，如果将函数信号发生器、交流毫伏表、示波器中任一仪器的两个测试端子接线换位(即各仪器的接地端不再连在一起)，将会出现什么问题？

1.4　结型场效应管放大电路实验

1. 实验目的

(1) 了解结型场效应管的性能和特点。

(2) 了解场效应管放大电路与晶体管放大电路的区别。

(3) 进一步熟悉放大器静态工作点和动态指标的测试方法。

2. 实验仪器及设备

结型场效应管放大电路板	1 块
直流稳压电源	1 台
低频信号发生器	1 台
示波器	1 台
数字万用表	1 块
交流毫伏表	1 块

3. 实验原理

场效应管是一种电压控制型器件，按结构可分为结型和绝缘栅型两种。场效应管通过栅-源之间的电压 U_{GS} 来控制漏极电流 i_D，因此，它和晶体管一样可以实现能量的控制，构成放大电路。由于栅-源之间电阻可达 $10^7 \sim 10^{12}\Omega$，所以常作为高输入阻抗放大器的输入级。

场效应管的特性主要有输出特性和转移特性。图 1-14 显示了 N 沟道结型场效应管的输出特性和转移特性曲线。从上述输出特性可以看出，结型场效应管的直流参数主要有饱和漏极电流 I_{DSS} 和夹断电压 U_P；从上面的转移特性可以知道，饱和电流 I_{DSS} 是当控制电压 $U_{GS}=0$ 时的漏极电流，夹断电压 U_P 是使场效应管工作于夹断区、漏极电流 $I_D=0$ 时的控制电压值。

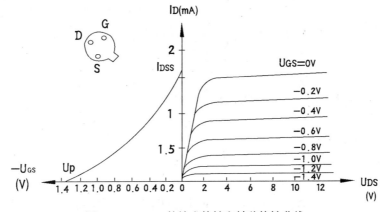

图 1-14　3DJ6F 的输出特性和转移特性曲线

结型场效应管的交流参数主要有低频跨导

$$g_m = \frac{I_D}{U_{GS}}\Big|U_{DS} = 常数 \tag{1-27}$$

表 1-12 列出了 3DJ6F 的典型参数值及测试条件。

表 1-12　3DJ6F 的典型参数值及测试条件

参 数 名 称	饱和漏极电流 I_{DSS}(mA)	夹断电压 U_p(V)	跨导 g_m(A/V)
测试条件	U_{DS}=10V、U_{GS}=0V	U_{DS}=10V、I_{DS}=50μA	U_{DS}=10V、I_{DS}=3mA、F=1kHz
参数值	1～3.5	<|−9|	>100

(1) 场效应管放大器性能分析

图 1-15 所示为结型场效应管组成的共源极放大电路，其静态工作点可用以下公式进行计算。

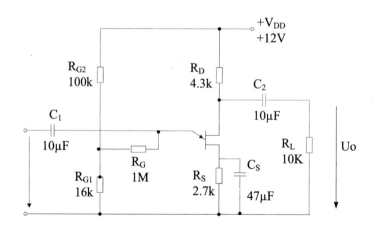

图 1-15　结型场效应管共源极放大器

$$U_{GS} = U_G - U_S = \frac{R_{g1}}{R_{g1} + R_{g2}} U_{DD} - I_D R_s \tag{1-28}$$

$$I_D = I_{DSS}(1 - \frac{U_{GS}}{U_p})^2 \tag{1-29}$$

(2) 动态指标

① 中频电压放大倍数

$$A_V = -g_m R_L' = -g_m R_D \| R_L \tag{1-30}$$

② 输入电阻

$$R_i = R_G + R_{g1} \| R_{g2} \tag{1-31}$$

③ 输出电阻

$$R_O \approx R_D \tag{1-32}$$

④ 跨导 g_m

$$g_m = -\frac{2I_{DSS}}{U_p}(1 - \frac{U_{Gs}}{U_p}) \tag{1-33}$$

(3) 输入电阻的测量方法

输入电阻的测量电路如图 1-16 所示。在放大器的输入端串入电阻 R，把开关 K 掷向位置 1(即使 $R=0$)，测量放大器的输出电压 $U_{O1}=A_VU_S$；保持 U_S 不变，再把 K 掷向 2(即接入 R)，测量放大器的输出电压 U_{O2}。因为两次测量过程中 A_V 和 U_S 均保持不变，所以

$$U_{O2} = A_V U_i = \frac{R_i}{R + R_i} U_s A_v \tag{1-34}$$

由此求得

$$R_i = \frac{U_{02}}{U_{01} - U_{02}} R \tag{1-35}$$

本实验中取 R＝100～200kΩ。

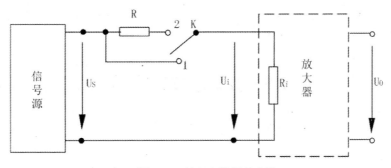

图 1-16　输入电阻测量电路

4. 实验内容及步骤

(1) 静态工作点的测量和调整

① 熟悉实验中所用场效应管的特性曲线和参数。

② 按图 1-15 所示连接电路，确认无误后接通电源(+12V)，用直流电压表测量 U_G、U_S 和 U_D。检查静态工作点是否在特性曲线放大区的中间部分。否则，适当调整 R_{g2} 和 R_S，直至静态工作点位于特性曲线放大区的中间部分。将此时 U_G、U_S 和 U_D 的值记入表 1-13 中。

表 1-13　静态工作点的测量

测　量　值					计　算　值			
$U_G(V)$	$U_S(V)$	$U_D(V)$	$U_{DS}(V)$	$U_{GS}(V)$	$I_D(mA)$	$U_{DS}(V)$	$U_{GS}(V)$	$I_D(mA)$

(2) 电压放大倍数 A_V、输入电阻 R_i 和输出电阻 R_O 的测量

① A_V 的测量

在放大器的输入端加入频率为 3kHz、有效值为 30mV 的正弦信号 U_i，用示波器同时观察 U_i 和 U_O 的波形，描绘出来并分析它们的相位关系。保持 U_i 不变，在输出电压 U_O 不失真的情况下，用交流毫伏表分别测量 $R_L=\infty$ 和 $R_L=10k\Omega$ 的输出电压 U_O，记入表 1-14 中。

表 1-14　电压放大倍数的测量

	测　量　值			计　算　值
	$U_i(V)$	$U_o(V)$	A_V	A_V
$R_L=\infty$				
$R_L=10k\Omega$				

② R_i 的测量

按图 1-16 所示改接实验电路，选择输入电压有效值为 30mV。将开关 K 掷向"1"，测出 R=0 时的输出电压 U_{O1}，然后将开关掷向"2"(接入 R)，保持 U_S 不变，再测出 U_{O2}，根据公式

$$R_i = \frac{U_{02}}{U_{01} - U_{02}} R$$

求出 R_i，记入表 1-15 中。

表 1-15　输入电阻的测量

测　量　值			计　算　值
U_{O1}	U_{O2}	$R_i(k\Omega)$	$R_i(k\Omega)$

5. 实验思考题

(1) 整理实验数据，将测得的 A_V、R_i、R_O 和理论计算值进行比较。

(2) 把场效应管放大器与晶体管放大器进行比较，总结场效应管放大器的特点。

(3) 测量场效应管静态工作电压 U_{GS} 时，能否用直流电压表直接在 G、S 两端测量?为什么?

(4) 为什么测量场效应管输入电阻时要用测量输出电压的方法?

1.5　射极耦合差动放大电路

1. 实验目的

(1) 加深对差动放大器性能及特点的理解。

(2) 学会差动放大器的主要性能指标(电压放大倍数、共模抑制比)的测量方法。

2. 实验仪器及设备

射极耦合差动放大电路板　　　　1 块

直流稳压电源　　　　　　　　　　1 台

低频信号发生器　　　　　　　　　1 台

示波器　　　　　　　　　　　　　1 台

数字万用表　　　　　　　　　　　1 块

交流毫伏表　　　　　　　　　　　1 块

3. 实验原理

差动放大器是基本放大电路之一,如图 1-17 所示,具有良好的抑制零点漂移的优异性能,因此得到广泛的应用,并成为集成电路中重要的基本单元电路,常常作为集成运算放大器的输入级。

射极耦合差动放大电路又叫长尾式差动放大电路,电路在基本差动放大电路的基础上,串联了一个发射极电阻 R_e(通常 R_e 取值较大)。同时,引进辅助电源 V_{EE}(一般取 $V_{EE}=-V_{CC}$),以抵消 R_e 上分压所产生的直流压降,并为基极提供适当的偏置。这种电路设置方案,使得电路能更有效地抑制干扰信号,从而达到抑制零点漂移的目的。

对差动放大器来说,其放大的信号分为两种:一种是差模信号,这是需要放大的有用信号,这种信号在放大器的双端输入时呈现大小相等、极性相反的特性;另一种是共模信号,是由于外界条件变化所产生的随机性干扰信号,这种信号在放大器中输入时呈现大小相等、极性相反的特性,这是要尽量抑制其放大作用的信号。

当输入共模(干扰)信号时,两管的共模电流变化量大小相同,方向也相同,于是在反馈电阻 R_e 上产生较大的反馈电压。由于深度负反馈的存在,使得放大电路的共模放大倍数大大降低,因此有效地抑制了零点漂移。

(1) 差模电压放大倍数

当输入差模(有用)信号时,由于 $U_{id1}= -U_{id2}$,假定 T1 管的 i_{c1} 增加,T_2 管的 i_{c2} 减小,变化量大小相等、方向相反,因此两管的电流通过 R_e 的信号分量部分相等且方向相反,相互抵消,其压降保持不变,即 $\Delta U_E = 0$,所以在交流通路中,R_e 可视为短路,对电路的交流信号放大能力没有任何影响。差模输入时的交流等效电路,如图 1-18 所示,由于电路对称,所以每个半边与单管共射极放大器完全一样。

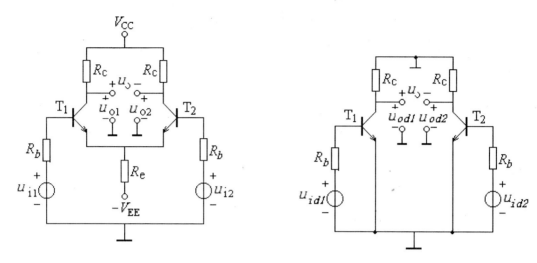

<table>
<tr><td>图 1-17　差动放大器电路图</td><td>图 1-18　差模信号的交流通路</td></tr>
</table>

① 双端输入-双端输出差动放大器的差模电压放大倍数为：

$$A_{ud} = \frac{U_{od}}{U_{id}} = \frac{U_{od1} - U_{od2}}{U_{id1} - U_{id2}}$$

$$= \frac{2U_{od1}}{2U_{id1}} = \frac{-\beta R_c}{R_b + r_{be}} = A_u$$

可见 A_{ud} 与单管共射极放大器的电压放大倍数 A_u 相同。

考虑负载 R_L 后，双端输入-双端输出差动放大器的差模电压放大倍数为：

$$A'_{ud} = A_u = \frac{-\beta R'_L}{R_b + r_{be}} \tag{1-36}$$

式中 $R'_L = R_C // \frac{1}{2} R_L$

② 双端输入-单端输出差动放大器的差模电压放大倍数为：

$$A_{ud1} = \frac{U_{od1}}{U_{id}} = \frac{U_{od1}}{2U_{id1}} = -\frac{\beta R_C}{2(R_b + r_{be})} \tag{1-37}$$

(2) 共模电压放大倍数

当输入共模信号时，R_e 上的压降为 $\Delta U_E = 2\Delta I_E R_e$，起到加速稳定静态工作点的功能。

差动放大电路的共模信号交流通路如图 1-19 所示，在画等效电路时把两管拆开，流过射极电路的电流为 ΔI_E。为了保持电压 ΔU_E 不变，应把每管的发射极电阻 R_e 增加一倍。因此共模输入时的交流通路如从两管的集电极输出时，如果电路完全对称，则输出电压 $U_{oc} = U_{oc1} - U_{oc2} = 0$，此时：

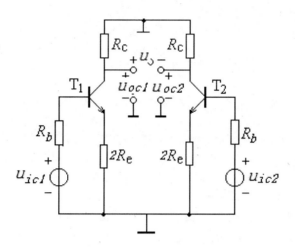

图 1-19　共模信号的交流通路

① 双端输出时的共模电压放大倍数 A_{uc} 为

$$A_{uc} = \frac{U_{oc}}{U_{ic}} = \frac{U_{oc1} - U_{oc2}}{U_{ic}} = 0 \tag{1-38}$$

② 若采用双端输入-单端输出的方式，则共模电压放大倍数为

$$A_{uc1} = \frac{U_{oc1}}{U_{ic}} = -\frac{\beta R_c}{R_{b1} + r_{be} + (1+\beta)2R_e} \tag{1-39}$$

通常 $\beta \gg 1$，$2\beta R_e \gg R_{b1} + r_{be}$，故上式可简化为

$$A_{uc1} \approx \frac{R_c}{2R_e} \tag{1-40}$$

从上述讨论可知，共模电压放大倍数越小，对共模信号的抑制作用就越强，放大器的性能就越好。在电路完全对称的条件下，双端输出的差动放大器对共模信号没有放大能力，完全抑制了零点漂移。实际上，电路不可能完全对称，A_{uc} 并不为零，但由于 R_e 的负反馈作用，对共模信号的抑制能力还是很强的。

(3) 共模抑制比

共模抑制比是指差动放大器的差模电压放大倍数与共模电压放大倍数之比，即

$$CMRR = \left| \frac{A_{ud}}{A_{uc}} \right| \tag{1-41}$$

共模抑制比说明了差动放大器对共模信号的抑制能力，其值越大，则抑制能力越强，放大器的性能越好。

对于单端输出电路，共模抑制比

$$CMRR = \left| \frac{A_{ud1}}{A_{uc1}} \right| = \frac{\beta R_e}{R_b + r_{be}} \tag{1-42}$$

上式表明，提高共模抑制比的主要途径是增加 R_e 的阻值。但当工作电流给定后，加大 R_e 势必要提高 $|E_C|$。

4. 实验内容及步骤

(1) 调整放大器电路的对称平衡

按图 1-20 所示连接基本差动放大电路，确定元件连接无误后，接上直流电源±12V，将两输入端接地，用万用表测量两输出端电位，调节电位器 R_W，使输出电压逐渐减到零(万用表的直流电压档位应先用高档位粗调，然后再逐渐降低量程至合适档位进行细调)。

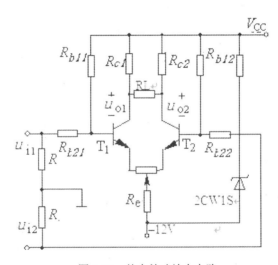

图 1-20 基本差动放大电路

(2) 差模电压放大倍数的测量

在两输入端输入频率 f = 1kHz、U_{id1} = $-U_{id2}$ =20mV 的差模信号，用数字电压表分别测量输入电压值及双端和各单端输出的电压值(U_{id1}、U_{od}、U_{od1} 与 U_{od2})，并分别算出双端输出的电压放大倍数 A_{ud} 和单端输出的电压放大倍数 A_{ud1}(或 A_{ud2})。填入表 1-16 中。

表 1-16 差模电压放大倍数

	U_{id1}	U_{od}	U_{od1}	U_{od2}	A_{ud}	A_{ud1}
测量值						
理论值						

(3) 共模电压放大倍数的测量

将两输入端短接，输入频率 f = 1kHz、U_{ic} = 20mV 的共模信号，用数字电压表分别测量输入电压值及双端和各单端输出的电压值(U_{ic}、U_{oc}、U_{oc1} 与 U_{oc2})，并分别算出双端输出

的电压放大倍数 A_{uc} 和单端输出的电压放大倍数 A_{uc1} 或 A_{uc2}。填入表 1-17 中。

表 1-17　共模电压放大倍数

	U_{id1}	U_{od}	U_{od1}	U_{od2}	A_{ud}	A_{ud1}
测量值						
理论值						

(4) 由 A_{ud}、A_{ud1}、A_{uc} 与 A_{uc1} 的值，分别算出双端、单端输出的共模抑制比。

5. 实验思考题

(1) 怎样进行静态调零点?用什么仪表测 U_O?

(2) 整理实验数据，列表比较实验结果和理论计算值，分析误差原因。

(3) 简要说明差动放大器是如何解决电压放大倍数和零点漂移这一矛盾的。

(4) 根据实验结果，总结电阻 R_E 和恒流源的作用。

1.6　低通滤波器实验

1. 实验目的

(1) 熟悉用运算放大器、电阻、电容构成有源低通滤波器。

(2) 掌握有源滤波器幅频特性的测试。

2. 实验仪器及设备

有源低通滤波器电路板　　　　1 块

直流稳压电源　　　　　　　　1 台

低频信号发生器　　　　　　　1 台

示波器　　　　　　　　　　　1 台

数字万用表　　　　　　　　　1 块

交流毫伏表　　　　　　　　　1 块

3. 实验原理

滤波器是一种信号处理电路，是一种能使有用频率信号通过，而同时抑制(或大为衰减)无用频率信号的电子装置。利用 R、L、C 所组成的滤波电路，称作无源滤波器，它有很多缺点。其中的电感 L 本身具有电阻与电容，使得输出能量减小，且偏离理想值。若只利用 R、C，再附加放大器，则形成有源滤波器。由于没有电感元件的存在，使得有源滤波器具有体积小、效率高、频率特性好等优点。

滤波器根据工作频率范围可分为低通、高通、带通和带阻4种类型。若按滤波器的传递函数 $A_v(j\omega) = \dfrac{V_o(j\omega)}{V_i(j\omega)}$ 的分母阶数，可分为低阶(一阶、二阶)和高阶(三阶及以上)两种，阶数越高，其幅频特性通带外的衰减就越快，滤波效果就越好。

低通滤波器是指低频信号能通过而高频信号不能通过的滤波器，这里研究的是由运放和 R、C 等组成的有源低通滤波器。

(1) 一阶低通滤波器

一阶低通有源滤波器的电路如图 1-21(a)所示，它是由一级 RC 低通电路的输出再接上一个同相输入比例放大器构成的。

该电路的传递函数为

$$A_v(j\omega) = \frac{V_o(j\omega)}{V_i(j\omega)} = \frac{1 + \dfrac{R_f}{R_1}}{1 + \dfrac{j\omega}{\omega_0}} = \frac{A_{vo}}{1 + \dfrac{j\omega}{\omega_0}} \tag{1-43}$$

式中：$\omega_0 = \dfrac{1}{RC}$ 称为截止角频率，传递函数的模为 $|A_v(j\omega)| = \dfrac{A_{vo}}{\sqrt{1 + (\omega/\omega_o)^2}}$，幅角为 $\varphi(\omega_0) = -arctg\ \omega/\omega_0$

该电路的幅频特性如图 1-21(b)示，通带以外以 $-20dB$/十倍频衰减。

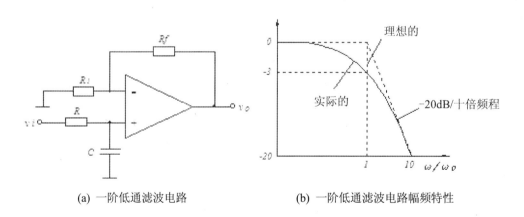

(a) 一阶低通滤波电路   (b) 一阶低通滤波电路幅频特性

图 1-21   一阶低通滤波电路及幅频特性

(2) 二阶有源低通滤波器

二阶有源低通滤波器的电路如图 1-22 所示，由两级 RC 低通电路后接一同相输入比例放大器构成。其中第一级电容 C 接至输出端，引入适量的正反馈，以改善电路在 $\omega/\omega_0 = 1$ 附近的滤波特性，有利于提高这段范围内的输出幅度。

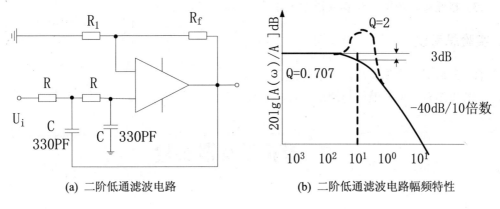

(a) 二阶低通滤波电路　　　　　　　　(b) 二阶低通滤波电路幅频特性

图 1-22　二阶有源低通滤波电路及幅频特性

该电路的传递函数为

$$A_v(j\omega) = \frac{V_o(j\omega)}{V_i(j\omega)} = \frac{A_{vo}}{(\frac{j\omega}{\omega_0})^2 + \frac{1}{Q}\frac{j\omega}{\omega_0} + 1} \tag{1-44}$$

电路相关性能参数如下：

$A_f = 1 + \dfrac{R_f}{R_1}$ 为二阶低通滤波器的通带增益。

$\omega_0 = 1/RC$ 为截止频率，它是二阶低通滤波器通带与阻带的界限频率。

$Q = 1/(3 - A_f)$ 为品质因数，它的大小影响低通滤波器在截止频率处幅频特性的形状。上式中 ω_0 为通带截止角频率，因此，上限截止频率为 $f_H = \dfrac{1}{2\pi RC}$ 。

电路的幅频特性曲线如图 1-21(b) 示，不同的 Q 值，幅频特性曲线不同，通带外的幅频特性曲线以 $-40dB$ / 十倍频衰减。

若电路设计使得 $Q = 0.707$ ，即 $A_{vo} = 3 - \sqrt{2}$ ，那么该滤波电路的幅频特性在通带内有最大平坦度，称为巴特沃兹(Botterworth)滤波器。

4. 实验内容及步骤

(1) 按照图 1-22 所示连接电路，经检查无误后接通电源。

(2) 从低频函数发生器发出有效值 $U_i = 0.1V$ 的正弦波输入信号，保持输入信号幅值不变，调节输入信号的频率分别为 50Hz、100Hz、300Hz、1kHz、3kHz、10kHz、20kHz 时，用晶体管毫伏表测量输出电压 U_o 的值(有效值)并记入表 1-18 中。

表 1-18　输出电压有效值数据表

输入信号频率(Hz)	50	100	300	1k	3k	10k	20k
输出电压 U_o(V)							
$20\lg\lvert U_o/U_i \rvert$(dB)							

(3) 整理实验数据，绘制低通滤波器的幅频特性曲线。

5. 实验思考题

(1) 分析实验现象及可能采取的措施。
(2) 总结有源低通滤波电路的特性。

1.7　模拟乘法器实验

1. 实验目的

(1) 了解模拟乘法器(MC1496)的工作原理，掌握其调整与特性参数的测量方法。
(2) 掌握利用乘法器实验混频的原理及方法。

2. 实验仪器及设备

模拟乘法器 MC1496 电路板　　　1 块
直流稳压电源　　　　　　　　　1 台
低频信号发生器　　　　　　　　1 台
示波器　　　　　　　　　　　　1 台
数字万用表　　　　　　　　　　1 块
交流毫伏表　　　　　　　　　　1 块

3. 实验原理

(1) 集成模拟乘法器的内部结构

集成模拟乘法器是完成两个模拟量(电压或电流)相乘的电子器件。目前在无线通信、广播电视等高频电子线路方面应用较多，包括振幅调制、同步检波、混频、倍频、鉴频、鉴相等调制与解调的过程，均可视为两个信号相乘或包含相乘的过程。集成模拟乘法器电路简单，性能优越，常见产品有 BG314、F1595、F1596、MC1495、MC1496、LM1595、LM1596 等。下面介绍 MC1496 集成模拟乘法器。

① MC1496 的内部结构

如图 1-23 所示，MC1496 是一个四象限模拟乘法器的基本电路，电路由 VT1、VT2 与 VT3、VT4 组成双差动放大器，恒流源 V_5 与 V_6 组成又一差动电路，因此恒流源的控制电压可正可负，以此实现了四象限工作。工作时，引脚 8 与 10 接输入电压 Ux，1 与 4 接另一输入电压 Uy，输出电压 Uo 从引脚 6 与 12 输出。引脚 2 与 3 外接电阻 R_E，对差动放大器 VT5、VT6 产生串联电流负反馈，以扩展输入电压 Uy 的线性动态范围。引脚 14 为负电源端(双电源供电时)或接地端(单电源供电使)，引脚 5 外接电阻 R5。用来调节偏置电流 I5 及镜像电流 I0 的值。

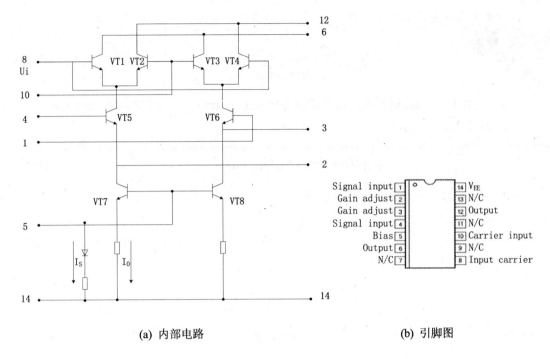

(a) 内部电路　　　　　　　　　(b) 引脚图

图 1-23　MC1496 的内部电路及引脚图

② 静态工作点设置

MC1496 可以采用单电源供电，也可以采用双电源供电。外接元件确定了该器件的静态工作点。

1) 静态偏置电压

对于 MC1496 乘法器，静态偏置电压(输入电压为 0 时)应满足下列关系，即

$$u_8 = u_{10}, u_1 = u_4, u_6 = u_{12}$$
$$15V \geq (u_6, u_{12}) - (u_8, u_{10}) \geq 2V$$
$$15V \geq (u_8, u_{10}) - (u_1, u_4) \geq 2.7V$$
$$15V \geq (u_1, u_4) - u_5 \geq 2.7V$$

2) 静态偏置电流

一般情况下，晶体管的基极电流很小，通常用下式进行估算：

若器件为单电源工作，则

$$I_o \approx I_s = \frac{u_{cc} - 0.7V}{R_5 + 500\Omega} \tag{1-45}$$

当器件为双电源工作时，则

$$I_o \approx I_s = \frac{|-u_{EE}| - 0.7V}{R_5 + 500\Omega} \tag{1-46}$$

根据 MC1496 的性能参数，器件的静态电流小于 4mA，一般取 Io=Is=1mA 左右。

3) 器件的总耗散功率

$$P_D = 2I_5(u_6 - u_{14}) + I_5(u_5 - u_{14}) \tag{1-47}$$

P_D 应小于器件的最大允许耗散功率。

(2) 基本工作原理

设输入信号 $u_x = u_{xm}\cos\omega_x t$、$u_y = u_{ym}\cos\omega_y t$，则 MC1496 乘法器的输出 U_O 与反馈电阻 R_E 及输入信号 u_x、u_y 的幅值有关。

① 不接负反馈电阻(2、3 短接)

1) u_x、u_y 均为小信号(< 26mV)，此时，三对差动放大器(VT_1、VT_2、VT_3、VT_4 及 VT_5、VT_6)均工作在线性放大状态，输出电压 U_O 可近似为

$$U_O \approx \frac{I_o R_L}{2U_T^2} U_x U_y = K_0 U_x U_y = \frac{1}{2} K_0 U_{xm} U_{ym}[\cos(\omega_x + \omega_y)t + \cos(\omega_x - \omega_y)t] \tag{1-48}$$

式中，K_0 为乘法器的乘积系数，与器件外接元件参数有关，即 $K_0 = \frac{I_o R_L}{2U_T^2}$。

式中，U_T 为温度的电压当量，当 T=300K 时，$U_T = \frac{KT}{q} = 26mV$，R_L 为输出负载电阻。

也就是说，输入均为小信号时，MC1496 可近似为一理想乘法器。输出信号 U_O 中只包含两个输入信号的和频与差频分量。

2) u_y 为小信号，u_x 为大信号(大于 100mV)时，双差动放大器(VT_1、VT_2 和 VT_3、VT_4)处于开关工作状态，其电流波形将是对称的方波，乘法器的输出电压 U_O 可近似表示为

$$U_O \approx K_0 U_x U_y = K_0 U_{gm} \sum_{n=1}^{\infty} A_n[\cos(n\omega_x + \omega_y)t + \cos(n\omega_x - \omega_y)t] \text{(n 取奇数)} \tag{1-49}$$

输出信号 U_O 中包含 $\omega_x + \omega_y$，$3\omega_x \pm \omega_y$，$5\omega_x \pm \omega_y$，……，$(2n-1)\omega_x \pm \omega_y$ 等频率分量。

② 接入负反馈电阻

接入 R_E 以后，扩展了 u_y 的线性动态范围，器件的工作状态主要由 u_x 决定。

1) 当 u_x 为小信号(< 26mV)时，输出电压 U_O 可表示为

$$U_0 = \frac{R_L}{R_E U_T} U_x U_y = \frac{1}{2} K_E U_{xm} U_{ym}[\cos(\omega_x \pm \omega_y)t + \cos(\omega_x - \omega_y)t] \tag{1-50}$$

式中：$K_E = \dfrac{R_L}{R_E U_T}$

也就是说，接入负反馈电阻 R_E 后，u_x 为小信号时，MC1496 近似为一理想的乘法器，输出信号 U_O 中只包含两个输入信号的和频与差频。

2) 当 u_x 为大信号(> 100mV)时，输出电压 U_O 可近似表示为

$$U_O \approx \frac{2R_L}{R_E} U_y \tag{1-51}$$

u_x 为大信号时，输出电压 U_O 与输入信号 u_x 无关。

4. 实验内容及步骤

(1) 模拟乘法器接入电源，设置正常工作状态，外接频率为 1kHz、有效值为 10mV 的输入信号 u_x 和 u_y，不接负反馈电阻(2、3 短接)，用示波器观察输出电压 U_O 波形，测量其电压和频率并记入表中，与理论值进行比较。

(2) 外接输入信号 u_x，频率为 1kHz、有效值为 10mV；不接负反馈电阻(2、3 短接)，用示波器观察输出电压 U_O 波形并画图。

(3) 外接输入信号 u_x，频率为 1kHz、有效值为 10mV；输入信号 u_y，频率为 1kHz、有效值为 200mV；接入负反馈电阻，用示波器观察输出电压 U_O 波形并画图。

(4) 外接输入信号 u_x，频率为 1kHz、有效值为 200mV；输入信号 u_y，频率为 1kHz、有效值为 10mV；接入负反馈电阻，用示波器观察输出电压 U_O 波形并画图。

5. 实验思考题

(1) 上述实验内容中的 4 个步骤各自说明了乘法器的何种工作状态？

(2) 若外接输入信号 u_x，频率为 1kHz、有效值为 200mV；输入信号 u_y，频率为 1kHz、有效值为 10mV，则输出会表现为什么状态？

1.8 波形产生电路实验

1. 实验目的

(1) 掌握方波发生器的工作原理。

(2) 学习用集成运放组成的方波发生器参数计算方法。

(3) 掌握波形发生器的调整和主要性能指标的测试方法。

2. 实验仪器及设备

方波产生电路板　　　　　　　　1 块

直流稳压电源	1 台
低频信号发生器	1 台
示波器	1 台
数字万用表	1 块
交流毫伏表	1 块

3. 实验原理

如图 1-24 所示为方波发生器实验的原理图。方波发生器是一种能够直接产生方波或矩形波的非正弦信号发生器。它是在迟滞比较器的基础上，增加了一个 R_F、C_F 组成的积分电路，把输出电压经 R_F、C_F 反馈到集成运放的反相端，运放的输出端引入限流电阻 R_S 和双向稳压管用于双向限幅。

该电路的振荡频率

$$f_O = \frac{1}{2R_F C_F L_n (1 + \frac{2R_2}{R_1})} \tag{1-52}$$

式中 $R_1 = R_1' + R_W'$，$R_2 = R_2' + R_W''$，方波输出幅值 $U_{om} = \pm U_Z$。

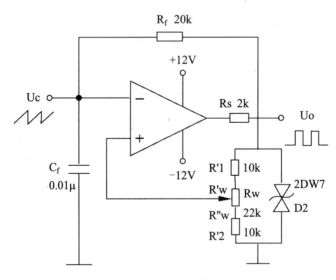

图 1-24　方波发生器

4. 实验内容及步骤

(1) 按图 1-24 连线，经检查无误后接通电源。

(2) 接通电源后，用示波器观察 u_{o1}、u_{o2} 的波形，测量并记录波形的幅度和频率，并写入表 1-19 中。

表 1-19　C= 0.01μF

u_{o1} 幅度	u_{o2} 幅度	u_{o1} 频率	u_{o2} 频率

(3) 将电容 C 改为 0.03μF，用示波器观察 u_{o1}、u_{o2} 的波形，测量波形的幅度和频率，并记入表 1-20 中。

表 1-20　C= 0.03μF

u_{o1} 幅度	u_{o2} 幅度	u_{o1} 频率	u_{o2} 频率

(4) 改变电阻 R_W 的阻值，观察输出电压 U_o 的变化，测量并记录波形的幅度和频率，并记入表 1-21 中。

表 1-21　数据表

u_{o1} 幅度	u_{o2} 幅度	u_{o1} 频率	u_{o2} 频率

5. 实验思考题

(1) 在波形发生器各电路中，"相位补偿"和"调零"是否需要？为什么？

(2) 怎样测量非正弦波电压的幅值？

(3) 讨论 D_z 的限幅作用。

(4) 分析电路参数变化(R_1、R_2 和 R_W)对输出波形频率及幅值的影响。

(5) 分析实验现象及可能采取的措施。

第2章 提高性实验

2.1 负反馈放大电路实验

1. 实验目的

(1) 掌握负反馈放大电路性能指标的测试方法。

(2) 通过实验加深理解负反馈对放大电路性能的影响。

2. 实验仪器及设备

负反馈放大电路板	1 块
直流稳压电源	1 台
低频信号发生器	1 台
示波器	1 台
数字万用表	1 块
交流毫伏表	1 块

3. 实验原理

反馈在电子技术中有着非常广泛的应用。在各种电子设备、放大电路及自动化系统中，人们通常利用反馈技术来改善电路的性能，以期达到预定的目标。根据反馈极性的不同，可以分为正反馈和负反馈。负反馈能明显改善放大电路的工作稳定性及其他许多性能指标，故广泛应用于各种放大电路中。

负反馈放大器的参考电路如图 2-1 所示。该电路由两级集成运放组成，属于"电压串联"负反馈类型。需要说明的是，实验中，必须给运放外加合适的直流电源，给运放设置正常的静态工作状态。

负反馈对放大电路的影响包括如下 5 个方面：

(1) 降低了电压放大倍数

放大器在使用过程中，电子元件和放大器件参数的变化、电源电压的起伏、环境温度的上升与下降，都会导致放大倍数的改变。该电路由 R_7、R_6 组成的电压串联负反馈为整体反馈，使得电路的闭环放大倍数 A_{uf} 改变为：

$$A_{uf} = \frac{A}{1+AF} \tag{2-1}$$

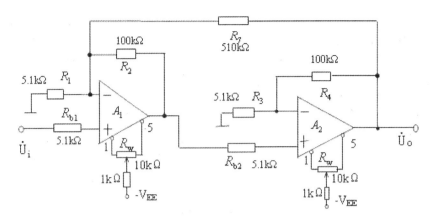

图 2-1 两级运放负反馈放大电路

其中，A 为电路接成开环放大器时(无整体反馈环)的电压放大倍数。

反馈系数 F 为：

$$F = \frac{R_1}{R_1 + R_7} \tag{2-2}$$

(2) 提高了放大倍数的稳定性

放大器在使用过程中，电子元件和放大器件参数的变化、电源电压的起伏、环境温度的上升与下降，都会导致放大倍数的改变。如果在放大电路中采用了负反馈，就可以使这种变化相应减少，以提高输出信号的稳定性。$1 + AF$ 为反馈深度，它的大小决定了负反馈对放大器性能改善的程度。引入负反馈后，放大倍数的相对变化量降低到原来的 $\dfrac{1}{(1 + AF)}$，放大倍数的稳定性得到明显提高。可见，放大电路是以放大倍数的损失来换取系统稳定性的提高。

(3) 减小了非线性失真

放大器的非线性失真，是由于放大器中的晶体管、场效应管等有源元件和无源元件的固有非线性所造成的。如果在放大电路中引入负反馈，就能显著减小非线性失真，改善输出信号波形。反馈越深，波形失真越小。波形改善的实质，是产生一相反失真的波形来矫正输出波形的失真。需要指出的是，若输入信号 u_o 本身就是失真波形，是不能引入负反馈进行改善的。只有放大电路内部产生的非线性失真，才能通过负反馈来有效地改善。

(4) 扩展了通频带

在放大电路中，由于有电抗元件(如电路中介入的电容、晶体管的极间电容以及引线电感)存在，使得放大器在较高和较低频率时放大倍数会有所下降。引入负反馈可以展宽放大电路的频带。图 2-2 分别给出了有反馈和无反馈时放大器的幅频特性。从图中曲线变化的特点来看，无反馈时，在通频带内不同频率的输入信号其幅值同为某一定值时，输出信号在中频段幅值较大，而在高频段和低频段的输出信号较小；引入负反馈之后，中频段的增益下降，而对高、低频段增益大小的差别却缩小了，因而展宽了频带。这就是利用负反馈使高、低频段的反馈信号减小，而使净输入信号增大的结果。

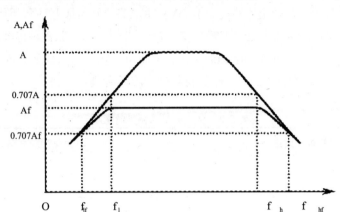

图 2-2　负反馈对通频带的影响

(5) 改变了输入和输出电阻

放大器的输入电阻 R_i 和输出电阻 R_o 是很重要的两个参数。引入负反馈之后，将对这两个参数都有影响。串联负反馈使输入电阻增大，并联负反馈使输入电阻减小。输入电阻的变化只与输入的反馈方式有关，而与输出的反馈取样(电压反馈还是电流反馈)无关。输入电阻增大或减小的倍数都等于反馈深度 $(1+\dot{A}\dot{F})$。

4. 实验内容及步骤

(1) 按图 2-1 连线，电路接成开环状态。检查无误后，接通各自运放电源。

(2) 调零。将信号输入端接地，接通电源后分别调节调零电位计，使各自运放的输出为 0。

(3) 验证电压放大倍数的稳定性。

输入正弦波信号，频率为 1kHz、信号电压为 10mV，在开环和闭环两种状态下分别测量出输出电压 U_o，将结果记入表 2-1 中；将 R_4 改为 120kΩ，重新测试开环和闭环两种状态下电路的输出电压 U_o，计算电压放大倍数及电压放大倍数的相对变化率。

表 2-1　负反馈对放大倍数的影响

基本放大器				负反馈放大器			
R_4	U_i	U_o	$A_u=U_o/U_i$	R_4	U_i	U_o	$A_{uf}=U_o/U_i$
100kΩ				100kΩ			
120kΩ				120kΩ			
$\Delta A_u/A_u=$							

(4) 观察负反馈对非线性失真的改善：先接成基本放大器，输入 1kHz 信号，使输出电压波形出现轻度非线性失真，然后加上负反馈并增大输入信号，使输出电压波形达到基本放大器同样的幅度，观察波形的失真程度有何改善。

(5) 通频带的测量。

维持输入信号电压的幅值不变(U_i=10mV)，将电路分别接成开环和闭环两种电路形式，改变输入信号频率，测量放大电路的输出电压$\dot{U}_0$，并用示波器监视输出波形。当信号频率升高或下降到使放大倍数下降到中频放大倍数的 0.707 倍时所对应的频率，即为上限频率 f_H 和下限频率 f_L，记入表 2-2 中，计算通频带，将两者进行比较。

表 2-2　负反馈对通频带的影响

基本放大器			负反馈放大器		
f_L	f_H	BW	f_{Lf}	f_{Hf}	BW

5. 实验思考题

(1) 复习负反馈放大电路的原理。

(2) 复习负反馈对放大电路性能的影响。

(3) 整理测量数据及计算结果，对实验结果进行比较，总结负反馈对放大器性能的影响。

2.2　差动放大电路实验

1. 实验目的

(1) 加深对差动放大电路原理、性能及特点的理解。

(2) 学会差动放大器的电压放大倍数、共模抑制比等主要性能指标的测量方法。

2. 实验仪器及设备

差动放大电路电路板　　　　　1 块

直流稳压电源　　　　　　　　1 台

低频信号发生器　　　　　　　1 台

示波器　　　　　　　　　　　1 台

数字万用表　　　　　　　　　1 块

交流毫伏表　　　　　　　　　1 块

3. 实验原理

图 2-3 所示是典型的差动放大电路的基本结构。它由两个元件参数相同的基本共射极放大电路组成。R_p 为调零电位器，当输入信号 $U_I=0$ 时，调节调零电位器 R_p，使差动放大电路两边的元件参数对称，双端输出电压 $U_O=0$。R_E 为两管共用的发射极电阻，具有较强

的负反馈作用，用于有效地抑制零漂，稳定静态工作点。同时，对于差模信号来说，R_E 跨接在两个共射极放大电路中，双端输入时，流过 R_E 的电流大小相等、方向相反，相互抵消，因而不影响差模电压放大倍数。

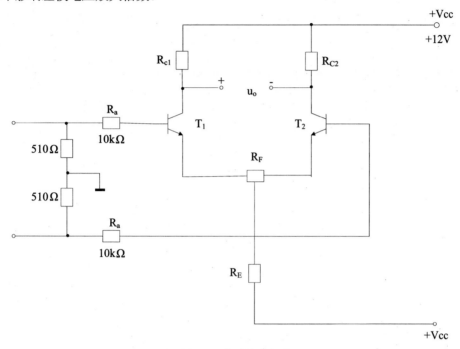

图 2-3 差动放大电路

(1) 静态工作点的估算

$$I_E = \frac{[|U_{EE}| - U_{BE}]}{R_E} \quad (认为 U_{B1} = U_{B2} \approx 0) \tag{2-3}$$

$$I_{C1} = I_{C2} = \frac{I_E}{2} \tag{2-4}$$

(2) 差模电压放大倍数

当差动放大电路的射极电阻 R_E 足够大时，差模电压放大倍数 A_d 由输出端方式决定，而与输入方式无关。

双端输出：$R_E = \infty$，R_p 在中心位置时：

$$A_d = \frac{\Delta U_O}{\Delta U_I} = \frac{\beta R_C}{R_B + r_{be} + (1+\beta)R_p} \tag{2-5}$$

单端输出：

$$A_{d1} = \frac{\Delta U_{C1}}{\Delta U_I} = -\frac{A_d}{2} \tag{2-6}$$

$$A_{d2} = \frac{\Delta U_{C2}}{\Delta U_I} = -\frac{A_d}{2} \tag{2-7}$$

(3) 共模电压放大倍数

单端输出：

$$
\begin{aligned}
A_{C1} = A_{C2} &= \frac{\Delta U_{C1}}{\Delta U_I} \\
&= \frac{-\beta R_C}{R_B + r_{be} + (1+\beta)(\frac{R_P}{2} + 2R_E)} \\
&\approx -\frac{R_C}{2R_E}
\end{aligned}
\tag{2-8}
$$

双端输出：

$$A_C = \frac{\Delta U_O}{\Delta U_I} = 0 \tag{2-9}$$

以上为理想情况，实际上由于元件参数的不对称，共模放大倍数 A_c 不会绝对等于零。

(4) 共模抑制比 CMRR

为了表征差动放大电路对有用信号(差模信号)的放大作用和对共模信号的抑制能力，通常用一个综合指标来衡量，即共模抑制比

$$\text{CMRR} = \left| \frac{A_d}{A_C} \right| \tag{2-10}$$

或

$$\text{CMRR} = 20\log \left| \frac{A_d}{A_C} \right| \text{ (dB)} \tag{2-11}$$

差动放大电路的输入信号可采用直流信号，也可采用交流信号。本实验以低频信号发生器提供的正弦波信号作为输入信号。

4. 实验内容及步骤

按图 2-3 连接实验电路，构成典型的差动放大电路。

(1) 测量静态工作点

① 调零

将放大器输入端 A、B 与地短接，设置输入信号为零，接通±12V 直流电源，给差动放大器设置合适的静态工作状态。用直流电压表测量输出电压，调节调零电位器，使输出

电压等于零，调零完毕。

② 测量静态工作点

调好零点以后，用直流电压表测量 T_1、T_2 管各电极电位及射极电阻 R_E 两端电压 U_{RE}，记入表 2-3 中。

表 2-3 静态工作点

	$U_{c1}(V)$	$U_{B1}(V)$	$U_{E1}(V)$	$U_{c2}(V)$	$U_{B2}(V)$	$U_{E2}(V)$	$U_{RE}(V)$
测 量 值							
	$I_C(mA)$		$I_B(mA)$		$U_{CE}(V)$		
计 算 值							

(2) 差模电压放大倍数的测量

在两输入端输入频率 $f=1kHz$、$U_{id1}=-U_{id2}=20mV$ 的差模信号，用数字电压表分别测量输入电压值及双端和各单端输出的电压值(U_{id1}、U_{od}、U_{od1} 与 U_{od2})，并分别算出双端输出的电压放大倍数 A_{ud} 和单端输出的电压放大倍数 A_{ud1}(或 A_{ud2})，填入表 2-4 中。

表 2-4 差模放大倍数

	U_{id1}	U_{od}	U_{od1}	U_{od2}	A_{ud}	$A_{ud1(2)}$
测 量 值						
理 论 值						

(3) 共模电压放大倍数的测量

将两输入端短接，输入频率 $f=1kHz$、$U_{ic}=20mV$ 的共模信号，用数字电压表分别测量输入电压值及双端和各单端输出的电压值(U_{ic}、U_{oc}、U_{oc1} 与 U_{oc2})，并分别算出双端输出的电压放大倍数 A_{uc} 和单端输出的电压放大倍数 A_{uc1} 或 A_{uc2}，填入表 2-5 中。

表 2-5 共模放大倍数

	U_{id1}	U_{od}	U_{od1}	U_{od2}	A_{ud}	$A_{ud1(2)}$
测 量 值						
理 论 值						

(4) 由 A_{ud}、A_{ud1}、A_{uc} 与 A_{uc1} 的值，分别算出双端、单端输出的共模抑制比。

5. 实验思考题

(1) 为什么要对差动放大电路进行调零?调零时能否用晶体管毫伏表来指示输出 U_O 值?

(2) 阅读实验原理，根据实验电路参数，估算典型差动放大电路的静态工作点及差模电压放大倍数(取 $\beta_1=\beta_2=100$)。

(3) 测量静态工作点时，差动放大器输入端 A、B 与地应如何连接?

(4) 用什么仪表测量输出端电压 U_O? 怎样测量?

(5) 根据实验结果，总结电阻 R_E 的作用。

2.3　恒流源差动放大电路

1. 实验目的

(1) 理解恒流源差动放大电路的工作原理及特点。

(2) 掌握恒流源差动放大电路的电压放大倍数、共模抑制比等主要性能指标的测量方法。

(3) 比较一般差动放大电路和恒流源差动放大电路的性能差异。

2. 实验仪器及设备

差动放大电路电路板　　　　　1 块

直流稳压电源　　　　　　　　1 台

低频信号发生器　　　　　　　1 台

示波器　　　　　　　　　　　1 台

数字万用表　　　　　　　　　1 块

交流毫伏表　　　　　　　　　1 块

3. 实验原理

图 2-4 所示为具有恒流源的差动放大电路。它用晶体管恒流源代替发射极电阻 R_E，可以进一步提高差动放大电路抑制共模信号的能力。

(1) 静态工作点的估算

$$I_{C3} \approx I_{E3} = \frac{[R_2 \times (U_{CC} + |U_{EE}|)]}{(R_1 + R_2) - U_{EE}} \times \frac{1}{R_{E3}} \tag{2-12}$$

$$I_{C1} = I_{C2} = \frac{I_{C3}}{2} \tag{2-13}$$

(2) 差模电压放大倍数

差动放大电路的差模电压放大倍数 A_d 由输出端方式决定，而与输入方式无关。

双端输出：R_P 在中心位置时，

$$A_d = \frac{\Delta U_O}{\Delta U_I} = \frac{\beta R_C}{R_B + r_{be} + (1 + \beta)R_P} \tag{2-14}$$

单端输出：

$$A_{d1} = \frac{\Delta U_{C1}}{\Delta U_I} = -\frac{A_d}{2} \tag{2-15}$$

$$A_{d2} = \frac{\Delta U_{C2}}{\Delta U_I} = -\frac{A_d}{2} \tag{2-16}$$

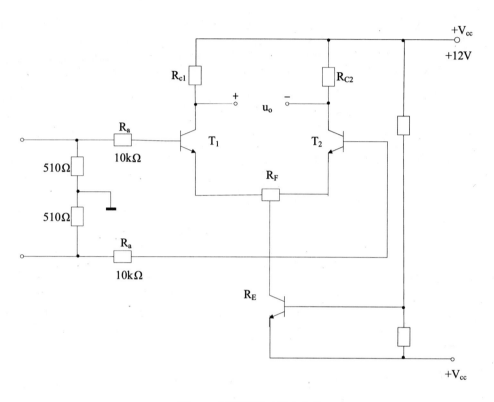

图 2-4　恒流源差动放大电路

(3) 共模电压放大倍数

单端输出:

$$A_{C1} = A_{C2} = \frac{\Delta U_{C1}}{\Delta U_I}$$

$$= \frac{-\beta R_C}{R_B + r_{be} + (1+\beta)(\frac{R_P}{2} + 2R_E)} \tag{2-17}$$

$$\approx -\frac{R_C}{2R_E}$$

双端输出:

$$A_C = \frac{\Delta U_O}{\Delta U_I} = 0 \tag{2-18}$$

以上为理想情况,实际上由于元件参数的不对称,共模放大倍数 A_c 不会绝对等于零。

(4) 共模抑制比 CMRR

为了表征差动放大电路对有用信号(差模信号)的放大作用和对共模信号的抑制能力，通常用一个综合指标来衡量，即共模抑制比

$$CMRR = \left| \frac{A_d}{A_C} \right| \tag{2-19}$$

或

$$CMRR = 20\log\left| \frac{A_d}{A_C} \right| \text{(dB)} \tag{2-20}$$

差动放大电路的输入信号可采用直流信号，也可采用交流信号。本实验以函数信号发生器提供频率 $f=1kHz$ 的正信号作为输入信号。

4. 实验内容及步骤

按图 2-4 连接实验电路，构成恒流源差动放大电路。

(1) 测量静态工作点

① 调零。将放大器输入端 A、B 与地短接，设置输入信号为零，接通±12V 直流电源，给差动放大器设置合适的静态工作状态。用直流电压表测量输出电压，调节调零电位器，使输出电压等于零，调零完毕。

② 测量静态工作点。

调好零点以后，用直流电压表测量 T_1、T_2 管各电极电位及恒流源射极电阻 R_{E3} 两端电压 U_{RE3}，计入表 2-6 中。

表 2-6　静态工作点

	U_{c1}(V)	U_{B1}(V)	U_{E1}(V)	U_{c2}(V)	U_{B2}(V)	U_{E2}(V)	U_{RE3}(V)
测 量 值							
	I_{C3}(mA)	I_C(mA)		I_B(mA)		U_{CE}(V)	
计 算 值							

(2) 差模电压放大倍数的测量

在两输入端输入频率 $f = 1kHz$、$U_{id1} = -U_{id2} = 20mV$ 的差模信号，用数字电压表分别测量输入电压值及双端和各单端输出的电压值(U_{id1}、U_{od}、U_{od1} 与 U_{od2})，并分别算出双端输出的电压放大倍数 A_{ud} 和单端输出的电压放大倍数 A_{ud1}(或 A_{ud2})，填入表 2-7 中。

表 2-7　差模电压放大倍数

	U_{id1}	U_{od}	U_{od1}	U_{od2}	A_{ud}	$A_{ud1(2)}$
测 量 值						
理 论 值						

(3) 共模电压放大倍数的测量

将两输入端短接，输入频率 f =1kHz、U_{ic}=20mV 的共模信号，用数字电压表分别测量输入电压值及双端和各单端输出的电压值(U_{ic}、U_{oc}、U_{oc1} 与 U_{oc2})，并分别算出双端输出的电压放大倍数 A_{uc} 和单端输出的电压放大倍数 A_{uc1} 或 A_{uc2}，填入表 2-8 中。

表 2-8　共模电压放大倍数

	U_{id1}	U_{od}	U_{od1}	U_{od2}	A_{ud}	$A_{ud1(2)}$
测 量 值						
理 论 值						

(4) 由 A_{ud}、A_{ud1}、A_{uc} 与 A_{uc1} 的值，分别算出双端、单端输出的共模抑制比。

(5) 与 "2.2　基本差动放大电路" 中的实验结果进行比较，分析恒流源差动放大电路的特点。

5. 实验思考题

(1) 阅读实验原理，根据实验电路参数，估算典型差动放大电路和具有恒流源的差动放大电路的静态工作点及差模电压放大倍数(取 $\beta_1 = \beta_2 = 100$)。

(2) 整理实验数据，列表比较实验结果和理论计算值，分析误差原因。

① 静态工作点和差模电压放大倍数。

② 典型差动放大电路单端输出时的 CMRR 实验值与理论值比较。

③ 典型差动放大电路单端输出 CMRR 的实测值与具有恒流源的差动放大器 CMRR 实测值比较。

(3) 根据测试结果，说明两种差动放大电路性能的差异及原因。

(4) 根据实验结果，总结恒流源的作用。

2.4　乘法器的应用

1. 实验目的

(1) 熟悉混频器的电路构成和工作原理。

(2) 熟悉用集成模拟乘法器实现普通调幅和抑制载波双边带调幅的基本工作原理。

(3) 弄清调幅信号解调的原理，掌握模拟乘法器解调电路的基本工作原理。

(4) 学会测量调幅系数及调制特性。

(5) 研究实验中波形的变换，学会分析实验现象。

2. 实验仪器及设备

集成乘法器混频电路板　　　　　　　1块

模拟乘法器普通调幅电路板　　　　　1块

模拟乘法器双边带调幅电路板	1块
模拟乘法器解调电路板	1块
直流稳压电源	1台
低频信号发生器	1台
示波器	1台
数字万用表	1块
交流毫伏表	1块

3. 实验原理

集成模拟乘法器在高频电子线路中具有较多的应用，接下来以 MC1496 为例，介绍它在混频、调幅和解调制三方面的应用。

(1) 混频电路

本实验采用的是集成模拟乘法器(MC1496)构成的混频电路，电路如图 2-5 所示。

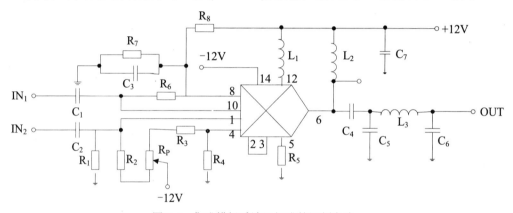

图 2-5　集成模拟乘法器组成的混频电路

将输入信号电压和本振电压共同作用于混频器，使混频器工作在非线性状态，有效地实现混频功能。同时，外界的干扰和噪声信号不可避免会进入混频器，若其组合信号频率分量等于或接近中频，将与输入信号一起通过中频放大器、解调器，影响输出信号，对输出级产生干扰，其中中频干扰和镜像干扰影响最大。

(2) 调幅电路

调幅是通信系统中的重要环节。通信系统的目的就是为了实现远距离不失真地传递信号。通常，待传输的低频信号在空中无法直接传输，需要加载到高频信号(载波)上面去，以便传输。这种将低频信号加载到高频信号上面去的过程，就称为调制。

振幅调制是用待传输的低频信号(调制信号)的 $f(t)$ 去控制高频载波 $u_c(t)$ 的振幅，使其随调制信号 $f(t)$ 线性变化。依据已调波信号波形的不同，分为普通调幅波、抑制载波的双边带调幅信号和抑制载波的单边带调幅信号三种形式。

① 基本理论

若载波信号电压为 $u_c(t) = U_{cm}\cos\omega_c t$，调制信号为单频信号 $u_\Omega(t) = u_{\Omega m}\cos\Omega t$，因为调幅

波的振幅和调制信号成正比，所以普通调幅波的振幅表达式为：

$$U_{AM}(t) = U_{cm} + k_a U_{\Omega m} \cos \Omega t$$
$$= U_{cm}(1 + m_a \cos \Omega t) \tag{2-21}$$

其中，k_a 为调制灵敏度，$m_a = \dfrac{k_a U_{\Omega m}}{U_{cm}}$ 为调制系数，表示载波振幅受调制信号控制的程度。单频普通调幅波的数学表达式为

$$u_{AM}(t) = U_{AM}(t) \cos \omega_c t$$
$$= U_{cm}(1 + m_a \cos \Omega t) \cos \omega_c t \tag{2-22}$$
$$= U_{cm} \cos \omega_c t + \frac{1}{2} U_{cm} m_a (\cos(\omega_c + \Omega)t + \cos(\omega_c - \Omega)t)$$

从分解表达式来看，已调波信号包括三个组成部分，分别是载波和上、下边频。其中，载波分量并不包含信息，调制信号的信息只包含在上下边频内。为了减少不必要的传输功率浪费，考虑只发射上、下边频，而不发射载波，称为抑制载波的双边带调幅信号。这种信号的数学表示式为

$$u_{DSB}(t) = k u_\Omega(t) \cdot u_c(t) = k U_{\Omega m} \cos \Omega t \cdot U_{cm} \cos \omega_c t \tag{2-23}$$
$$= \frac{1}{2} k U_{\Omega m} U_{cm} [\cos(\omega_c + \Omega)t + \cos(\omega_c - \Omega)t]$$

单频调制的双边带调幅波各信号波形如图 2-6 所示，双边带信号的包络仍然是随调制信号变化的，但它的包络已不能完全准确地反映低频调制信号的变化规律。在调制信号的正半周，双边带已调波信号的包络线与调制信号成正比；在调制信号的负半周，双边带已调波信号的包络线与调制信号成反比，即双边带已调波信号的包络在调制电压过零点处跳变 180 度。

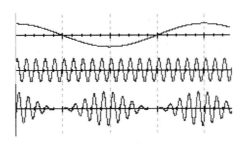

图 2-6　双边带调幅信号的波形

双边带调幅波和普通调幅波所占有的频谱宽度是相同的，为 $2F_{max}$。双边带信号不包含载波，有效地提高了传送的效率。

双边带调幅波两个边带都包含调制信号的信息，且包含的信息量是相同的，所以可以进一步把其中的一个边带抑制掉，而只发送一个边带，这就是单边带调幅波，用 SSB 表示。其数学表示式为

$$u(t) = \frac{k}{2} U_{cm} U_{\Omega m} \cos(\omega_c + \Omega)t \tag{2-24}$$

$$u(t) = \frac{k}{2} U_{cm} U_{\Omega m} \cos(\omega_c - \Omega)t \tag{2-25}$$

单边带调幅波的频谱宽度只有双边带的一半，频带利用率高，是一种常用的调制方式。但是单频单边带调幅波由于其波形复杂，不够直观，所以其解调制相对复杂。

可以看出，普通调幅波、双边带调幅波和单边带调幅波都含有调制信号和载波的乘积项，所以可以用模拟乘法器来构成调幅器。实现振幅调制通常用具有相乘功能的模拟乘法器来实现。

② 用 MC1496 集成电路构成的调幅器

用 MC1496 集成电路构成的调幅器电路如图 2-7 所示。

图中 R_{P1} 用来调节引出脚①、④之间的直流电位差，R_{p2} 用来调节⑧、⑩之间的平衡，三极管 V 为射极跟随器，以提高调幅器带负载的能力。

1) 调制信号的输入

集成模拟乘法器 MC1496 的①、④端是调制信号的输入端。若在乘法器的输入端 IN$_2$ 加入调制信号

$$u_{\Omega}(t) = U_{\Omega m} \cos \Omega t = U_{\Omega m} \cos 2\pi Ft \tag{2-26}$$

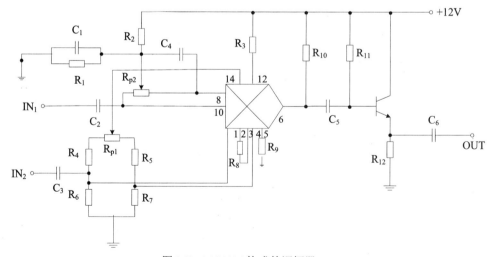

图 2-7　MC1496 构成的调幅器

调节 R_{P1} 电位器可改变①、④端直流电压的大小 V_{AB}，则①、④端输入的电压

$$u_{1,4}(t) = V_{AB} + U_{\Omega m} \cos \Omega t = V_{AB}\left(1 + \frac{U_{\Omega m}}{V_{AB}} \cos \Omega t\right) = V_{AB}(1 + m_a \cos \Omega t) \tag{2-27}$$

式中，$m_a = \dfrac{U_{\Omega m}}{V_{AB}}$。

2) 高频载波的输入

集成模拟乘法器 MC1496 的⑧、⑩端是载波信号的输入端。在输入端 IN1 加入载波信号，调节 R_{P2} 电位器使输入端平衡，输入直流电位差为零，则

$$u_{8,10}(t) = u_c(t) = U_{cm} \cos \omega_c t \qquad (2\text{-}28)$$

3) 集成模拟乘法器 MC1496 构成的调幅器的输出电压

$$u_o(t) = k u_{1,4}(t) u_{8,10}(t) = k(V_{AB} + U_{\Omega m} \cos \Omega t) U_{cm} \cos \omega_c t = U_m (1 + m_a \cos \Omega t) \cos \omega_c t \qquad (2\text{-}29)$$

各种调幅的实现：

当 $V_{AB} \neq 0$ 时，输出调幅波是普通调幅波；当 $V_{AB} = 0$ 时，输出调幅波是抑制载波调幅波。

③ 同步检波器

调幅信号的解调是振幅调制的相反过程，是从已调高频信号中恢复调制信号。通常将这种解调称为检波。完成这种解调的电路称为振幅检波器。振幅检波电路有包络检波和同步检波。仅考虑由模拟乘法器构成的同步检波器。

同步检波器主要利用一个和已调幅信号的载波同频同相的载波信号与调幅波相乘，再通过低通滤波器滤除高频分量而获得调制信号。实验电路如图 2-8 所示。

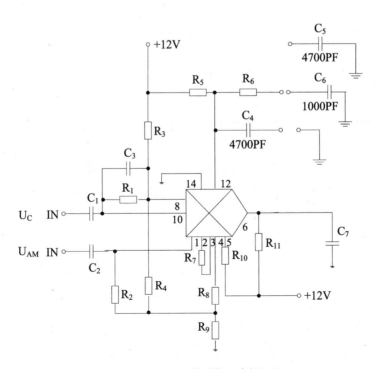

图 2-8　MC1496 构成的同步解调器

采用 MC1496 集成电路构成解调器，载波信号 u_c 由输入端 IN1 经电容 C_1 加在⑧、⑩脚之间，调幅信号 u_{AM} 由输入端 IN2 经电容 C_2 加在脚①、④之间，解调后的信号由⑫脚输出，首先经 C_4、C_5、R_6 组成的 π 型低通滤波器，将信号中的高频分量滤除，然后再经隔直电容 C_6，滤除信号中的直流分量，最终在解调输出端 OUT 输出低频调制信号。

4. 实验内容及步骤

(1) 混频电路

将本振信号 u_o(频率为 5MHz)接至输入端 IN1(⑩脚)，将调幅波信号 u_s(频率为 3.5MHz)接至输入端 IN2(①脚)，混频后的中频信号由⑥脚经 π 型滤波器(其调谐在 1.5MHz，带宽为 450kHz)滤波后，经由输出端 OUT 得到差频 1.5MHz 的中频信号。用示波器观测，配合调节 R_P 使输出波形最大，观察波形并记录。

(2) 调幅电路

调节 R_{p2} 电位器以使载波输入端平衡，在载波信号输入端 IN1 加入峰值为 30mv、频率为 100kHz 的正弦信号。

① 普通调幅波的产生

调制信号暂不接入，调节 R_{P1}，使载波信号被最大限度的输出，然后输入频率为 1kHz、幅度为 300mV 的调制信号，观测输出波形并记录，测出此时的调制系数 m_a。改变调制信号幅度，使之分别为 100mV、300mV、500mV、1000mV，用示波器观测输出波形，并测出相应的调制系数，填入表 2-9 中。绘制 U_O、m_a 曲线。

表 2-9　普通调幅波

调制信号幅度	100mV	300mV	500mV	800mV	1000mV
输出波形 (标明包络最大、最小值)					
调制系数					

② 抑制载波的双边带调幅信号的产生

调制信号暂不接入，调节 R_{P1}，使载波信号最大限度地被抑制，然后输入频率为 1kHz、幅度为 300mV 的调制信号，观测输出波形，着重观察条幅波包络过零点时的载波倒相特点，绘制输出波形。

(3) 同步检波器

同步解调器电路见图 2-8。

① 解调普通调幅信号

1) 将同步解调器电路中的 C_4 接地，C_5 接 A，将调制度分别为 30%、100%的调幅波依次加至解调器的调幅信号输入端 IN2，将与调幅信号相同的载波信号加至输入端 IN1，分别记录解调输出波形，填入表 2-10，并与调制信号相比较。

2) 断开滤波电容 C_4、C_5，观察记录调制度分别为 30%、100%的调幅波输入时的解调器输出波形，填入表 2-10，并与调制信号相比较。

② 解调抑制载波的双边带调幅信号

1) 将同步解调器电路中的 C_4 接地、C_5 接 A，将抑制载波的双边带调幅信号加至解调器的调幅信号输入端 IN2，将与调幅信号相同的载波信号加至输入端 IN1，分别记录解调输出波形，填入表 2-10 中，并与调制信号相比较。

2) 断开滤波电容 C_4、C_5，观察输出信号波形，填入表 2-10 中。

表 2-10 包络检波与同步检波

调 幅 度		m=30%	m=100%	DSB
输入调幅波的波形				
同步检波器输出波形	接 C_4、C_5			
	不接 C_4、C_5			

5. 实验思考题

(1) 实现抑制载波调幅，为什么要调 R_{P1}？使调制端平衡的意义是什么？

(2) 集成模拟乘法器 MC1496 构成的混频电路中，C_5、C_6 和 L_3 构成何种滤波器？该滤波器应满足哪些要求？

(3) 由模拟乘法器构成的调幅电路、同步检波电路和混频电路有何异同？

(4) 画出 100%调幅波形及抑制载波双边带调幅波形，比较二者的区别。

2.5 分立元件"OTL"功率放大器电路实验

1. 实验目的

(1) 熟悉推挽功率放大电路的结构与特点。

(2) 掌握 OTL 电路的静态工作点的调试方法，观察和理解交越失真现象。

(3) 测量最大不失真的功率、电压放大倍数。

2. 实验仪器及设备

"OTL"功率放大器电路板	1 块
直流稳压电源	1 台
低频信号发生器	1 台
示波器	1 台
数字万用表	1 块
交流毫伏表	1 块

3. 实验原理

在实际应用中，经常需要既可提供一定大小的电压、又可输出一定大小的电流的放大器，这就是功率放大器。功率放大器用于以足够大的信号功率去推动负载工作。用做放大低频信号的功率放大器，称为低频功率放大器，简称功放器。

图 2-9 所示为 OTL 低频功率放大器，它是一种单电源供电的互补对称功率放大电路。电路采用了 +12V 单电源供电。晶体管 T_1 为典型的甲类放大电路，组成前置放大级。在晶体管 T_1 的集电极，晶体管 T_2、T_3 的基极间加了可调电位器 R_{P2} 和两只二极管 D_1，用于消除电路的交越失真。T_2、T_3 是一对参数对称的 NPN 和 PNP 型晶体三极管，它们组成互补推挽 OTL 功放电路。

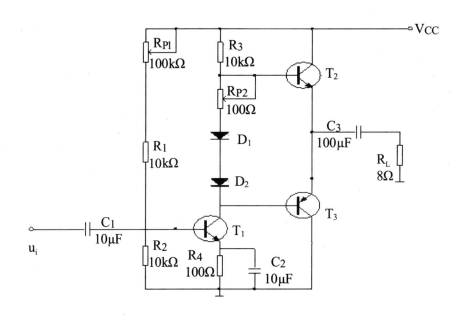

图 2-9　功率放大器

在静态时，调节电位器 R_{w1} 的大小，可让 I_{C1}、U_{B2}、U_{B3} 适当变化，从而达到 K 点电位 $U_K = \dfrac{1}{2}U_{CC}$。同时，R_{w1} 的一端接在 A 点，在电路中引入了交、直流电压并联负反馈，在稳定放大器的静态工作点的同时，也改善了非线性失真。电源 V_{CC} 通过 R_{P2} 和二极管 D_1、D_2 上产生的压降为 T_2、T_3 提供了一个适当的偏压，使之处于微导通状态，工作于甲乙类，避免了交越失真。由于电路对称，静态时 T_2、T_3 管电流相等 $i_{c1} = i_{c2}$，负载 R_L 没有静态电流流过 $i_L = 0$。

C1、R 构成"自举"电路。其中，R 是为使 E 点的交流信号对公共地端不短路而设定的，自举电容 C1 足够大。对于交流信号而言，K 点与 E 点近似为等电位，而 K 点与 B 点的交流电位也基本一致。若 K 点电位升高，则 E 点电位随之升高，B 点电位上升。所以说 B 点与 E 点的交流电压是按同一规律变化的，因此 C1 称作自举电容。它的加入提高了电路的功率增益，而且增大了最大不失真输出功率。

当有信号 u_i 输入时，经晶体管 T_1 反向放大，正半周 T_3 导通，T_2 截止，若时间常数 $R_L C$ 足够大，则电容两端电压近似保持 $\frac{1}{2}U_{CC}$ 不变，在 R_L 上获得正半周输出电压 u_o。在输入信号的负半周，T_2 导通，T_3 截止，这时电容 C 代替负电源通过 T_3 对负载 R_L 缓慢放电，在 R_L 上获得负半周输出电压。于是，在负载 R_L 上得到了放大的正、负半周信号，形成了完整的正弦波。

电路主要参数指标如下：

(1) 电路的输出功率

在理想极限(输出不失真)情况下，OCL 功率放大器的输出功率为

$$P_{om} = \frac{V_{CC}^{\ 2}}{8R_L} \tag{2-30}$$

在实际测量时，电路的最大输出功率为

$$P_{om} = \frac{V_O^{\ 2}}{R_L} \tag{2-31}$$

式中，V_O 为负载两端电压的有效值。

(2) 电源供给的平均功率

在理想极限情况下，电源供给的总平均功率为

$$P_E = \frac{V_{CC}V_{CC}}{2\pi R_L} \tag{2-32}$$

实际测量时，可把直流电流表串入供电电路中，在不失真的输出电压下，电流表指示值 I_{CO} 与供电电压 V_{CC} 的乘积即为 $P_{E实}$。

$$P_{E实} = V_{CC}I_{CO} \tag{2-33}$$

式中，I_{CO} 为电源提供的电流值。

(3) 功率放大器的效率

功率放大器的效率是指放大器输出的交流信号功率与直流电源提供的平均功率之比，在理想极限情况下，OTL 功率放大器的效率为

$$\eta = \frac{P_O}{P_E} = \frac{\pi}{4} = 78.5\% \tag{2-34}$$

实际测量时

$$\eta_{实} = \frac{U_o U_o / R_L}{V_{cc} I_{co}} = \frac{U_o U_o}{V_{cc} I_{co} R_L} \tag{2-35}$$

(4) 输入灵敏度

输入灵敏度是指输出最大不失真功率时，输入信号 U_i 的值。

4. 实验内容及步骤

(1) 静态工作状态的测量

① 按图 2-9 连接实验电路，电位器 R_{W2} 置为最小值，R_{W1} 置中间位置。检查无误后接通+5V 电源，随时触摸输出级三极管，若管子升温显著，应立即断开电源检查原因。

② 调整电路的静态工作状态。

静态调整:

1) 调节电位器 R_{W1}，用直流电压表测量 K 点电位，使 $U_K=1/2U_{CC}$。

2) 调节电位器 R_{W2}，用直流电压表测量 b、c 间电压值，使 $U_{BC}=1V$。

动态调整:

低频信号发生器产生 $f = 1kHz$、$U_i = 20mV$ 的正弦信号。逐渐增大输入电压 U_i，用示波器观察负载两端的输出信号，一边调节 R_{P1} 和 R_{P2}，直到调节到增大 u_i 时，输出信号正负半周同时出现削顶失真为止。去掉输入信号，使 $U_i=0$。

③ 测量各极静态工作点，记入表 2-11 中。

表 2-11 $I_{C2}=I_{C3}=$ mA $U_K=$ V

	$U_B(v)$	$U_C(v)$	$U_E(v)$	$I_C(mA)$
T_1				
T_2				
T_3				

(2) 观察电路的交越失真现象

在输入端加入 $f=1kHz$、$U_i = 20mV$ 的正弦信号。增大输入信号幅度，使波形发生明显失真，将此时的输出波形绘制下来。

(3) 最大输出功率 P_{OM} 和效率 η 的测试

① 测量最大不失真输出功率 P_{OM}

低频信号发生器产生 $f = 1kHz$、$U_i = 20mV$ 的正弦信号，接输入端电压 U_i，用示波器观察输出端电压 U_O 波形。逐渐增大 U_i，使输出电压达到最大不失真状态，用交流毫伏表测量负载 R_L 上的电压 U_{Om}，则

$$P_{OM} = \frac{U_{Om}^2}{R_L}$$

② 测量电源提供功率 P_E

当输出电压为最大不失真输出时，用万用表读出此时的直流电流 I_{CC} 的值，据此可近似求得 $P_E = U_{CC}I_{CC}$。

③ 测量效率 η

根据上面求得的 P_E 和 P_{OM} 值，即可求出 $\eta = \dfrac{P_{OM}}{P_E}$。

(4) 输入灵敏度测试

根据输入灵敏度的定义，功率 $P_O = P_{OM}$ 时的输入电压值 U_i 即为输入灵敏度。

(5) 幅频特性的测试

保持功率放大电路输入端正弦波信号电压 $U_i = 20mV$ 不变，改变信号源频率 f，逐点测出相应的输出电压 U_O，记入表 2-12 中。用描点法绘制放大器的幅频特性曲线。

表 2-12　$U_i=$ 　mV

f(Hz)	50	100	500	1000	2000	3000	4000	5000	8000	10000	20000
$U_O(V)$											
$A_V = U_O/U_i$											

(6) 研究自举电路的作用

测量有自举电路和无自举电路(C1 开路，R 短路)两种情况下 $P_O = P_{OMAX}$ 时的电压增益 $A_V = U_{OM}/U_i$，分别观察输出电压波形，分析研究自举电路的作用。

(7) 噪声电压的测试

将输入端信号短路($U_i=0$)，观察输出噪声波形，并用交流毫伏表测量此时的输出电压，即为噪声电压 U_N。

5. 实验思考题

(1) 整理实验数据，计算静态工作点、最大不失真输出功率 P_{om}、效率 η 等，并与理论值进行比效。

(2) 为什么引入自举电路能够扩大输出电压的动态范围？

(3) 交越失真产生的原因有什么？怎样克服交越失真？

第3章　应用性实验

3.1　集成运放比例运算电路

1. 实验目的

(1) 初步了解集成运放的基本功能和工作状态。

(2) 掌握反相比例、同相比例、加法、减法等运算电路的功能原理。

(3) 能正确分析运算精度与运算电路中各元件参数之间的关系。

2. 实验仪器及设备

集成运算放大电路电路板	1块
直流稳压电源	1台
数字万用表	1块

3. 实验原理

集成运算放大器是一个高增益的多级直接耦合放大电路，其应用十分广泛。它是模拟集成电路中发展最快、应用性最强的一类集成电路。集成运放工作于线性状态，可实现信号的放大、运算和处理；若其工作于非线性区，则能够实现电压比较、波形发生等功能。

(1) 理想运算放大器特性

在大多数情况下，将运放的各项技术指标理想化，视为理想运放。理想运放正常工作满足下列条件：

① 开环差模电压增益趋近于无穷大，即 $A_{od} \to \infty$；

② 共模抑制比趋近于无穷大，即 $K_{CMR} \to \infty$；

③ 开环差模输入电阻趋近于无穷大，即 $r_{id} \to \infty$；

④ 开环输出电阻趋近于零，即 $r_{od} \to 0$；

⑤ 开环带宽趋近于无穷大，即 $Bw \to \infty$。

⑥ 没有失调漂移，等等。

(2) 理想运放工作在线性区具有的特性

根据理想条件，集成运算放大器引入深度负反馈，使其工作在线性工作区域，在应用时有两个重要特性：

① 输出电压应与输入差模电压成线性关系，即

$$u_O = A_{od}(u_+ - u_-) \tag{3-1}$$

由于 u_O 为有限值，对于理想运放 $A_{od} = \infty$，因而净输入电压 $u_+ - u_- = 0$，即

$$u_+ = u_- \tag{3-2}$$

称两个输入端"虚短"。注意，所谓"虚短"是指集成运放的两个输入端电位无穷接近，并非真正短路。

② 由于 $r_{id} \rightarrow \infty$，故两个输入端的输入电流均为零，从集成运放输入端看进去相当于断路，即

$$I_+ = L = 0 \tag{3-3}$$

称两个输入端"虚断"。同样，所谓"虚断"是指集成运放两个输入端的电流趋于零，并非真正断路。

对于运放工作在线性区的应用电路，"虚短"和"虚断"是分析其输入信号和输出信号关系的两个基本出发点，可简化运放电路的计算。

(3) 反相比例运算电路

电路如图 3-1 所示，对于理想运放，该电路的输出电压与输入电压之间的关系为

$$U_O = -\frac{R_F}{R_1}U_i \tag{3-4}$$

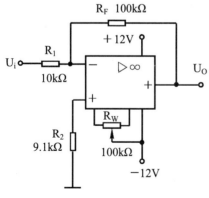

图 3-1 反相比例运算电路

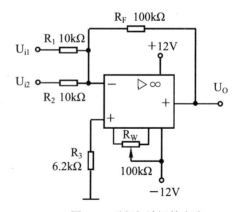

图 3-2 反相加法运算电路

为了差动放大电路输入端保持平衡，有效地抑制零点漂移，同相输入端应接入平衡电阻 $R_2 = R_1 \| R_F$。

(4) 反相加法电路

电路如图 3-2 所示，输出电压与输入电压之间的关系为

$$U_O = -\left(\frac{R_F}{R_1}U_{i1} + \frac{R_F}{R_2}U_{i2}\right) \tag{3-5}$$

$$R_3 = R_1 \| R_2 \| R_F \tag{3-6}$$

(5) 同相比例运算电路

图 3-3(a)是同相比例运算电路，它的输出电压与输入电压之间的关系为

$$U_O = \left(1 + \frac{R_F}{R_1}\right)U_i \tag{3-7}$$

$$R_2 = R_1 \| R_F \tag{3-8}$$

若 $R_1 \rightarrow \infty$，则 $U_O = U_i$，电路即转化为如图 3-3(b)所示的电压跟随器。图中平衡电阻 $R_2 = R_F$，以抑制漂移。一般 R_F 取 $10k\Omega$，保证其输入电阻较大且不影响其跟随性。

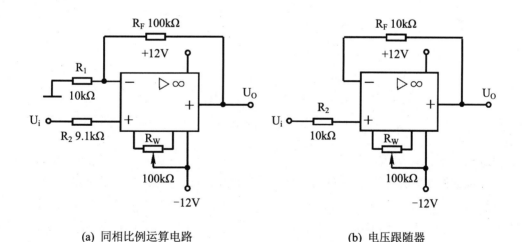

(a) 同相比例运算电路　　　　　　　　　(b) 电压跟随器

图 3-3　同相比例运算电路及电压跟随器

(6) 差动放大电路(减法器)

对于图 3-4 所示的减法运算电路，当 $R_1 = R_2$，$R_3 = R_F$ 时，有如下关系式

$$U_O = \frac{R_F}{R_1}(U_{i2} - U_{i1}) \tag{3-9}$$

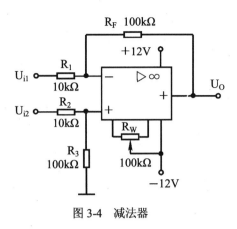

图 3-4 减法器

4．实验内容及步骤

(1) 调零

在实验仪上连成如图 3-5 所示的电路。接通电源后，调节调零电位器 R_W 使输出 $U_o=0$，并用示波器观察输出端是否存在自激振荡。如有，应进行补偿，补偿电路如图 3-5 所示。

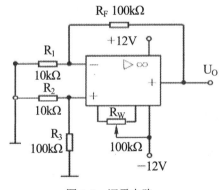

图 3-5 调零电路

(2) 反相输入比例运算电路

① 按照图 3-1 所示的电路连线，检查无误后接通电源。

② 输入直流信号 U_I 分别为-0.5V、0V、0.3V、0.5V、0.8V、1V、1.3V 和 1.5V 时，按照所给参数，计算出理论值填入表 3-1 中。并且测量对应于不同 U_I 的 U_o 实际值，也记入表 3-1 中。

表 3-1 反相比例运算电路数据表

类别	输入数据值	-0.5V	0V	0.3V	0.5V	0.8V	1V	1.3V	1.5V
理论计算值	U_o								
	U_-								
	U_+								

(续表)

类别	输入 数据值	−0.5V	0V	0.3V	0.5V	0.8V	1V	1.3V	1.5V
实际测 量值	U_o								
	U_-								
	U_+								

(3) 加法运算电路

① 按照图 3-2 所示的电路连线，检查无误后接通电源。

② 按表 3-3 所示的输入数据，测量出输出电压值，并与理论值比较。

表 3-2　反相加法运算电路数据表

输入信号 U_{I1}	−0.5V	−0.3V	0V	0.3V	0.5V	0.7V	1.0V	1.2V
输入信号 U_{I2}	−0.2V	0V	0.3V	0.2V	0.3V	0.4V	0.5V	0.6V
实际测量 U_o								
理论计算 U_o								

(4) 同相输入比例运算电路

① 按照图 3-3 所示的电路连线，检查无误后接通电源。

② 输入直流信号 U_I 分别为−0.5V、0V、0.3V、0.5V、0.8V、1V、1.3V 和 1.5V 时，按照所给参数，计算出理论值填入表 3-3 中。并且测量对应于不同 U_I 的 U_o 实际值，也记入表 3-3 中。

表 3-3　同相输入比例运算电路数据表

类别	数据值	−0.3V	0.3V	0.5V	0.8V	1.1V	1.2V	1.3V	1.5V
理论计 算值	U_o								
	U_-								
	U_+								
实际测 量值	U_o								
	U_-								
	U_+								

③ 将图 3-3(a) 中的 R_1 断开，得到如图 3-3(b) 所示的电路，重复内容(1)。

表 3-4　电压跟随器数据表

类别	输入 数据值	−0.3V	0.3V	0.5V	0.8V	1.1V	1.2V	1.3V	1.5V
理论计算值	U_o								

(续表)

类别＼数据值＼输入		-0.3V	0.3V	0.5V	0.8V	1.1V	1.2V	1.3V	1.5V
实际测量值	U_o								

(5) 减法运算电路

① 按照图 3-4 所示的电路连线，检查无误后接通电源。

② 按表 3-5 所示的输入数据，测量出输出电压值，并与理论值比较。

表 3-5　减法运算电路数据表

输入信号 U_{I1}	-0.6V	-0.5V	0V	0.1V	0.5V	0.6V
输入信号 U_{I2}	-0.7V	-0.5V	-0.1V	0V	0.5V	0.7V
实际测量 U_o						
理论计算 U_o						

5. 实验思考题

(1) 结合实验，说明理想运算放大器具有哪些特点?

(2) 将理论计算结果和实测数据相比较，分析产生误差的原因。

(3) 为了不损坏集成块，实验中应注意什么问题?

(4) 运放用作模拟运算电路时，"虚短"、"虚断"能永远满足吗?试问：在什么条件下"虚短"、"虚断"将不再存在?

3.2　集成运放积分、微分运算电路

1. 实验目的

(1) 掌握积分、微分运算电路的功能原理。

(2) 能正确分析运算精度与运算电路中各元件参数之间的关系。

2. 实验仪器及设备

集成运算放大电路电路板	1 块
直流稳压电源	1 台
数字万用表	1 块

3. 实验原理

(1) 积分运算电路

基本积分电路如图 3-6 所示。它和反相比例放大器的不同之处在于，它是用电容 C 来

代替反馈电阻 R_F。利用集成运放，可以实现比较理想的积分运算，在理想化条件下，输出电压 u_o 等于

$$u_o(t) = -\frac{1}{RC}\int_o^t u_i dt + u_c(o) \tag{3-10}$$

式中 $u_c(o)$ 是 $t=0$ 时刻电容 C 两端的电压值，即初始值。

　　若 $u_i(t)$ 为幅值为 E 的阶跃电压，并设 $u_c(o)$ 初始电压为零，则

$$u_o(t) = -\frac{1}{RC}\int_o^t Edt = -\frac{E}{RC}t \tag{3-11}$$

即输出电压 $u_o(t)$ 随时间增长而线性下降。显然，RC 越大，达到给定的 U_O 值所需的时间就长。积分输出电压最大值决定于集成运放最大输出范围。

　　在进行积分运算之前，首先应对运放调零。将图中 K_1 闭合，引入负反馈电阻 R_2 实现调零。调零后，打开 K_1，将 R_2 断开以免造成误差。K_2 的设置可实现积分电容初始电压 $U_c(o)=0$，设置电路积分起点。

　　(2) 微分运算电路

　　微分运算电路如图 3-7 所示。微分是积分的逆运算，在理想化条件下，它的输出电压与输入电压成微分关系，U_o 等于

$$U_o(t) = -RC\frac{du(t)}{dt} \tag{3-12}$$

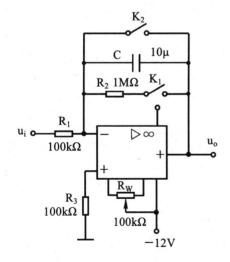

图 3-6　集成运放的积分运算电路

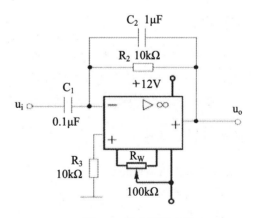

图 3-7　微分运算电路

4. 实验内容及步骤

　　(1) 积分运算电路

　　实验电路如图 3-6 所示。

　　① 打开 K_2，闭合 K_1，对运放输出进行调零。

② 调零完成后，再打开 K_1，闭合 K_2，使 $u_c(o)=0$。

③ 直流信号源产生直流电压分别为 $U_i=0.5V$ 和 $U_i=-0.5V$，接入积分运算电路输入端，打开 K_2，用直流电压表测量输出电压 U_O，每 5 秒读一次，记入表 3-6，直到 U_O 不继续明显增大为止。体会积分过程。

表 3-6　积分电路的频率特性

	t(S)	0	5	10	15	20	25	30	………………
$U_i=0.5V$	$U_o(V)$								
$U_i=-0.5V$	$U_o(V)$								

(2) 微分电路

按图 3-7 搭接电路，调节低频函数信号发生器产生频率为 200-1kHz 方波信号，接入微分电路输入端 u_i，用示波器观察输出信号波形并作图。体会微分电路工作过程。

5. 实验思考题

(1) 结合实验，说明微、积分运算电路实现过程。

(2) 在积分电路中电阻 R_F 起什么作用？

(3) 将理论计算结果和实测数据相比较，分析产生误差的原因。

(4) 为了不损坏集成块，实验中应注意什么问题？

3.3　集成运放比较器、积分器限幅电路

1. 实验目的

(1) 掌握比较器的电路构成、工作原理。

(2) 学习比较器门限电压的参数计算方法。

(3) 通过对理想集成运算放大器特性的认识，了解比较的含义，学会测试比较器的方法。

2. 实验仪器及设备

集成运放比较器电路板　　　　　1 块

直流稳压电源　　　　　　　　　1 台

数字万用表　　　　　　　　　　1 块

3. 实验原理

集成运放工作于非线性区的典型应用电路是电压比较器，它是将一个模拟量电压信号和一个参考电压相比较，在二者幅度相等的附近，输出电压产生跃变，相应输出高电平或低电平。通常可以组成越限报警电路和非正弦波形变换电路等。

图 3-8(a)所示为一最简单的电压比较器，U_R 为参考电压，加在运放的同相输入端，输

入电压 u_i 加在反相输入端。

当 $u_i < U_R$ 时，运放输出高电平，稳压管 D_z 工作于反向击穿区。输出端电位被钳位在稳压管的稳定电压 U_z，即 $u_o = U_z$。

当 $u_i > U_R$ 时，运放输出低电平，D_z 正向导通，输出端电位等于其正向压降 U_D，即 $u_o = -U_D$。

因此，以 U_R 为界，当输入电压 u_i 变化时，输出端反映出两种状态——高电位和低电位。图 3-8(b) 为电压比较器的传输特性。

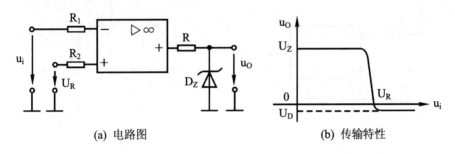

(a) 电路图　　　　　　　　　　　　　(b) 传输特性

图 3-8　比较器电路图及电压传输特性

常用的幅度比较器有：过零比较器、具有滞回特性的过零比较器(又称 Schmitt 触发器)、双限比较器(又称窗口比较器)等。

(1) 过零比较器

电路如图 3-9 所示为加限幅电路的过零比较器，D_Z 为双向限幅稳压管。同相端接地，参考电压为零。反相输入端接输入信号 U_i，当 $U_i > 0$ 时，输出 $U_O = -(U_Z + U_D)$，当 $U_i < 0$ 时，$U_O = +(U_Z + U_D)$。其电压传输特性如图 3-9(b) 所示。

过零比较器结构简单，灵敏度高，但稳定性差，外界环境变化极易引起电路输出信号的波动。

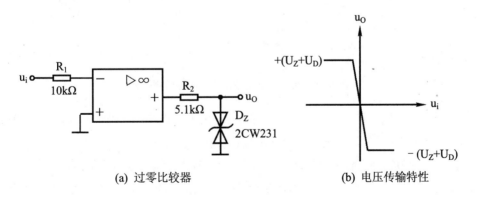

(a) 过零比较器　　　　　　　　　　　(b) 电压传输特性

图 3-9　过零比较器

(2) 滞回比较器

过零比较器在实际工作时，受外界环境影响极易发生波动。若 u_i 恰好在零点附近，则由于零点漂移的存在，u_o 将在正负极限之间频繁转换，这对于控制系统是非常不利的。为此，从输出端引入正反馈电阻 R_F 到同相输入端，如图 3-10 所示，就组成了具有滞回特性的滞回比较器，输出信号 u_o 确定下一刻电路的比较电压 U_+ 的值。若 $u_o>0$，则门限电压 $U_T = \dfrac{R_2}{R_f + R_2} U_+ > 0$，$u_o > U+$ 时，输出 u_o 由正变负；若 $u_o<0$，则门限电压 $U_T = -U_T$，$u_o < -U_T$ 时，输出 u_o 由负变正。带有滞回特性的电路传输特性曲线如图 3-10(b) 所示。

  $-U_T$ 与 U_T 的差别称为回差。改变 R_2 的数值可以改变回差的大小。

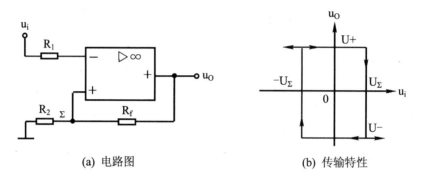

    (a) 电路图   (b) 传输特性

图 3-10 滞回比较器

  (3) 窗口(双限)比较器

  将两个简单比较器加以组合，就组成了窗口比较电路，如图 3-11 所示，它能指示出输入信号 u_i 的值是否处于 U_{R+} 和 U_{R-} 之间。

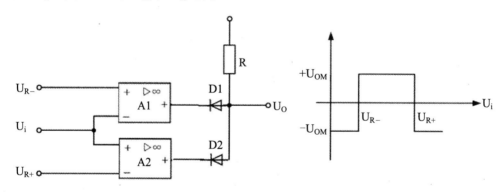

图 3-11 两个简单比较器组成的窗口比较器

  如图所示，若输入信号 $U_i < U_{R-}$，则运放 A_1 输出为正饱和，二极管 D_1 截止，A_2 输出为负饱和，二极管 D_2 导通，输出电压为低电位；若输入信号 $U_i > U_{R+}$，则运放 A_1 输出为负饱和，二极管 D_1 导通，A_2 输出为正饱和，二极管 D_2 截止，输出电压为低电位。而当输入信号 $U_{R-} < U_i < U_{R+}$ 时，运放 A_1、A_2 输出均为正饱和，二极管 D_1、D_2 均处于截止状态，输出电压为高电位。

4. 实验内容及步骤

  (1) 过零电压比较器

  ① 按照图 3-9 所示在实验仪上安装好电路，经检查无误后接通±12V 电源。

② 输入端 u_i 悬空，测量 U_o 电压。

③ u_i 输入 1kHz、幅值为 2V 的正弦波信号，用示波器观察 u_i-u_o 的波形并记录。

④ 改变 u_i 幅值，绘制过零比较器的电压传输特性曲线。

(2) 滞回比较器

① 按照图 3-12 所示在实验仪上安装好电路，经检查无误后接通 ±12V 电源。

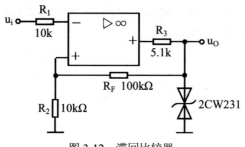

图 3-12 滞回比较器

② 调节 ±5V 直流信号源，使比较器输出电压为正值，逐渐减小输入电压 u_i 的幅值，直至 u_o 由正变负，这时测出 u_i 和 u_o 的值，记入表 3-7 中。

③ 调节 ±5V 直流信号源，逐渐增大输入电压 u_i 的幅值，直至 u_o 由负变正，这时测出 u_i 和 u_o 的值记入表 3-8 中。

表 3-7 数据表

u_i							
u_o							

表 3-8 数据表

u_i							
u_o							

④ 绘出滞回比较器的电压传输特性。

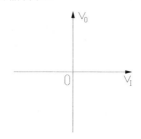

⑤ 将分压支路 100kΩ 电阻改为 200kΩ，重复上述实验，测定传输特性。

(3) 窗口比较器

① 按照图 3-11 所示在实验仪上安装好电路，经检查无误后，接通 ±12V 电源。

② 调节 ±5V 直流信号源，减小输入电压 u_i 的幅值，使比较器输出电压为低电平。

③ 逐渐增大输入电压 u_i 的幅值，直至 u_o 由低电平变为高电平，将 u_i 和 u_o 的值记入表 3-9 中。

④ 继续增大输入电压 u_i 的幅值，直至 u_o 由高电平再次变为低电平，将 u_i 和 u_o 的值记入表 3-9 中。

表 3-9　数据表

u_i								
u_o								

⑤ 绘出窗口比较器的电压传输特性。

5. 实验思考题

(1) 将比较器翻转时 u_i 的实测值与理论计算值进行比较，并分析产生误差的原因。

(2) 整理实验数据，绘制各类比较器的传输特性曲线。

(3) 比较几种比较器的特点，说明它们的应用。

3.4　集成运算放大器的非线性应用

1. 实验目的

(1) 掌握方波-三角波发生器的工作原理。

(2) 掌握波形发生器的调整和主要性能指标的测试方法。

2. 实验仪器及设备

方波发生器电路板	1 块
方波-三角波发生电路板	1 块
直流稳压电源	1 台
数字万用表	1 块
示波器	1 台
数字万用表	1 块
交流毫伏表	1 块

3. 实验原理

集成运算放大器工作于非线性区，能够实现信号的发生与转换。本实验以方波、三角波为例，介绍它们的发生与转换电路。

图 3-13 所示的电路是由集成运算放大器组成的一种常见的方波-三角波产生电路。图中运算放大器 A_1 与电阻 R_2、R_3 等构成滞回特性的比较器，以产生方波。运算放大器 A_2 与 R、C 等构成积分电路以产生三角波，二者形成闭合回路。比较器输出的方波经积分可得到三角波，三角波又触发比较器自动翻转形成方波，这样即可构成三角波-方波发生器。

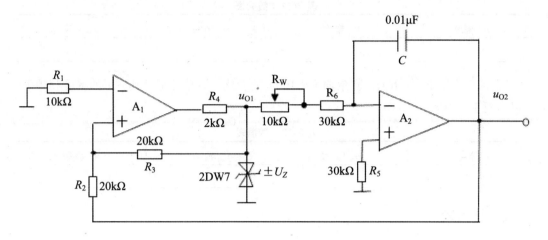

图 3-13　方波-三角波发生器

该电路的计算公式如下：

方波-三角波的周期

$$T = \frac{4R_2 RC}{R_3} \tag{3-13}$$

方波的幅度

$$U_{\text{o1m}} = \left| \pm U_Z \right| \tag{3-14}$$

三角波的幅度

$$U_{\text{o2m}} = \left| \pm \frac{R_2}{R_3} U_Z \right| \tag{3-15}$$

4. 实验内容及步骤

① 按照图 3-13 所示在实验仪上安装好电路，经检查无误后方接通电源。

② 接通电源后，用示波器观察 u_{o1}、u_{o2} 的波形，测量并记录波形的幅度和频率，写入表 3-10 中。

表 3-10　数据表

u_{o1} 幅度	u_{o2} 幅度	u_{o1} 频率	u_{o2} 频率

③ 将电容 C 改变为 0.03μF，用示波器观察 u_{o1}、u_{o2} 的波形，测量波形的幅度和频率并记入表 3-11 中。

表 3-11 数据表

u_{o1} 幅度	u_{o2} 幅度	u_{o1} 频率	u_{o2} 频率

④ 改变电阻 R_w 的阻值，观察输出电压 U_o 的变化，测量并记录其波形的幅度和频率。并记入表 3-12 中。

表 3-12 数据表

u_{o1} 幅度	u_{o2} 幅度	u_{o1} 频率	u_{o2} 频率

5. 实验思考题

(1) 讨论 D_z 的限幅作用。

(2) 分析电路参数变化(R_1、R_2 和 R_W)对图 3-13 产生的方波和三角波波形频率及幅值的影响。

(3) 在波形发生器各电路中，"相位补偿"和"调零"是否需要?为什么?

3.5 RC 文氏电桥振荡器实验

1. 实验目的

(1) 进一步学习 RC 桥式振荡器的电路构成和工作原理。
(2) 熟悉正弦波振荡器的调整、测试方法。
(3) 观察 RC 参数对振荡频率的影响，学习振荡频率、幅度的测定方法。

2. 实验仪器及设备

RC 文氏电桥振荡器电路板　　　　　1 块
方波-三角波发生电路板　　　　　　1 块
直流稳压电源　　　　　　　　　　　1 台
数字万用表　　　　　　　　　　　　1 块
示波器　　　　　　　　　　　　　　1 台
数字万用表　　　　　　　　　　　　1 块
交流毫伏表　　　　　　　　　　　　1 块

3. 实验原理

(1) 文氏电桥的选频特性

文氏电桥电路是一个 RC 串并联电路，通常取 $R_1=R_2=R$，$C_1=C_2=C$。该电路结构简单，被广泛地用于低频振荡电路中作为选频环节，可以获得很高纯度的正弦电压。电路形式如图 3-14 所示。

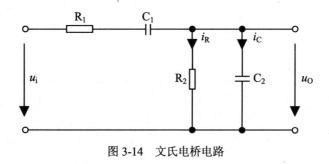

图 3-14　文氏电桥电路

从电路反馈输入端 U_f 看进去，等效阻抗为

$$Z = R + X_C + R // X_C \tag{3-16}$$

式中，$X_C = \dfrac{1}{j\omega c}$

从电路输出端看进去，等效阻抗为

$$Z_2 = R // X_C = \frac{RX_C}{R + X_C} = \frac{R}{1 + j\omega RC} \tag{3-17}$$

于是，网络函数为

$$H(j\omega) = \frac{U_o}{U_i} = \frac{Z_2}{Z_1} = \frac{1}{3 + j(\omega RC - 1/\omega RC)} \tag{3-18}$$

文氏电桥的上述幅频特性和相频特性曲线分别表示为

$$H(j\omega) = \frac{1}{\sqrt{9 + (\omega RC - 1/\omega RC)^2}}, \quad \varphi(\omega) = \operatorname{arctg} \frac{\dfrac{1}{\omega RC} - \omega RC}{3} \tag{3-19}$$

用信号发生器输出一个正弦信号作为图 3-14 的激励信号 u_i，并在保持 u_i 不变的情况下，改变输入信号的频率 f，用交流毫伏表或者示波器测出输出端对应于各个频率的输出电压 U_O，将这些数据画在以频率 f 为横轴、u_o 为纵轴的坐标纸上，用光滑曲线连接这些点，该曲线就是上述电路的幅频特性曲线。文氏电桥的上述幅频特性和相频特性曲线见图 3-15、3-16 所示，由图可见文氏电桥电路具有带通特性。

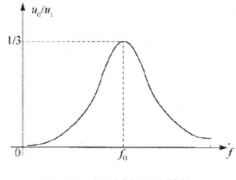

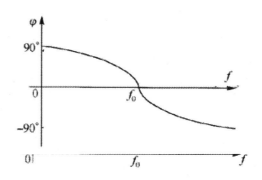

图 3-15　文氏电桥的幅频特性　　　　　　　图 3-16　文氏电桥的相频特性

当角频率为 $\omega = \omega_0 = \dfrac{1}{RC}$ 时，文氏电桥网络函数的虚部为零，此时 u_o 与 u_i 同相，而网络函数的大小为

$$H(\omega = 1/RC) = \frac{U_o}{U_i} = \frac{1}{3} \tag{3-20}$$

此时，电路输出电压的幅值最大，即输出电压是输入电压的 1 / 3，此时 u_o 与 u_i 同相。

(2) RC 文氏电桥振荡器原理

如图 3-17 所示为 RC 文氏电桥振荡电路，其中，A 表示主放大器，电路可方便地连续改变振荡频率，便于加负反馈稳幅，容易得到良好的振荡波形。主要参数如下：

振荡频率

$$f_0 = \frac{1}{2\pi RC} \tag{3-21}$$

起振条件 $|\dot{A}| > 3$

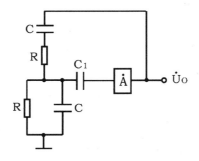

图 3-17　RC 串并联网络振荡器原理图

4. 实验内容及步骤

(1) 基本 RC 桥式振荡电路

① 按图接线，检查无误后接通电源。

② 配合调节电阻 R_P，用示波器观察振荡电路的最大不失真输出波形。

③ 用李沙育图形法测量振荡频率。

如图 3-18 所示，将振荡器输出信号接至示波器的 Y_1 输入端，将函数发生器的输出正弦波信号接至示波器的 Y_2 输入端，将"拉 $Y_2(X)$"控制开关拉出，设置 Y_2 为 X 轴。将 Y 轴及 X 轴衰减旋钮将到合适位置，调节函数发生器的频率，观察示波器上出现一个圆形或椭圆形时，振荡器的输出频率与函数发生器的频率相等即为被测频率。

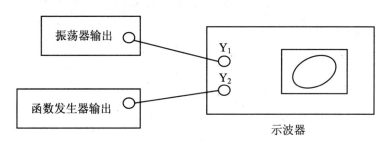

图 3-18 示波器的接法

④ 测定闭环电压放大倍数。

如图 3-19 所示，首先，测出振荡电路的 U_o 值；然后关断电源，保持 R_p 不变，断开 A 点，把函数发生器的输出电压通过一个 1k 的电位器分压后接至 A 点，调节函数发生器(频率同振荡器的振荡频率)，使电路的输出 U_o 等于原值，测出此时的输入电压 U_i 的值，则

$$A_{Vf} = \frac{U_0}{U_i} \tag{3-22}$$

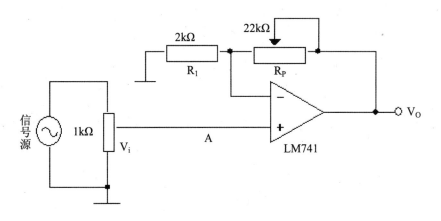

图 3-19 RC 振荡电路

(2) 具有稳幅环节的 RC 桥式振荡电路

如图 3-20 所示，将稳幅环节接入电路中，调节 R_p，观察振荡电路的输出波形的变化。

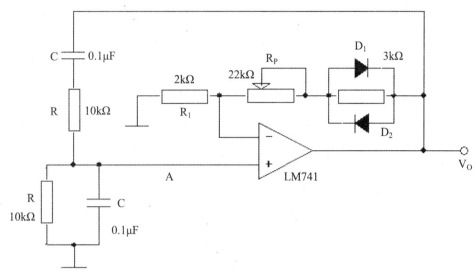

图 3-20　深度负反馈电路

(3) 改变振荡频率

改变文式桥电阻 R，调节电位器 R_p，使输出电压 U_o 无明显失真，用示波器观察输出信号的波形变化。

5. 实验思考题

(1) 计算正弦波的振荡频率并与实测值比较；分析误差原因。

(2) 总结改变负反馈深度对振荡器起振的幅值条件及输出波形的影响。

(3) 简述二极管稳幅环节的稳幅原理，总结稳幅环节对正弦波振荡电路性能的影响。

(4) 反馈电阻为多大时电路可以产生振荡？其值与什么有关？

(5) 稳定振荡时，输出电压的峰值、运放同相端电压峰值、二极管两端电压最大值之间有什么关系？为什么？

第4章 设计性与综合性实验

4.1 晶体管放大电路的设计

1. 实验目的

(1) 学会基本放大电路的设计方法与设计过程。

(2) 掌握放大电路基本性能指标的测试方法。

2. 实验仪器及设备

晶体三极管 NPN、PNP 若干	1 块
半导体管特性图示仪 XJ4810	1 台
直流稳压电源	1 台
低频信号发生器	1 台
示波器	1 台
数字万用表	1 块
交流毫伏表	1 块

3. 实验原理

共发射极放大器是晶体管放大电路中常用的一种基本电路，它能把频率为几十赫兹到几百千赫兹的信号进行不失真放大。

(1) 电路原理

图 4-1 所示的偏置电路称为分压偏置式静态工作点稳定电路，是一种可以稳定工作点的电路。

该电路满足 $I_1, I_2 \gg I_B$ 时，基极电位 V_B 只由 V_{CC}、R_{B1}、R_{B2} 决定，与 BJT 参数无关。而 V_{CC}、R_{B1}、R_{B2} 对温度均不敏感，所以 V_B 稳定。

当外界条件变化(如温度增加，电源电压增加等)，导致静态工作点的 I_C 增加时，则电路可以通过自身直流负反馈的作用，抑制 I_C 的增加，稳定电路的静态工作点。具体稳压过程如下：

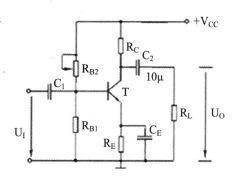

图 4-1 分压偏置式放大电路

外界条件变化 $\rightarrow I_C \uparrow \xrightarrow{R_E} V_E \uparrow \xrightarrow{V_B 不变} U_{BE} \downarrow \rightarrow I_B \downarrow \rightarrow I_C \downarrow$

(2) 电路基本关系式

当流过电阻 R_{B1} 的电流 $I_1 \gg I_{BQ}$ 时，B 点电位 V_{BQ} 近似保持不变，这是分压偏置式放大电路静态工作点稳定的前提条件，一般取

$$I_1 = (5-10)I_{BQ}(硅管)$$

$$I_1 = (10-20)I_{BQ}(锗管)$$

负反馈越强，电路的稳定性就越好。所以要求 $V_{BQ} \gg U_{BE}$，通常选取 $V_{BQ} = (5-10)U_{BE}$，一般取

$$V_{BQ} = (3-5)V(硅管)$$

$$V_{BQ} = (1-3)V(锗管)$$

综上所述，对于小信号放大器而言，电路的各项参数指标选取如下：

$$I_{CQ} = 0.5mA - 2mA，\quad V_{EQ} = (0.3-0.5)V_{CC} \tag{4-1}$$

$$R_{B2} \approx \frac{V_{BQ}}{I_1} = \frac{V_{BQ}}{(5-10)I_{CQ}}\beta \tag{4-2}$$

$$R_{B1} \approx \frac{V_{CC} - V_{BQ}}{V_{BQ}}R_{B2} \tag{4-3}$$

$$V_{CEQ} \approx V_{CC} - I_{CQ}(R_C + R_E) \tag{4-4}$$

除此以外，该分压电路中，电容 C_1、C_2、C_e 作为隔直电容，均选择大容量的电解电容，一般取 C_1、C_2 为 $4.7 \sim 47\mu F$，C_e 为 $10 \sim 220\mu F$。

(3) 性能指标与测试方法

① 静态工作点

$$V_B \approx \frac{R_{B1}}{R_{B1} + R_{B2}} V_{CC}$$

$$I_C \approx I_E = \frac{V_B - U_{BE}}{R_E} \tag{4-5}$$

$$U_{CE} = V_{CC} - I_C R_C - I_E R_E$$

② 电压放大倍数

$$A_u = -\beta \frac{R_C // R_L}{r_{be}} \tag{4-6}$$

其中，r_{be} 为晶体管的输入电阻，其取值为

$$r_{be} = r_{bb'} + (1+\beta) \frac{26(mV)}{I_E(mA)} \tag{4-7}$$

③ 输入电阻和输出电阻

$$R_i = R_{B1} // R_{B2} // r_{be} \tag{4-8}$$

输入电阻反映了放大器本身消耗输入信号源功率的大小，输入电阻越大，从信号源获取功率越高。

$$R_o \approx R_c \tag{4-9}$$

输出电阻用于衡量电路的带负载能力，输出电阻越小，放大电路带负载能力越强。

输入和输出电阻在实际测量电路中，可以采用实验 1.3 中的测量方法进行测量。

④ 通频带

放大器中各种电容元件的存在，使得电路对于不同频率的输入信号呈现的放大能力有所不同。在中频段，电压放大倍数近似相同，随着频率上升或下降，其放大倍数会有所下降。当放大倍数降至最高值的 $\frac{1}{\sqrt{2}}$ 时，对应频率特性曲线上的上下频率点分别称之为上、下限频率，上下限频率之间的部分就称为通频带。

放大器的幅频特性可通过测量不同频率时的电压放大倍数来获得，通常采用"描点法"来测量其幅频特性。

4. 实验内容及步骤

实验内容：设计一单极晶体管阻容耦合放大器

已知条件：$V_{CC} = 15V$，$R_L = 3\text{k}\Omega$，$U_i = 10mV$

性能指标要求：$A_u > 50$，$R_i > 1\text{k}\Omega$，$R_o < 2\text{k}\Omega$

实验步骤:

(1) 根据设计任务和已知条件,确定电路的设计方案,确定并选择各功能元件。在实验电路板上搭接实验电路,检查无误后,接通电源,进行测试。

(2) 测试与调整晶体管放大电路的直流工作状态——静态工作点。

将交流输入端接地,令交流输入信号为零,测试电路的静态工作状态,用万用表测量晶体管输出电压 V_B、V_C、V_E,求 U_{CEQ},观察测量结果。若 U_{CEQ} 过大(接近电源电压)或过小(接近 U_{CES}),则说明电路静态工作点设置不合理,电路工作于饱和或截止状态,应调节基极电阻 R_{B1} 的阻值,至 $U_{CEQ} = 3V$ 左右(硅管),放大器进入正常放大状态。

进入正常放大状态以后,为了使静态工作点居于线性放大器的中央,使得输出的动态范围最大,此时应外加交流输入信号进行动态观测。外加输入信号 $f = 1kH_z$、$U_i = 10mV$,逐渐增大输入信号的幅度,用示波器观察输出信号波形,直到输出信号顶部(或底部)发生失真现象。改变基极电阻 R_{B1} 的阻值,使其失真现象消失。继续增大输入信号,至顶部和底部近似同时发生失真现象。说明此时输出信号动态范围最大,静态工作点位于线性区的中央。移出信号源,测量电路的静态工作点。

(3) 测试与调整晶体管放大电路的交流工作状态——电压放大倍数 A_u,输入电阻 R_i 和输出电阻 R_o。

外加输入信号 $f = 1kH_z$、$U_i = 10mV$,用示波器观测输入电压和输出电压的波形,并用晶体管毫伏表测量输出电压有效值,则电压放大倍数

$$A_u = \frac{U_o}{U_i} \tag{4-10}$$

运用前面介绍过的输入电阻和输出电阻的测量方法,测量放大电路的输入和输出电阻。

对于放大器而言,总是希望其电压放大倍数高、输入电阻大、输出电阻小、通频带足够宽,但是这些要求之间有时候又是相互矛盾、互相制约的,实际运用时应当视情况而定。

依据设计题目要求,若某项参数指标不满足设计要求,而其他指标还有所余地的话,通常可以通过改变电路参数的方法,来改善电路的综合性能。例如,依据电压放大倍数的表达式

$$A_u = -\beta \frac{R_C /\!/ R_L}{r_{be}} \tag{4-11}$$

要提高电路的电压放大倍数 A_u,可以提供提高 R_C、提高 β、减小 r_{be} 三种方法。但同时,提高 R_C 会造成电路的输出电组变大,减小 r_{be} 会减小电路的输入电阻。基于电路的静态工作点稳定特点,提高 β 不会影响电路的静态工作状态,所以针对本设计题目,可以用此方式来提高电压放大倍数。

(4) 调整静态工作点,观察放大电路的非线性失真。

适当增大输入信号的幅度,调节 R_{B1} 的大小;使输出电路出现饱和或截止失真现象,

观测失真波形，并记录。

(5) 测量放大电路的幅频与相频特性，绘制特性曲线。

保持幅值不变，改变输入信号的频率，用晶体管毫伏表测量输出电压和频率的关系，采用"描点法"用曲线(即放大器的幅频特性曲线)描绘。并求出上下限频率 f_L、f_H 及通频带 BW 的大小。

(6) 误差动析

整理实验数据，并与理论值进行比较。分析误差产生的原因。

5. 实验思考题

(1) 列出设计步骤和电路中各参数的计算结果。

(2) 当电路中出现饱和和截止失真时，应怎样进行调整?

(3) 分析设计放大电路的性能指标，讨论其改进方法。

4.2　直流稳压电源综合实验

1. 实验目的

(1) 进一步掌握整流与滤波电路的特性、工作原理。

(2) 熟悉集成稳压器的特点及应用方法。

2. 实验仪器及设备

直流稳压电路板	1 块
直流稳压电源	1 台
数字万用表	1 块
示波器	1 台
数字万用表	1 块
交流毫伏表	1 块

3. 实验原理

各种电子电路在应用中，一般都需要电压稳定的直流电源供电。而电网提供的通常是正弦交流电，直流稳压电源就是把交流电(市电)转换成稳定的直流电的电子设备。

一般直流电源的组成如图 4-2 所示，主要包括电源变压器、整流电路、滤波电路、稳压电路四个基本组成部分。

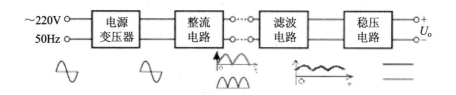

图 4-2　直流稳压电源结构图

电网供给的交流电压 u_1(220V，50Hz)经电源变压器降压后，得到符合电路需要的交流电压，再由整流电路变换成方向不变、大小随时间变化的脉动直流，用滤波器滤去其交流分量，得到比较平直的直流电压。最后，经过稳压电路稳压，输出稳定的直流电压。

(1) 电源变压器

各种电子设备，要求直流稳压电源提供不同幅值的直流电压，而电网提供的交流电压一般为 220V(或 380V)，因此电源变压器是将交流电网 220V 的电压变为所需要的电压值，再将变换后的交变电压整流、滤波和稳压，最后获得所需要的直流电压。电源变压器的效率为：

$$\eta = \frac{P_2}{P_1} \tag{4-12}$$

其中：P_2 是变压器副边的功率，P_1 是变压器原边的功率。一般小型变压器的效率如表 4-1 所示。

表 4-1　小型变压器的效率

副边功率 P_2	$<10VA$	$10\sim30VA$	$30\sim80VA$	$80\sim200VA$
效率 η	0.6	0.7	0.8	0.85

因此，当算出了副边功率 P_2 后，就可以根据表 4-1 算出原边功率 P_1。

(2) 整流电路

整流电路是利用具有单向导电性的整流器件(如整流二极管、晶闸管)。整流电路的任务是将电网提供的、经变压器降压的交流电变换成脉动直流。整流电路就是利用二极管的单向导电性，将交流电压变换为单向的脉动直流电压。在直流电源中，经常采用的整流电路有单向半波、全波、桥式、倍压和可控硅整流电路，等等。其中，桥式整流电路输出的直流电压比较高、脉动系数小、变压器利用率高，所以桥式整流电路得到了广泛的应用。

桥式整流的电路图如图 4-3 所示，其简化电路如图 4-4。主要参数指标如下：

① 输出电压平均值 $U_{O(AV)}$

$$U_{O(AV)} = \frac{1}{\pi} \int_0^\pi \sqrt{2} U_2 \sin\omega t\, d(\omega t) \tag{4-13}$$

解得

$$U_{O(AV)} = \frac{2\sqrt{2}U_2}{\pi} \approx 0.9U_2 \qquad (4\text{-}14)$$

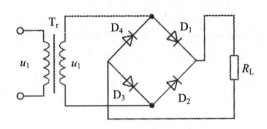

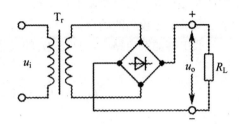

图 4-3　桥式整流电路　　　　　　　图 4-4　桥式整流电路简化图

　　桥式整流实现了全波整流，在变压器副边电压有效值相同的条件下，输出电压平均值是半波整流电路的两倍。

　　② 输出电流平均值 $I_{O(AV)}$

$$I_{O(AV)} = \frac{U_{O(AV)}}{R_L} \approx \frac{0.9U_2}{R_L} \qquad (4\text{-}15)$$

相同条件下，输出电流平均值也是半波整流的两倍。

　　③ 脉动系数 S

　　依据谐波分析，桥式整流电路的基波 U_{O1M} 的角频率是 u_2 的两倍，$U_{O1M} = \frac{2}{3} \times 2\sqrt{2}U_2 / \pi$，

故脉动系数

$$S = \frac{U_{O1M}}{U_{O(AV)}} \qquad (4\text{-}16)$$

与半波整流电路相比，输出电压的脉动减小很多。

　　④ 二极管正向平均电流 $I_{D(AV)}$

$$I_{D(AV)} = \frac{I_{O(AV)}}{2} \approx \frac{0.45U_2}{R_L} \qquad (4\text{-}17)$$

与半波整流电路中二极管的平均电流相同。

　　⑤ 二极管最大反向峰值电压 $U_{R\max}$

二极管承受的最大反向峰值电压

$$U_{R\max} = \sqrt{2}U_2 \qquad (4\text{-}18)$$

(3) 滤波电路

滤波电路的主要功能是滤除单向脉动直流电压中的纹波成分，在尽量保留输出电压中的直流成分的前提下，尽量降低输出电压的脉动成分，使之接近于理想的直流电压。滤波电路通常由电容、电感等储能元件组成。常用的滤波电路有电容滤波电路、电感滤波电路、π 型滤波电路等。电容滤波电路结构简单，输出的直流电压较高、脉动小，常用于负载变动小、要求电压较高的场合。

一般电容滤波电路中，U_o 与 U_2 的关系约为

$$U_o = (0.9 \sim 1.0)U_2 \text{（半波整流）} \tag{4-19}$$

$$U_o = (1.1 \sim 1.2)U_2 \text{（全波整流）} \tag{4-20}$$

(4) 稳压电路

交流电压通过整流、滤波后虽然变为交流分量较小的直流电压，但是，当电网电压、负载和温度有所变化的时候，其平均值也将发生变化。稳压电路的作用是采取某种措施，使输出的直流电压在电网电压波动和负载电阻变化的时候，保持稳定。

稳压电路一般采用集成稳压器和一些外围元件组成。采用集成稳压器设计的稳压电源具有性能稳定、结构简单等优点。集成稳压器的类型很多，普遍使用的是三端稳压器。W317系列三端式集成稳压器是国产较为新型的单片集成电路产品，它既保持了三端式电路结构的优点，又能使输出电压在 1.2～37V 之间连续可调，同时提供 1.5A 的输出电流。它具有稳压精度高、输出纹波小、使用方便、安全可靠等特点。该系列稳压器的表示符号如图 4-5 所示。3 个端子的标号分别为："1"为调节端，"2"为输入端，"3"为输出端。

W317 系列稳压器的基本应用如图 4-6 所示。图中的 R_W 是为使输出电压连续可调而设置的可变电阻器，R 是为保证稳压电路在空载时也能正常工作所必需的外接电阻。考虑到W317 稳压器的最小负载电流，通常 R 的取值为 120～2400。电容 C_1 是为削减输入端的纹波所设，C_2 为消振电容，利用 C_3 可消除可调电阻 R_W 两端的纹波成分。D_1、D_2 则为保护二极管，并分别为保护 W317 内部的调整管和比较放大管而设立的。在电路发生短路故障时，D_1、D_2 分别给 D_2、D_3 提供放电回路，以保护内部调整管和放大管。

图 4-5   W317 稳压块的符号

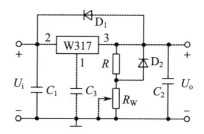

图 4-6   W317 基本应用电路

4. 实验内容及步骤

(1) 单相桥式整流滤波电路测试

① 按图 4-7 连接电路，检查无误后接通电源；

② 按照表 4-2 的要求变动开关 K 的状态，接入或断开滤波电容，用示波器观察输出电压 U_o 的波形，用万用表测量输出电压 U_o 的直流输出电压和交流纹波电压值，记入表 4-2 中。

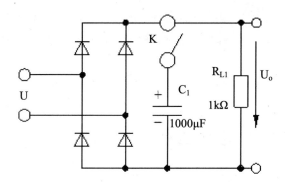

图 4-7 单相桥式整流(滤波)电路

表 4-2 单相桥式整流(滤波)电路

K 的状态	U_o 波形	U_o 数值(直流)	U_o 数值(交流)	工作状态
断开				
闭合				

注意：每次改接电路时，必须切断电源。

(2) 直流稳压电路

① 按图 4-8 连接电路，检查无误后接通电源；

② 按照表 4-3 的要求变动开关 K 的状态，接入或断开滤波电容，用示波器观察输出电压 U_o 的波形，用万用表测量输出电压 U_o 的直流输出电压和交流纹波电压值，记入表 4-3 中。

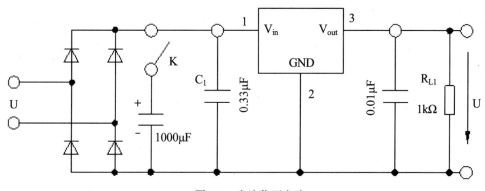

图 4-8 直流稳压电路

表 4-3　直流稳压电路

K 的状态	U_o 数值(直流)	U_o 数值(交流)	U_o 波形
断开			
闭合			

5. 实验思考题

(1) 通过三次输出纹波电压测量值的比较，加深理解稳压电源中各元件的作用。

(2) 根据实验结果，总结单相半波和桥式整流电路在有、无电容滤波工作状态下的波形及数值关系。

(3) 若图 4-8 中一个二极管短路时 U_o=？ 若有一个二极管短路时 U_o=？

4.3　集成直流稳压电源设计

1. 实验目的

(1) 掌握三端集成稳压器工作原理及使用方法。

(2) 掌握常用的直流稳压电路的设计。

(3) 掌握直流稳压电路的调试及相关参数的测试方法。

2. 实验仪器及设备

7805，7812，7912，LM317	1 块
直流稳压电源	1 台
低频信号发生器	1 台
示波器	1 台
数字万用表	1 块
交流毫伏表	1 块

3. 实验原理

稳压电源的设计，是根据稳压电源的输出电压 U_o、输出电流 I_o、输出纹波电压 $\Delta U_{op\text{-}p}$ 等性能指标要求，正确地确定出变压器、集成稳压器、整流二极管和滤波电路中所用元器件的性能参数，从而合理地选择这些器件。

稳压电源的设计可以分为以下三个步骤：

(1) 依据稳压电源的电路设计参数：输出电压 U_o 和最大输出电流 $I_{o\max}$，确定稳压器的型号及电路的具体形式。

(2) 依据稳压器的输入电压 U_I，确定其经整流滤波之前，即电源变压器副边电压的有

效值 U_2；依据稳压器的输入电流 I_I，确定其经整流滤波之前，即电源变压器副边电流的有效值 I_2，计算电源变压器副边的功率 P_2；反查变压器的效率表，确定电源变压器原边的功率 P_1。选择电源变压器。

(3) 根据变压器副线圈端电压和电流有效值，确定整流二极管的正向平均电流 I_D、整流二极管的最大反向电压 U_{RM}、滤波电容的电容值和耐压值，进而确定整流二极管和滤波电容。

设计举例：设计一个直流稳压电源，性能指标要求为

$$U_o = +6 \sim +12V, I_{o\max} = 800mA$$

纹波电压的有效值　　$\Delta U_{op-p} \le 5mA$

稳压系数　　$S_V \le 5 \times 10^3$

设计步骤：

(1) 选择集成稳压器，确定电路形式

集成稳压器 CW317 输出电压范围为：$U_o = +1.2 \sim +37V$，最大输出电流 $I_{o\max}$ 为 1.5A，最小输入、输出压差 $(U_I - U_o)_{\min} = 3V$，最大输入、输出压差 $(U_I - U_o)_{\max} = 40V$ 满足性能指标要求，选用该元件作为电路的输出稳压电路，稳压电源电路如图 4-9 所示。

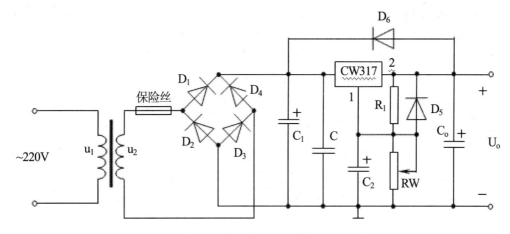

图 4-9　输出电压可调的稳压电源

该电路由变压器耦合、桥式整流、电容滤波、集成稳压几个组成部分。

(2) 选择电源变压器

由于 CW317 的输入电压与输出电压差的最小值 $(U_I - U_o)_{\min} = 3V$，输入电压与输出电压差的最大值 $(U_I - U_o)_{\max} = 40V$，所以 CW317 的输入电压范围为

$$U_{o\max} + (U_I - U_o)_{\min} \le U_I \le U_{o\min} + (U_I - U_o)_{\max}$$

即

$$15V \leq U_I \leq 46V$$

变压器副边电压

$$U_2 \geq \frac{U_{Imin}}{1.1} \geq \frac{15}{1.1} = 13.6V，取 U_2 = 14V$$

变压器副边电流

$$I_2 > I_{omax} = 0.8A，取 I_2 = 1A$$

变压器副边输出功率

$$P_2 \geq U_2 I_2 = 12W$$

查变压器效率表格，对应 $\eta = 0.7$，所以变压器原边输入功率 $P_1 \geq \dfrac{P_2}{\eta} = 17W$，为留有余地，选用功率为 $20W$ 的变压器。

(3) 选用整流二极管和滤波电容

整流二极管选用 IN4001，其极限参数为 $U_{RM} \geq 50V$、$I_F = 1A$，满足 $U_{RM} \geq \sqrt{2} U_2$，$I_F > I_{omax}$ 的条件。

根据稳压系数表达式

$$S_V = \left. \frac{\Delta U_o / U_o}{\Delta U_i / U_i} \right|_{T=常数}^{I_o=常数}$$

若要求 $U_o = 12V, U_i = 14V$，$\Delta U_{op-p} \leq 5mA$，$S_V \leq 5 \times 10^3$

则

$$\Delta U_i = \frac{\Delta U_{op-p} U_i}{U_o S_V} = \frac{0.005 \times 14}{12 \times 3 \times 10^3} = 1.94$$

所以，滤波电容

$$C = \frac{I_c t}{\Delta U_i} = \frac{I_{omax} t}{\Delta U_i} = 4123 \mu F$$

电容的耐压要大于 $\sqrt{2} U_2 = \sqrt{2} \times 14 = 19.8V$，故滤波电容 C 取容量为 $4700 \mu F$、耐压为 $25V$ 的电解电容。

(4) 其他元件的选择

R_1 和 R_W 组成分压电路，调节输出电压取值范围，输出电压 $U_o = 1.25(1 + R_W / R_1)$，$R_1$ 取 300Ω，可求得：$R_{Wmin} = 225\Omega$，$R_{Wmax} = 1800\Omega$，故取 R_W 为 $2k\Omega$ 的精密线绕电位器。

滤波电容 $C_1 = 0.01 \mu F$、$C_2 = 10 \mu F$、$C_3 = 1 \mu F$

按图 4-9 所示安装集成稳压电路，然后从稳压器的输入端加入直流电压 $U_I \leq 12V$，调节 R_W，若输出电压也跟着发生变化，说明稳压电路工作正常。

4. 实验内容及步骤

根据直流稳压电源的技术指标要求，设计出满足技术指标要求的稳压电源。根据设计与计算的结果，写出设计报告。

设计一个输出电压连续可调的稳压电源，性能指标为：

输出电压 $U_o = (+3 \sim +12V)$；最大输出电流 $I_{0\max} = 100mA$

负载电流 $I_0 = 80mA$

纹波电压 $\Delta U_{op-p} \leq 5mV$

稳压系数 $S_v \leq 5 \times 10^{-3}$

5. 实验思考题

(1) 列出设计步骤和电路中各参数的计算结果。

(2) 整理实验数据，并与理论值进行比较。

(3) 分析设计电源的性能指标，讨论其改进方法。

(4) 用示波器分别测变压器的副边输出电压、二极管桥式整流的输出电压 U_D (断开滤波电容)、整流滤波电路的输出电压 U_i 及稳压器输出电压 U_o 的波形，并测量其电压值，画出它们的波形关系图。

(5) 集成稳压器的输入、输出端接电容 C_i 及 C_o 有何作用？

4.4　用运算放大器组成万用电表的设计及调试实验

1. 实验目的

(1) 设计由运算放大器组成的万用电表。

(2) 组装与调试。

2. 实验仪器及设备

表头指针	1 个
运算放大器	1 个
电阻器	若干
二极管	若干
稳压管	若干

3. 实验原理

万用电表简称万用表，在电子技术实验中是最常用的测量仪表之一。它能进行交、直流电压、电流和电阻、电平等多种测量，还可粗略地测量晶体三极管的放大倍数、电容元件的电容量、电感元件的电感量等。一般的万用表是由磁电式微安表做表头，表头内有一个内阻为R_g的可转动的线圈，当小电流通过表头的线圈时，线圈在磁场的作用下带动指针偏转，其偏转角度取决于通过表头电流的大小。为满足各种测量的需要，通过在表头上并联与串联一些电阻进行分流或降压，以扩大测量范围，同时设有功能转换开关，来变换测量项目及范围。

在测量中，由于万用表表头的可动线圈电阻R_g的存在，使得电表的接入会对被测电路的原工作状态造成一定程度的影响，引起测量误差。同时，交流电表中的整流二极管的非线性也会产生测量误差。因此，在实际测量电路中，一般引入运算放大器来降低这些误差，提高测量精度。

(1) 直流电压表

图 4-10 为直流电压表电路原理图。将表头置于运算放大器的反馈回路中，于是，流经表头的电流就只与电阻R_1和被测电压U_i有关，而与表头的参数无关，即

$$I = \frac{1}{R_1}U_i$$

改变R_1，即可改变电路的测量范围。

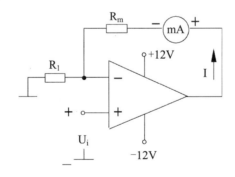

图 4-10　直流电压表

(2) 直流电流表

图 4-11 是直流电流表的电原理图。被测电流I_1流入运放的反向端，从同向端流出，表头依然置于运算放大器的反馈之路中，于是，表头电流 I 与被测电流I_1间关系为

$$-I_1 R_1 = (I_1 - I)R_2 \tag{4-21}$$

$$I = (1 + \frac{R_1}{R_2})I_1 \qquad (4-22)$$

改变电阻比 $\frac{R_1}{R_2}$ ，即可调节流过电流表的电流，提高灵敏度。

(3) 交流电压表

交流电压表由运算放大器、二极管桥式整流和磁电式微安表三部分组成，如图 4-12 所示。被测交流电压 U_i 接运算放大器的同相端，二极管桥式整流电路和微安表表头置于运算放大器的反馈回路中，以减小二极管本身非线性的影响。

流进整流电路的电流 I_i 与被测电压 U_i 的关系为

$$I_i = \frac{U_i}{R_1} \qquad (4-23)$$

电流 I_i 全部流过桥路，表头中电流 I 与被测电压 U_i 的全波整流平均值成正比，若 U_i 为正弦波，则表头可按有效值来刻度。

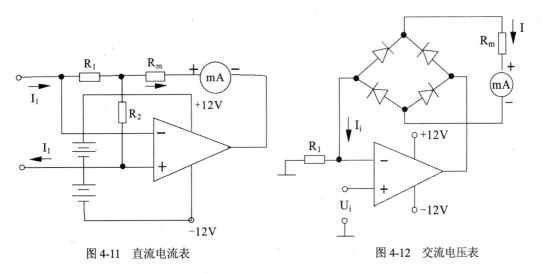

图 4-11　直流电流表　　　　　　　　　图 4-12　交流电压表

(4) 交流电流表

图 4-13 是浮地直流电流表的电原理图。被测电流 I_1 流入运放的反向端，从同向端流出，二极管桥式整流电路和微安表表头置于运算放大器的反馈之路中，流进整流电路的电流 I_i 与被测电流 I_1 的关系为

$$I_i = (1 + \frac{R_1}{R_2})I_1 \qquad (4-24)$$

电流 I_i 全部流过桥路，表头中电流 I 与被测电流 I_1 的全波整流平均值成正比，若 I_i 为正弦波，则表头可按有效值来刻度。

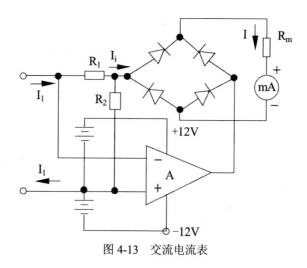

图 4-13 交流电流表

(5) 欧姆表

如图 4-14 所示为多量程欧姆表电路原理图，图中运算放大器改由单电源供电，被测电阻 R_x 接在运算放大器的反馈回路中，同相端加基准电压 U_{REF}，反向端外界可选档位已知电阻。

有运放工作于线性区的"虚断"和"虚短"特性：

$$U_P = U_N = U_{REF} \tag{4-25}$$

$$I_1 = I_X \tag{4-26}$$

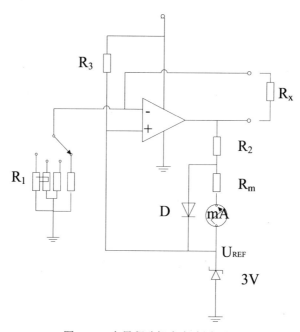

图 4-14 多量程欧姆表电路原理图

于是

$$\frac{U_{REF}}{R_1} = \frac{U_o - U_{REF}}{R_X} \tag{4-27}$$

同时，流过表头的电流 I 为

$$I = \frac{U_o - U_{REF}}{R_2 + R_m} \tag{4-28}$$

可得

$$I = \frac{U_{REF} R_X}{R_1(R_2 + R_m)} \tag{4-29}$$

所以，电路参数一定时，流过微安表表头的电流 I 与待测电阻 R_X 成正比。通过改变 R_1 的大小，可以改变此欧姆表的量程。

当 $R_X = 0$ 时，电路变成电压跟随器，$I = 0$，故表头电流为零，此时欧姆表能实现自动调零的功能。

二极管 D 起保护电表的作用。当 $R_X \to \infty$，电路超量程时，D 起到输出钳位的功能，防止表头过载。

4. 实验内容及步骤

(1) 设计要求

万用电表的电路是多种多样的，建议用参考电路设计一只较完整的万用电表。要求：

① 直流电压表　满量程±8V

② 直流电流表　满量程 10mA

③ 交流电压表　满量程 8V，50Hz～1kHz

④ 交流电流表　满量程 8mA

万用电表作电压、电流或欧姆测量时和进行量程切换时，应用开关切换，实验中可用接线切换。

(2) 选择元件，画出完整的万用电表的设计电路原理图。

(3) 利用 Multisim 进行电路设计并仿真，仿真结果满足要求后，用器件在实验箱上搭接电路，测试其性能指标。

(4) 将万用电表与标准表作测试比较，计算万用电表各功能档的相对误差，分析误差原因。

(5) 提出电路改进建议。

5. 实验思考题

(1) 在欧姆表实现电路中，若不接二极管对电路会有什么影响？

(2) 理想运算放大器具有哪些特性？在实际应用中，若其特性参数不够理想，会对电路造成什么样的影响？

4.5　模拟可编程器件设计实验

1. 实验目的

(1) 熟悉 ispPAC80 可编程模拟器件的结构、功能。

(2) 掌握使用可编程模拟器件设计有源滤波器的方法。

(3) 学会使用 PAC-Designer 软件进行有源滤波器的设计。

(4) 学会有源滤波器的幅频、相频特性曲线的测试方法。

2. 实验仪器及设备

ispPAC20、ispPAC10、ispPAC80 适配板	各 1 块
直流稳压电源	1 台
低频信号发生器	1 台
示波器	1 台
数字万用表	1 块
交流毫伏表	1 块

3. 实验原理

滤波器是一种能使有用频率信号通过而同时抑制(或衰减)无用频率信号的电子电路或装置。在工程上，常用它来进行信号处理、数据传送或抑制干扰等。以往滤波器主要采用无源元件 R、L 和 C 组成，目前一般用集成运放、R、C 组成，常称为有源滤波器。在实际的电子系统中，有时输入信号往往受干扰因而含有一些不必要的成分，所以应当把它衰减到足够小的程度。而在另一些场合，有时需要将信号和别的信号混在一起，应当设法把需要的信号提取出来。要解决这些问题，都需要采用有源滤波器。用在系统可编程模拟器件能够很方便地实现有源滤波器的设计。通常用三个运算放大器就可以实现双二阶型函数的电路。而双二阶型函数能实现所有的滤波器函数，如低通、高通、带通、带阻。双二阶函数的表达式如式(4-30)所示，式中 m=1 或 0，n=1 或 0。

$$T(s) = K \frac{ms^2 + cs + d}{ns^2 + ps + b} \tag{4-30}$$

这种电路的灵敏度相当低，电路容易调整。其另一个显著特点是，只需增加少量的元件就能实现各种滤波函数。基于 ispPAC10、ispPAC20 器件结构与功能，实现这样的电路很容易。首先讨论低通滤波器的转移函数，如下：

$$T_{1p}(s) = V_o / V_{in} = \frac{-d}{s^2 + ps + b}$$

$$(s_2 + ps + b)V_o = -dv_{in} \tag{4-31}$$

$$V_o = -\frac{b}{s(s+p)}V_o - \frac{d}{s(s+p)}V_{in}$$

V_O 可写成

$$V_o = (-1)(-\frac{k_1}{s}[(-\frac{k_2}{s+p})V_o + (-\frac{d/k_1}{s+p})V_{in}]) \tag{4-32}$$

图 4-15 所示为双二阶有源滤波器方框图。

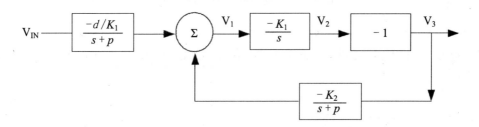

图 4-15 双二阶有源滤波器方框图

不难看出，方框图中的函数可以分别用反相器电路、积分电路、有损积分电路来实现。把各个运算放大器电路代入图 4-15 所示的方框图，即可得到如图 4-16 所示的电路。

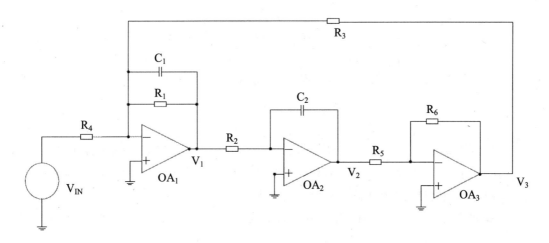

图 4-16 双二阶有源滤波器电路图

然而现在已不再需要电阻、电容、运放搭电路和调试电路了。利用在系统可编程器件可以很方便地实现此电路。ispPAC10 能够实现方框图中的每一个功能块。PAC 块可以对两个信号进行求和或求差，K 为可编程增益，电路中把 K_{11}、K_{12}、K_{22} 设置成+1，把 K_{12}

设置成-1。因此，三运放的双二阶型函数的电路用两个 PAC 块就可以实现。在开发软件中，使用原理图输入方式把两个 PAC 块连接起来，电路图如图 4-17 所示。

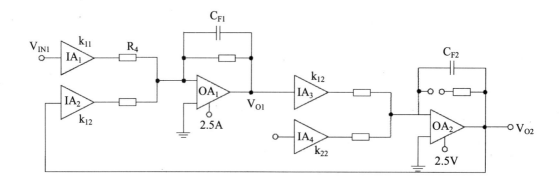

图 4-17　双二阶有源滤波器 ipac 电路图

电路的 C_F 是反馈电容值，R_e 是输入运放的等效电阻，其值为 250kΩ。两个 PAC 块的输出分别为 V_{o1} 和 V_{o2}。可以得到两个表达式，分别为带通函数和低通函数。

$$T_{bp}(s) = \frac{V_{01}}{V_{in1}} = \frac{\dfrac{-k_{11}}{C_{F1}R_e}}{s^2 + \dfrac{s}{C_{F1}R_e} - \dfrac{k_{12} \cdot k_{21}}{(C_{F1} \cdot R_e)(C_{F2} \cdot R_e)}} \tag{4-33}$$

$$T_{lp}(s) = \frac{V_{o2}}{V_{in1}} = \frac{\dfrac{k_{11}k_{12}}{(C_{F1}R_e)(C_{F2}R_e)}}{S^2 + \dfrac{s}{C_{F1}R_e} - \dfrac{k_{12}k_{21}}{(C_{F1} \cdot R_e)(C_{F2} \cdot R_e)}} \tag{4-34}$$

实际利用 ispPAC 进行滤波器的设计时，一般在其开发软件 PAC-Designer 中含有一个宏，专门用于滤波器的设计。设计者只要根据要求选择不同类型、不同性能指标的滤波器配置电路，不需要自己连接电路，只要输入滤波器的相应指标，如 fo、Q 等参数，即可自动产生滤波器电路。例如：用 ispPAC10 或 ispPAC20 设计时，需要在自动生产的滤波器电路里设置相应的增益和电容值，然后，用模拟器模拟出所设计滤波器的幅频和相频特性，并与现实进行比较，看是否符合技术要求。图 4-18 所示为一实际双二阶有源滤电路。

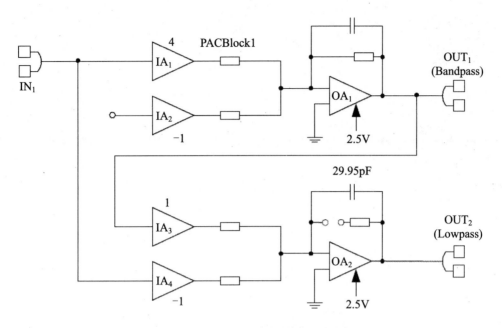

图 4-18　实际双二阶有源滤波器的电路

例如：根据给定方程，输入相应的技术指标，便可以在 PAC Designer 软件中滤波器设计的宏里自动产生双二阶滤波器电路，增益和相应电容值根据需要进行设置。开发软件中还有一个模拟器，用于模拟滤波器的幅频和相频特性。

4．实验内容及步骤

(1) 低通五阶滤波器增益为 1，转折频率为 10kHz，通带内允许最大波动为 ±1dB。

(2) 设计一双二阶有源滤波器，要求实现低通、带通、高通输出。带通中心频率 f_o 为 10kHz，低通、高通转折频率均为 10kHz，增益为 2。

要求：

画出所设计有源滤波器的原理图。

(1) 用 PAC-Designer 软件根据设计要求设计出滤波器，打印出仿真曲线。

(2) 并把设计好的滤波器下载到相应的芯片里。

(3) 用实验仪器对芯片进行测试，看芯片里的滤波器性能指标是否符合要求。

5．实验思考题

(1) 高通滤波器、低通滤波器的上、下限频率受哪些因素的影响？

(2) 设计有源滤波器 ispPAC、ispPAC20 与 ispPAC80 有何不同？各有什么特点？

(3) 在设计有源滤波器时，用切比雪夫、巴特沃斯、椭圆等滤波器时，选择的依据是什么？各有什么优缺点？

第 2 篇　数字电子技术实验

第5章 验证性实验

5.1 门电路逻辑功能及其应用

1. 实验目的

熟悉门电路逻辑功能；了解集成门电路的引出端排列规律；掌握利用逻辑门实现组合逻辑电路的方法；熟悉所用集成电路的引线位置及引线用途。

2. 实验仪器及设备

直流稳压电源	1台
面包板	1块
数字万用表	1台
交流毫伏表	1台
74LS20	1片
74LS86	1片

3. 实验原理

数字集成电路有双极型和单极型两种类型。双极型门电路具有生产历史悠久、品种齐全、应用范围广、功耗适中等优点；单极型门电路具有工作电压范围宽、逻辑振幅大、功耗极小、输入阻抗高等优点。门电路是组成数字电路的最基本单元。按照逻辑功能，门电路包括与非门、与门、或门、或非门、与或非门、异或门、集成电极开路与非门和三态门等。

集成74LS20是四输入端双与非门芯片，即在一块芯片内含有两个相互独立的与非门，每个与非门含有四个输入端，如图5-1所示。74LS86为二输入四异或门元件，即芯片内含有四个异或门，如图5-2所示。进行实验时，将被测的集成门电路芯片插在面包板上相同片脚的多孔插座上，接好电源线、地线、输入线、输出线，经检查无误后接通电源进行测试。输入端电平的高低由逻辑开关提供，输出端电平的高低可用指示灯或仪表来显示。

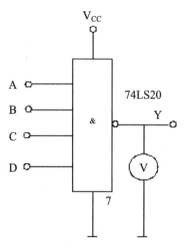

图 5-1　门电路逻辑功能

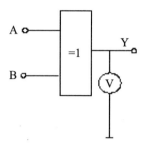

图 5-2　异或门逻辑功能

4. 实验内容及步骤

(1) 与非门 74LS20 的逻辑功能测试

实验时，选用双四输入与非门 74LS20 一片，将 74LS20 正确接入面包板，注意识别 1 脚位置(集成块正面放置且缺口向左，则左下角为 1 脚)，14 脚接+5V 电源，7 脚接地。接线后检查无误，通电，输入端分别接至逻辑开关，按表 5-1 要求输入高、低电平信号，观察记录相应的输出逻辑电平，填写表 5-1。

表 5-1　四输入与非门功能测试表

输　　入				输　　出
A	B	C	D	Y
1	1	1	1	
0	1	1	1	
0	0	1	1	
0	0	0	1	
0	0	0	0	

(2) 异或门 74LS86 的逻辑功能测试

选用二输入四异或门电路 74LS86，先将 V_{CC} 接+5V，电源 GND 接地；测试异或门的逻辑特性，并记入表 5-2 中。

表 5-2　异或门逻辑功能测试表

输　　入		输　　出
A	B	Y
0	0	

(续表)

输　　入		输　　出
0	1	
1	0	
1	1	

5. 实验思考题

(1) 根据实验结果，说明与非门和异或门输出与输入的逻辑关系。

(2) 总结用与非门实现其他逻辑功能的一般步骤。

5.2　门电路的驱动能力测试

1. 实验目的

通过实验进一步理解门电路驱动的能力，学会在实验工作中正确使用门电路。

2. 实验仪器及设备

直流稳压电源	1 台
面包板	1 块
数字万用表	1 台
交流毫伏表	1 台
74LS00	1 片
74LS10	1 片
74LS02	1 片
74LS20	1 片
74S00	1 片
CD4001	1 片

3. 实验原理

本实验采用的与非门为 74LS00 芯片，为四 2 输入与非门，其有关参数如下：

$$I_{iL}(mA)/I_{iH}(\mu A) = -0.4/20$$
$$I_{oL}(mA)/I_{oH}(\mu A) = 8/400$$

逻辑门在正常工作条件下，扇出系数 N_O 是指与非门输出端连接同类门的最多个数。它是衡量逻辑门输出端带负载能力的一个重要参数。扇出系数越大，带负载能力越强。逻辑门输出低电平时的扇出系数，一般小于输出高电平时的扇出系数。因此，逻辑门的负载能力应以输出低电平时的扇出系数为准。TTL 门 74LS00 芯片扇出系数 N_O 的测定，取决于调整门 G_P 后所接同类门的数量。使门 G_P 为低电平输出时，向外流出的电流小于等于 400μA：而在门 G_P 为低电平输出时，改变负载门的数量使流入门 G_P 的电流不大于 8mA。取上述带门数少的那种情况下所带门个数，作为芯片 74LS00 的扇出系数 N_O。

集成电路 74S00 芯片为 2-输入端 4-与非门，其有关参数如下：

$$I_{iL}(mA)/I_{iH}(\mu A) = -2/50$$
$$I_{oL}(mA)/I_{oH}(\mu A) = 20/1000$$

CMOS 芯片 CD4001 2-输入端 4-或非门，其有关参数如下：

$$I_{iL}(mA)/I_{iH}(\mu A) = 1/-1$$
$$I_{oL}(mA)/I_{oH}(\mu A) = 0.51/0.51$$

4. 实验内容及步骤

(1) TTL 门 74LS00 芯片扇出系数 N_O 的测定

① 在面包板上按图 5-3 所示电路接线。输入端电平的高低由逻辑开关提供，输出端电平的高低可用指示灯或仪表来显示。分别测出门 G_P 输出为高电平和低电平情况下的 N_1、N_2 值，则扇出系数 N_O 为 $N_O = \min\{N_1 \cdot N_2\}$。

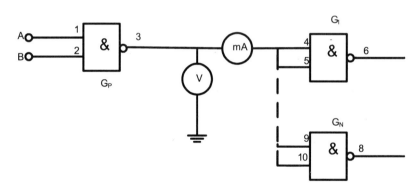

图 5-3　TTL 驱动能力测试

② 若将图 5-3 所示电路中 $G_1 \sim G_N$ 的两个输入端并联的情况，改为只接其中的一个输入端，而另一个输入悬空或接$+V_{CC}$ 时，测出门 G_P 输出为高电平和低电平情况下的 N_1、N_2 值。与步骤①比较，试分析实验数据。

注：若实验中没有电流表，可考虑在门 G_P 和负载门之间串接电阻。通过测试电阻两端的电压和所接电阻的阻值换算出流过的电流，也能达到上述实验的目的。需要注意的是，串接电阻的阻值应合适才行。由于门 G_P 输出高，低电平时允许流出和流入的电流相差很大，故电阻值的选取应该是不同的。输入端电平的高低由逻辑开关提供，输出端电平的高低可用指示灯或仪表来显示。

(2) 门电路带负载能力的实验

门电路组成的各种电路如图 5-4 所示。

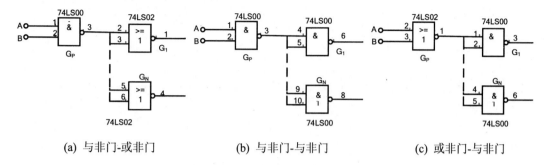

(a) 与非门-或非门　　　　　(b) 与非门-与非门　　　　　(c) 或非门-与非门

图 5-4　门电路负载能力的测试

分别测出图 5-4 三种电路驱动门输出为高电平时的 N_1 和输出为低电平时的 N_2 值。记录所测的实验数据，比较实验值和理论计算值是否有差异，分析其原因。填写表 5-3。

表 5-3　三种门电路扇出系数测量表

	与门-或门	与门-与门	或门-与门
N_1			
N_2			

5. 实验思考题

(1) 在测试门电路带负载能力时，应该从哪些方面考虑？从本实验中给出的参数看，CMOS 门电路从理论上讲应该能带多少个同类的门？而实际上 CMOS 门的扇出系数要远远小于理论计算值，主要原因是什么呢？

(2) CMOS 门电路在什么条件下可直接驱动 TTL 门电路？

5.3　译码器和数据选择器

1. 实验目的

了解译码器工作原理、功能；掌握集成译码器的逻辑功能及使用方法；熟悉数据选择器的功能。

2. 实验仪器及设备

电子技术学习机　　　　　　1 台

直流稳压电源　　　　　　　　1 台

数字万用表　　　　　　　　　1 台

交流毫伏表　　　　　　　1 台
74LS138　　　　　　　　1 片
74LS151　　　　　　　　1 片

3. 实验原理

(1) 译码器的功能及扩展

译码器是一个多输入、多输出的组合逻辑电路，译码器的逻辑功能是将每个输入的二进制代码译成对应的输出高、低电平信号。译码器在数字系统中有广泛的用途，不仅用于代码的转换，终端的数字显示，还用于数据分配，存贮器寻址和组合控制信号等。译码器可分为通用译码器和显示译码器两大类。通用译码器又分为变量译码器和代码变换译码器。变量译码器(又称二进制译码器)用于变量译码，有"低电平有效"和"高电平有效"两种类型。如 2/4 线、3/8 线、4/16 线译码器。常用的变量译码器芯片有 74LS138 及 74LS154，皆为低电平有效的变量译码器。

74LS138 是 3 线-8 线全译码器，其原理图如图 5-5 所示。

(2) 数据选择器

数据选择器与数据分配器功能相反，其根据地址选择码从多路输入数据中选择一路，送到输出。其原理图如图 5-6 所示。

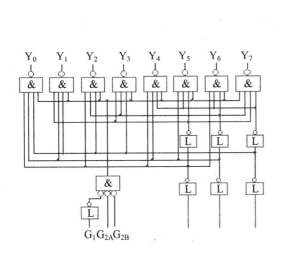

图 5-5　3 线-8 线全译码器原理图

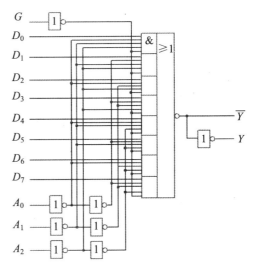

图 5-6　集成数据选择器 74LS151 原理图

4. 实验内容及步骤

(1) 在 16 脚插座上安装二进制译码器 74LS138，各输入端接高低电平输出，各输出端依次接状态显示输入端；按照表 5-4 给定各输入端状态，观察输出端的状态并填入表中。

表 5-4　二进制译码器功能验证

输　入						输　出
G_1	G_{2A}	G_{2B}	A_2	A_1	A_0	Y_0 Y_1 Y_2 Y_3 Y_4 Y_5 Y_6 Y_7
×	1	×	×	×	×	
×	×	1	×	×	×	
0	×	×	×	×	×	
1	0	0	0	0	0	
1	0	0	0	0	1	
1	0	0	0	1	0	
1	0	0	0	1	1	
1	0	0	1	0	0	
1	0	0	1	0	1	
1	0	0	1	1	0	
1	0	0	1	1	1	

(2) 3 线-8 线译码器的应用

用两片 74LS138 可扩展为 4 线-16 线译码器，如图 5-7 所示，试验证其功能。

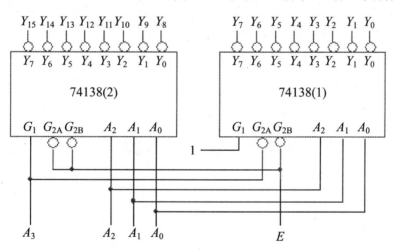

图 5-7　4 线-16 线译码器

集成数据选择器 74LS151 为 8 选 1 数据选择器，在数据输入端 $D_0D_1D_2D_3D_4D_5D_6D_7$ 输入数据，$A_2A_1A_0$ 为 000~111 时，观察并记录 $G = 0$ 和 $G = 1$ 时，输出端的状态。在 $D_0D_1D_2$ $D_3D_4D_5D_6D_7$ 任一数据输入端输入 1Hz 连续脉冲信号，重复上述过程。填写表 5-5。

表 5-5　8 选 1 数据选择器 74LS151 的功能表

输　入				输　出	
使　能	地　址　选　择			Y	$\bar{Y}$
G	A_2	A_1	A_0		

(续表)

输 入				输 出
1	×	×	×	
0	0	0	0	
0	0	0	1	
0	0	1	0	
0	0	1	1	
0	1	0	0	
0	1	0	1	
0	1	1	0	
0	1	1	1	

5. 实验思考题

(1) 3位二进制译码器74LS138有几个地址输入端，作用是什么？对应的引出端号是什么？有几个控制输入端？作用是什么？对应的引出端号是什么?有几个输出端？对应的引出端号是多少？

(2) 为了验证二进制译码器的逻辑功能，各引出端应如何连接，画出接线图。

(3) 如何利用两个译码器构成一个4-16线译码器?画出其原理图。

(4) 用3线-8线译码器设计简单组合逻辑的三人表决电路，画出原理图。

(5) 试叙述利用中规模集成逻辑电路和小规模集成逻辑门电路构成组合逻辑电路的设计方法有何异同？

5.4 触发器功能测量

1. 实验目的

了解基本RS触发器、D触发器及JK触发器的逻辑功能及触发方式；掌握触发器逻辑功能的测试方法；掌握集成触发器的使用方法和逻辑功能的测试方法。

2. 实验仪器及设备

电子技术学习机	1台
直流稳压电源	1台
数字万用表	1台
交流毫伏表	1台
74LS00	1片
74LS74	1片

74LS112　　　　　　　　　　　　1 片

3. 实验原理

触发器是由门电路组成的,它与组合逻辑电路的根本区别在于其电路中有反馈线,即门电路的输入、输出端交叉耦合。触发器具有两个稳定状态,用以表示逻辑状态"1"和"0",在一定的外界信号作用下,可以从一个稳定状态翻转到另一个稳定状态。具有记忆功能的二进制信息存储器件是构成各种时序电路的最基本逻辑单元。

(1) 基本 RS 触发器

图 5-8 为两个与非门交叉耦合构成的基本 RS 触发器,它是无时钟控制低电平直接触发的触发器。基本 RS 触发器具有置"0"、置"1"和"保持"三种功能。通常称 S 为置"1"端,因为 S=0 时触发器被置"1";R 为置"0"端,因为 R=0 时触发器被置"0",当 S=R=1时状态保持。基本 RS 触发器也可以用两个"或非门"组成,此时为高电平触发有效。

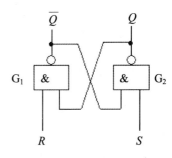

图 5-8　基本 RS 触发器

(2) D 触发器

74LS74 是一种带有异步端的双 D 触发器,芯片内含两个 D 触发器,在芯片上选任一D 触发器。在输入信号为单端的情况下,D 触发器用起来最为方便,其输出状态的更新发生在 CP 脉冲的上升沿,故又称为上升沿触发的边沿触发器。触发器的状态只取决于时钟到来前 D 端的状态,D 触发器的应用很广,可用作数字信号的寄存、移位寄存、分频和波形发生等。有很多种型号可供各种用途的需要选用,如双 D(74LS74,CC4013),四 D (74LS175,CC4042),六 D(74LS174 CC14174),八 D(74LS374)等。图 5-9 为双 D 触发器 74LS74 的逻辑符号。

(3) JK 触发器

在输入信号为双端的情况下,JK 触发器是功能完善、使用灵活和通用性较强的一种触发器。本实验采用 74LS112 双 JK 触发器,是下降边沿触发的边沿触发器。图 5-10 为集成JK 触发器 74LS112 的逻辑符号。

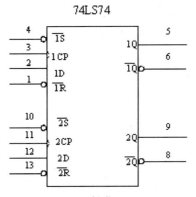

图 5-9　双 D 触发器 74LS74

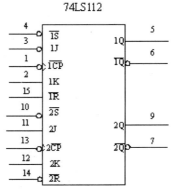

图 5-10　JK 触发器 74LS112

4. 实验内容及步骤

(1) 用两个与非门(选用 74LS00)首尾相接,构成基本 RS 触发器,如图 5-8 所示。试按照表 5-6 的顺序在 R、S 端加信号,观察并记录输出端 Q、$\overline{Q}$ 的状态,将结果填入表 5-6 中。

表 5-6　基本 RS 触发器输出状态

R	S	Q	$\overline{Q}$
0	1		
1	1		
1	0		
1	1		

(2) 测试双 D 触发器 74LS74 的逻辑功能

① 异步置位端 $\overline{R}$ 及异步复位端 $\overline{S}$ 的功能测试

CP、D 为任意状态,当 $\overline{R}$、$\overline{S}$ 加不同逻辑电平时,记录输出 Q 及 $\overline{Q}$ 端相应的状态,将结果记入表 5-7 中。

② D 触发器逻辑功能测试

用 $\overline{R}$、$\overline{S}$ 的置位、复位功能,使现态 Q^n 为 0 或 1,D、$\overline{R}$、$\overline{S}$ 端接逻辑开关,在 CP 端输入单脉冲,观察单脉冲上升沿和下降沿时输出端 Q^{n+1} 状态的变化。按表 5-8 的要求进行测试,把测试结果记入表中。

表 5-7　D 触发器的置位、复位功能表

$\overline{R}$	$\overline{S}$	Q	$\overline{Q}$
1	0		
1	1		
0	1		
1	1		
0	0		
1	1		

表 5-8　D 触发器功能表

D	CP	Q^n	Q^{n+1}
0	↑	0	
		1	
	↓	0	
		1	
1	↑	0	
		1	
	↓	0	
		1	

(3) 测试 JK 触发器 74LS112 的逻辑功能

① 测试 $\overline{R}$、$\overline{S}$ 的复位、置位功能

CP、J、K 端为任意状态，测试 J、K 触发器的置位、复位功能，测试方法及步骤同 D 触发器。

② 测试 JK 触发器的逻辑功能

按表 5-9 的要求改变 J、K 状态，并用 $\overline{R}$、$\overline{S}$ 端对触发器进行异步置位和复位，使现态 Q^n 为 0 或 1，然后输入单脉冲的下降沿和上升沿，观察并记录 Q^n、Q^{n+1} 状态变化，观察触发器状态更新是否发生在 CP 脉冲的下降沿(即 CP 由 1→0)，将结果记入表 5-9 中。

表 5-9　J、K 触发器功能表

J	K	CP	Q^n	Q^{n+1}
0	0	↑	0	
			1	
		↓	0	
			1	
0	1	↑	0	
			1	
		↓	0	
			1	
1	0	↑	0	
			1	
		↓	0	
			1	
1	1	↑	0	
			1	
		↓	0	
			1	

(4) 比较各种触发器的逻辑功能及触发方式

基本 RS 触发器：置 0、置 1、保持功能，有不定状态；低电平触发。

JK 触发器：置 0、置 1、保持、计数功能，有低电平有效的直接置 0、置 1 端；下降沿触发。

D 触发器：置 0、置 1、保持、功能，有低电平有效的直接置 0、置 1 端；上升沿触发。

5. 实验思考题

(1) 总结各类触发器的逻辑功能、特点，并说明触发方式。

(2) 观察同步时序逻辑控制器 CP 和 L 波形时，若 CP 信号送示波器 CH₁ 通道、输出 L 送 CH₂ 通道、"触发选择"置 CH₁ 通道，示波器上所显示的波形能稳定吗？若不能稳定，

应如何选择触发电压？

(3) 列举实际中触发器的应用。

5.5　寄存器功能测量

1. 实验目的

熟悉和了解寄存器的功能测试及应用电路；学会正确使用集成寄存器，正确使用中规模集成电路。

2. 实验仪器及设备

电子技术学习机	1 台
直流稳压电源	1 台
数字万用表	1 台
交流毫伏表	1 台
双踪示波器	1 台
74LS194	1 片

3. 实验原理

寄存器是存储二进制数码的时序电路组件，它具有接收和寄存二进制数码的逻辑功能。按照功能的不同，可将寄存器分为数码寄存器和移位寄存器两大类。数码寄存器只能并行送入数据，需要时也只能并行输出。而移位寄存器不但可以寄存数码，而且在移位脉冲作用下，寄存器中的数码可根据需要向左或向右移动 1 位。

74LS194 是一种典型的中规模集成移位寄存器。它是由 4 个 RS 触发器和一些门电路所构成的 4 位双向移位寄存器。

CP 为移位时钟输入端，CP=0，触发器状态不发生任何变化；C_r 为清零端；S_1、S_0 为控制方式选择(四种逻辑功能)：

00：动态保持

01：右移

10：左移

11：并行送数

S_L 和 S_R 分别是左移和右移串行输入。D_0、D_1、D_2 和 D_3 是并行输入端。Q_0 和 Q_3 分别是左移和右移时的串行输出端，Q_0、Q_1、Q_2 和 Q_3 为并行输出端。在数据传送体系转换中，移位寄存器的应用有以下两种：一种为串行传送体系，即每一节拍只传送一位信息，N 位数据需 N 个节拍才能传送出去，如信息的传播是串行传送数据的；另一种为并行传送体系，即一个节拍同时传送 N 位数据，如计算机主机对信息的处理和加工是并行传送数据的。

4. 实验内容及步骤

移位寄存器的功能测试：

双向移位寄存器 74LS194 芯片的逻辑符号如图 5-11 所示，熟悉各引脚的功能，完成芯片的接线，测试 74LS194 芯片的功能，将结果填入表 5-10 中。

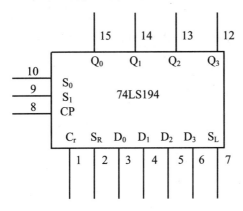

图 5-11　74LS194 逻辑符号

表 5-10　74LS194 芯片的功能测试

功　能	输　入										输　出			
	C_r	S_1	S_0	CP	S_L	S_R	D_0	D_1	D_2	D_3	Q_0	Q_1	Q_2	Q_3
清除	0	×	×	×	×	×	×	×	×	×				
保持	1	×	×	0	×	×	×	×	×	×				
送数	1	1	1	↑	×	×	D_0	D_1	D_2	D_3				
右移	1	0	1	↑	×	1	×	×	×	×				
	1	0	1	↑	×	0	×	×	×	×				
左移	1	1	0	↑	1	×	×	×	×	×				
	1	1	0	↑	0	×	×	×	×	×				
保持	1	0	0	×	×	×	×	×	×	×				

5. 实验思考题

若用 74LS194 构成 8 位移位寄存器电路，试画出其电路图。

5.6　集成计数器测试

1. 实验目的

掌握用集成触发器构成计数器的工作原理及方法；掌握中规模集成计数器(74LS161)的使用方法及功能测试方法。

2. 实验仪器及设备

电子技术学习机	1 台
直流稳压电源	1 台
数字万用表	1 台
交流毫伏表	1 台
74LS161	1 片
74LS290	1 片

3. 实验原理

计数器是一个用以实现计数功能的时序部件，它不仅可用来计脉冲数，还常用作数字系统的定时、分频和执行数字运算以及其他特定的逻辑功能。计数器的种类很多：按其工作方式，可分为同步式和异步式；按计数的进制，分为二进制、十进制和其他进制计数器；如按计数方式，分为加计数、减计数和可逆计数器；还有可预置数和可编程序功能计数器；等等。

74LS161 是功能较强的 TTL 集成计数器，其为同步四位二进制可预置计数器，具有二进制、十进制加 / 减及预置数功能。其电路图如图 5-12 所示。它由四级 JK 触发器和若干控制门组成。

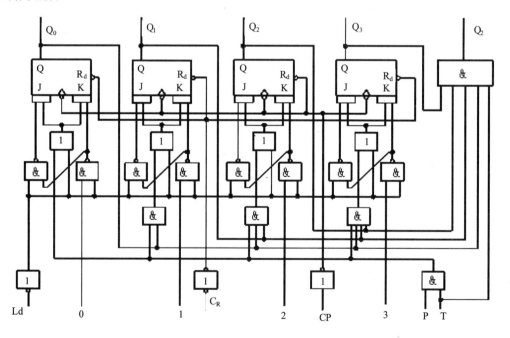

图 5-12　74LS161 逻辑电路图

集成二-五-十进制计数器 74LS290 如图 5-13 所示，它包含一个独立的 1 位二进制计数器和一个独立的异步五进制计数器。二进制计数器的时钟脉冲输入端为 CP_1，输出端为 Q_0；五进制计数器的时钟脉冲输入端为 CP_2，输出端为 Q_1、Q_2、Q_3。如果将 Q_0 与 CP_2 相连，

CP_1 作时钟脉冲输入端，$Q_0 \sim Q_3$ 作输出端，则为 8421BCD 码十进制计数器。二进制计数器的时钟脉冲输入端为 CP_1，输出端为 Q_0；五进制计数器的时钟脉冲输入端为 CP_2，输出端为 Q_1、Q_2、Q_3。如果将 Q_0 与 CP_2 相连，CP_1 作时钟脉冲输入端，$Q_0 \sim Q_3$ 作输出端，则为 8421BCD 码十进制计数器。

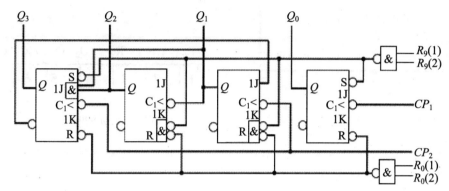

图 5-13　二-五-十进制异步加法计数器 74LS290 的逻辑电路

4. 实验内容及步骤

(1) 74LS161 的基本测试

① 在电子技术学习机上安装好计数器 74LS161，其管脚排列如图 5-14 所示。接好电源和地。实验中应特别注意：输入脉冲幅度不能高于电源电压，不用的输入端不能悬空，必须按要求接地或接+5V。

② 将计数器的时钟脉冲输入端 CP 接连续脉冲输出信号，其他各输入端接高低电平输出，各输出端接状态显示输入。

③ 按照表 5-11 设置各控制端的状态，观察输出状态的变化情况，记录其变化状态。

表 5-11　174LS161 逻辑功能表

清零	预置	功	能	时钟	预置数据输入				输	出			工 作 模 式
Cr	L_d	P	T	CP	D_3	D_2	D_1	D_0	Q_3	Q_2	Q_1	Q_0	
0	×	×	×	×	×	×	×	×					异步清零
1	0	×	×	↑	d_3	d_2	d_1	d_0					同步置数
1	1	0	×	×	×	×	×	×					数据保持
1	1	×	0	×	×	×	×	×					数据保持

④ 根据功能表和状态转换表画出波形图。

(2) 74LS290 的基本测试

① 在电子技术学习机上安装好集成 74LS290 芯片，接好电源和地。其中 $R_{0(1)}$、$R_{0(2)}$ 为复位端，$R_{9(1)}$、$R_{9(2)}$ 为置位端，CP 为脉冲输入端，Q_3、Q_2、Q_1、Q_0 为输出端。

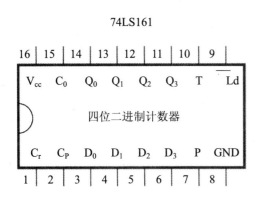

图 5-14 74LS161 逻辑符号

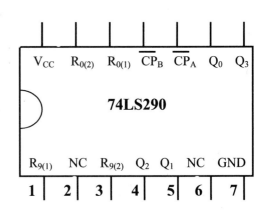

图 5-15 74LS290 逻辑符号

② 将计数器的时钟脉冲输入端 CP 接连续脉冲输出信号,其他各输入端接高低电平输出,各输出端接状态显示输入。

③ 按照表 5-12 设置各控制端的状态,观察输出状态的变化情况,记录其变化状态。

④ 根据功能表和状态转换表画出波形图。

表 5-12 74LS290 逻辑功能表

置 零 输 入		置 9 输 入		时 钟	输 出				工 作 模 式
$R_{0(1)}$	$R_{0(2)}$	$R_{9(1)}$	$R_{9(2)}$	CP	Q_3	Q_2	Q_1	Q_0	
1	1	0	×	×					异步清零
1	1	×	0	×					
×	×	1	1	×					异步置九
0	×	0	×	↓					
0	×	×	0	↓					加法计数
×	0	0	×	↓					
×	0	×	0	↓					

5. 实验思考题

(1) 怎样用 74LS161 组成十二进制或六进制计数器?

(2) 试画出两位十进制计数、译码、显示电路接线图。

第6章　提高性实验

6.1　单稳态触发器的应用

1. 实验目的

掌握单稳态触发器的工作原理；了解 74LS121 的工作性能；掌握触发器的正确使用方法；学习触发器的实际应用。

2. 实验仪器及设备

电子技术学习机	1 台
直流稳压电源	1 台
数字万用表	1 台
交流毫伏表	1 台
双踪示波器	1 台
74LS121	1 片

3. 实验原理

单稳态触发器是一种只有一个稳定状态的电路，它的另一个状态是暂稳态。当无触发脉冲输入时，单稳态触发器处于稳定状态。当有触发脉冲时，单稳态触发器将从稳定状态变为暂稳定状态，暂稳状态在保持一定时间后，能够自动返回到稳定状态。从暂稳态转换到稳态是由电路自身完成的，暂稳态的持续时间取决于电路本身的参数，与触发脉冲宽度无关。单稳态触发器一般用作脉冲整形、定时及延时等。

单稳态触发器的工作特性具有如下的显著特点：

(1) 它有一个稳定状态和一个暂稳定状态；

(2) 在外界触发脉冲作用下，能从稳态翻转到暂稳态，在暂稳态维持一段时间以后，再自动返回稳态；

(3) 暂稳态维持时间的长短取决于电路本身的参数，与触发脉冲的宽度和幅度无关。

由于具备这些特点，单稳态触发器被广泛应用于脉冲整形、延时(产生滞后于触发脉冲的输出脉冲)以及定时(产生固定时间宽度的脉冲信号)等。单稳态触发器的暂稳态通常都是靠 RC 电路的充、放电过程来维持的。根据 RC 电路的不同接法(即接成微分电路形式或积分电路形式)，又把单稳态触发器分为微分型和积分型两种。单片集成单稳态触发器应用比较广，使用这些器件时只需要很少的外接元件和连线，而且由于器件内部电路一般还附加了上升沿与下降沿触发的控制和置零等功能，使用极为方便。此外，由于将元、器件集成于同一芯片上，并且在电路上采取了温漂补偿措施，所以电路的温度稳定性比较好。集成单稳态触发器有不可重复触发型和可重复触发型两种。不可重复触发型的单稳态触发器一旦被触发进入暂稳态以后，再加入触发脉冲不会影响电路的工作过程，必须在暂稳态结束以后，它才能接收下一个触发脉冲而转入暂稳态；而可重复触发型单稳态触发器就不同了，在电路被触发而进入暂稳态以后，如果再次加入触发脉冲，电路将重新被触发，使输出脉冲再继续维持一个 t_W 的宽度。如图 6-1 所示的 74LS121 不可

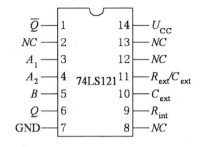

图 6-1　74LS121 逻辑符号

重复触发单稳态触发器，该集成电路对于边沿较差的输入信号也能输出一个宽度和幅度恒定的矩形脉冲。

4. 实验内容及步骤

(1) 在电子技术学习机上安装好集成 74LS290 芯片，接好电源和地。

(2) 记录电路在输入信号 A_1、A_2、B 的所有静态组合下的状态。

(3) 当 A_1、A_2 或 B 中的任一端输入相应的触发脉冲，记录 Q 端的输出状态。

(4) 按照表 6-1 设置各控制端的状态，观察输出状态的变化情况，记录其变化状态。填写表 6-1 并绘制 74LS121 工作波形。

(5) 计算实验中单稳态触发器的理论时间，并与实际测得值进行比较。

表 6-1　集成单稳 74LS121 功能表

A_1	A_2	B	Q	$\overline{Q}$
0	×	1		
×	0	1		
×	×	1		
1	1	×		
1	↓	1		
↓	1	1		
↓	↓	1		
1	×	↑		
×	1	↑		

5. 实验思考题

若采用单稳态触发器构成一个比较器，如何实现？

6.2　计数器及其应用

1. 实验目的

学会正确使用计数器芯片；熟悉和了解其应用；学习正确使用计数器。

2. 实验仪器及设备

电子技术学习机	1 台
直流稳压电源	1 台
数字万用表	1 台
交流毫伏表	1 台
双踪示波器	1 台
74LS161	2 片

3. 实验原理

74LS161 同步四位二进制可预置计数器的电路图和符号图。它由四级 JK 触发器和若干控制门组成。其有如下功能：

异步清零：当清零控制端 C_r=0，立即清零，与 CP 无关。

同步预置：当预置端 L_d=0，而 C_r=1 时，在置数输入端预置某个数据，在 CP 上升沿的时刻，才将输入端的数据送入计数器。因此预置数时必须在 CP 作用下。

保持：当 L_d=C_r=1 时，只要控制端 P、T 中有低电平，就使每级触发器 J=K=0，处于维持态。

计数：当 L_d=C_r=P=T=1 时，电路是同步递增计数器。在时钟信号 CP 送入时，电路按自然二进制数序列转换，即由 0000→0001→…→1111。当 $Q_3Q_2Q_1Q_0$=1111 时，进位输出端送出高电平的进位信号。

当 M<N 时，需要采用多片计数器级联来扩展计数容量。两个计数容量为 N 的计数器级联，可实现 $N×N$ 容量的计数器。实现两片计数器级联的方法有两种，一种是同步级联，另一种是异步级联。同步级联的特点是，两个计数器同时连接同一个计数脉冲 CP，以低位计数器进位脉冲 CO 做高位计数器的工作状态控制脉冲 P、T；异步级联的特点是，计数脉冲 CP 连接到低位计数器的 CP 端，以低位计数器进位脉冲 CO 做高位计数器的计数脉冲 CP，两个计数器的 P、T 端都接高电平 1。

4. 实验内容及步骤

(1) 同步级联

按照图 6-2 连接电路，将两片 4 位二进制加法计数器 74LS161 采用同步级联方式构成 8 位二进制同步加法计数器，模为 16×16=256。记录计数器的联接方法，输入时钟脉冲，观察并记录输出状态的变化情况。

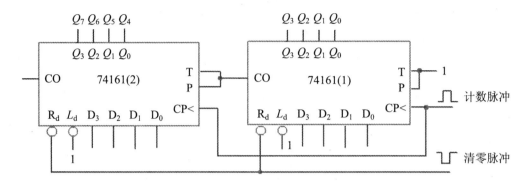

图 6-2　8 位二进制同步加法计数

(2) 异步级联

按照图 6-3 连接电路，用两片 4 位二进制加法计数器 74LS161 采用异步级联方式构成 8 位二进制同步加法计数器，计数器容量也是 16×16=256。

输入时钟脉冲，观察记录输出状态的变化情况。

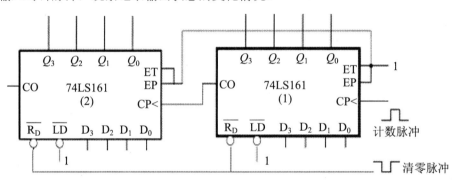

图 6-3　8 位二进制异步加法计数器

(3) 用计数器的输出端作进位/借位端

按照图 6-4 连接电路，用 74LS161 及少量与非门组成由 00000001~00011000、M=24 的计数器。记录计数器的联接方法，输入时钟脉冲，观察记录输出状态的变化情况。

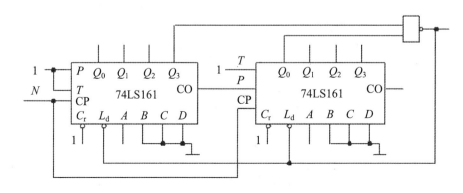

图 6-4　二十四进制计数器

5. 实验思考题

计数器除了可用来计数外，还有哪些用途？

6.3　译码、显示电路

1. 实验目的

了解译码器工作原理；掌握中规模集成译码器的逻辑功能和使用方法；熟悉数码管的使用。

2. 实验仪器及设备

电子技术学习机	1 台
直流稳压电源	1 台
数字万用表	1 台
交流毫伏表	1 台
74LS161	2 片
74LS47	1 片
共阴型 LED 数码管	1 片

3. 实验原理

在数字系统中，实验结果通常需要将数字直观、形象地显示出来。显示译码器的功能就是对数字量进行译码，并进行显示。74LS47 为七段译码驱动器，和数码管 LED 是共阳接法。其逻辑符号如图 6-5 所示。其中 ABCD，为译码器的译码输入端，a~g 为译码器的译码输出端；$BI/\overline{RBO}$ 为译码器的灭灯输入、动态灭零输出端，$\overline{RBI}$ 为译码器的动态灭零输入端。LT 为译码器的试灯输入端，它们是为了便于使用

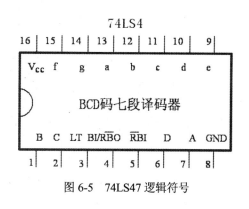

图 6-5　74LS47 逻辑符号

而设置的控制信号。用集成计数器 74LS161 与显示译码器 74LS47 组成一计数、译码、显示电路。该电路为一个二进制递增计数器。

4. 实验内容及步骤

(1) 在电子技术学习机上按图 6-6 搭建电路，接好电源和地；实验中应特别注意：输入脉冲幅度不能高于电源电压；不用的输入端不能悬空，必须按要求接地或接+5V。将 74LS47

的 a~g 连接到七段数码管。

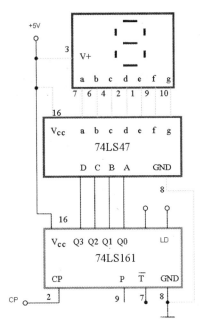

图 6-6　计数、译码、显示电路

(2) 74LS161 的 P、T、C_r、L_d 端接输入，CP 端接计数脉冲。

(3) 输入单次脉冲，用万用表测量各个 Q 端的电压，对照表检查计数器的状态转换规律。填写表 6-2，并画出原理图及波形图。

表 6-2　逻辑功能表

计 数 脉 冲	进位输出 C_O	Q_3	Q_2	Q_1	Q_0	显 示 字 码
0	1	0	0	0	0	
1	1	0	0	0	1	
2	1	0	0	1	0	
3	1	0	0	1	1	
4	1	0	1	0	0	
5	1	0	1	0	1	
6	1	0	1	1	0	
7	1	0	1	1	1	
8	1	1	0	0	0	
9	1	1	0	0	1	
10	1	1	0	1	0	
11	1	1	0	1	1	
12	1	1	1	0	0	
13	1	1	1	0	1	
14	1	1	1	1	0	
15	0	1	1	1	1	
16	1	0	0	0	0	

5. 实验思考题

根据实验中的体会，试说明综合测试较复杂中小规模数字集成电路的方法，分单元电路安装、调试方法。

6.4　移位寄存器及其应用

1. 实验目的

熟悉移位寄存器的结构及工作原理；了解移位寄存器的应用。

2. 实验仪器及设备

电子技术学习机	1 台
直流稳压电源	1 台
数字万用表	1 台
交流毫伏表	1 台
双踪示波器	1 台
74LS194	2 片

3. 实验原理

在数字系统中，信息的传播通常是串行的，而处理和加工往往是并行的，因此经常要进行输入、输出的串、并转换。移位寄存器可实现数据串行、并行转换。

串行/并行转换是指串行输入的数据，经过转换电路之后变成并行输出。图 6-7 所示是用两片 74LS194 构成的七位串行/并行转换电路。电路中 S_0 端接高电平 1，S_1 受 Q_7 控制，两片寄存器连接成串行输入右移工作方式。Q_7 是转换结束标志。当 $Q_7=1$ 时，S_1 为 0，使之成为 $S_1 S_0=01$ 的串入右移工作方式。当 $Q_7=0$ 时，S_1 为 1，且有 $S_1 S_0=10$，则串行送数结束，标志着串行输入的数据已转换成为并行输出。

并行/串行转换是指并行输入的数据，经过转换电路之后变成串行输出。下面是用两片 74LS194 构成的七位并行/串行转换电路，如图 6-8 所示。与图 6-7 相比，它多了两个与非门，而且还多了一个启动信号(负脉冲或低电平)，工作方式同样为右移。对于中规模的集成移位寄存器，其位数往往以 4 位居多；当所需的位数多于 4 位时，可以把几片集成移位寄存器采用级联的方法扩展位数。

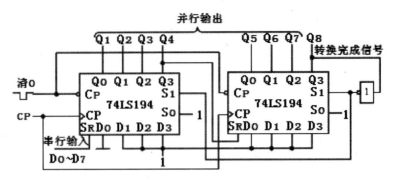

图 6-7　七位串入-并出转换电路

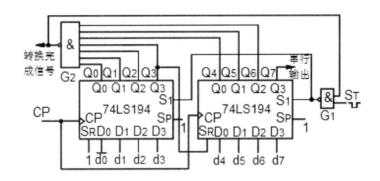

图 6-8　七位并入-串出转换电路

4. 实验内容及步骤

(1) 数据的串行/并行转换

用 74LS194 组成七位串行输入转换为并行输出的电路，按照图 6-7 所示，完成芯片的接线。按表 6-3 的要求进行测试，把测试结果记入表中。

(2) 数据的并行/串行转换

按图 6-8 连线，进行右移并入串出实验，并入数据自定，自拟表格并记录实验结果。

表 6-3　七位串入-并出状态表

CP	Q_1	Q_2	Q_3	Q_4	Q_5	Q_6	Q_7	Q_8	操　作
0	0	0	0	0	0	0	0	0	清零
1	0	1	1	1	1	1	1	1	送数
2									
3									右移
4									七次
5									
6									

(续表)

CP	Q_1	Q_2	Q_3	Q_4	Q_5	Q_6	Q_7	Q_8	操　作
7									右移
8									七次
9	0	1	1	1	1	1	1	1	送数

5. 实验思考题

若要实现"00001101"周期序列产生器，该如何实现？

6.5　555 定时器及其应用

1. 实验目的

熟悉 555 集成定时器的组成及工作原理；了解 555 集成定时器的外引线排列和功能；掌握采用 555 集成定时器构成的单稳触发器，多谐振荡器及施密特触发器的工作原理；进一步学习利用示波器对波形进行定量分析，测量波形的周期、脉宽和幅值等。

2. 实验仪器及设备

电子技术学习机	1 台
直流稳压电源	1 台
数字万用表	1 台
交流毫伏表	1 台
集成定时器 NE555	2 片
双踪示波器	1 台
1.2kΩ 电位器	1 只

3. 实验原理

555 集成定时器是模拟功能和数字功能相结合的一种双极型中规模集成器件。由于内部电压标准使用了三个 5kΩ 电阻，故取名为 555 电路。作为一个独立的单元电路，可以用来构成各种定时电路，使用非常广泛。555 集成定时器由分压器、电压比较器、基本 RS 触发器、放电三极管、输出缓冲器组成，只需外接少量的阻容元件就可以构成单稳态触发器、多谐振荡器和施密特触发器，广泛用于信号的产生、变换、控制与检测。多谐振荡器是一种常用的脉冲波形发生器，在接通电源后，不需外加输入信号，能自动产生矩形波的自激振荡器。因矩形波中含有多种谐波成分，故称多谐振荡器。多谐振荡器振荡后，电路没有稳态，只有两个暂稳态在作交替变化，是一种无稳态电路。

4. 实验内容及步骤

(1) 555 时基电路逻辑功能测试

按图 6-9 接线，按表 6-4 进行测试，将结果记录下来。用万用表测出 TH 和 $\overline{TR}$ 端的转换电压，与理论值 $\frac{2}{3}V_{cc}$ 和 $\frac{1}{3}V_{cc}$ 相比较，看是否一致。若表中某步骤的状态未转换，转换电压一栏可填 X。

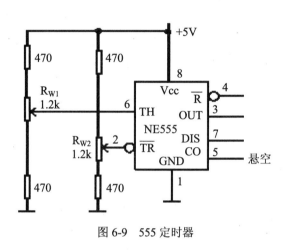

图 6-9　555 定时器

表 6-4　555 定时器功能测试表

输　入			输　出		
阈值输入 $\overline{TR}$	触发输入 TH	复位 $\overline{R}$	Q^n	Q^{n+1}	转换电压
$>\frac{1}{3}V_{cc}$	$<\frac{2}{3}V_{cc}$	$0\to1$			
$\to<\frac{1}{3}V_{cc}$	$<\frac{2}{3}V_{cc}$				
$>\frac{1}{3}V_{cc}$	$\to>\frac{2}{3}V_{cc}$	1			
	$\to<\frac{2}{3}V_{cc}$				
$>\frac{1}{3}V_{cc}$	$\to>\frac{2}{3}V_{cc}$				
$\to<\frac{1}{3}V_{cc}$	$>\frac{2}{3}V_{cc}$				

(2) 用 555 定时器构成多谐振荡器

① 按图 6-10 接线。用示波器观察 Vo 及 V_C 端的波形及相位关系，并记录下来。

② 测量振荡频率的范围。

调 R_W 测量振荡周期 T_{min}、T_{max}，并计算相应的 f_{min} 和 f_{max}。将示波器扫速开关"T/cm"上的微调旋钮旋置"校准"位置，此时，"T/cm"的指示值即为屏幕上横向每格代表的时间，再观察被测波形一个周期在屏幕水平轴上占据的格数，即可得信号周期 T，并与理论值相比较，看是否一致。

T：T=T/cm×格数

理论值：T=0.7(R_1+2R_2)C

③ 整理实验数据及结果，绘出实测波形图，将实测值与理论值比较，分析误差原因。

(3) 用 555 定时器构成单稳态触发器

① 按图 6-11 接线。

② 在 V_i 端输入幅度=5V 的输入信号，并将各点波形按时间关系记录下来。

③ 用示波器测量出输出脉宽 t_w 的值。

理论值：

$$t_w = 1.1R\,C$$

④ 整理实验数据及结果，绘出实测波形图，将实测值与理论值比较，分析误差原因。

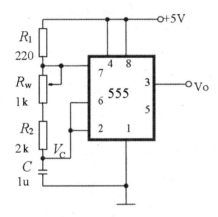 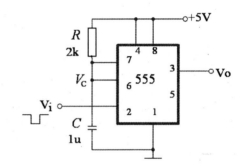

图 6-10　555 定时器构成多谐振荡器　　　　图 6-11　555 定时器构成单稳态触发器

5. 实验思考题

(1) 怎样在单稳电路中加一窄脉冲形成电路，以使其能处理宽脉冲触发信号？

(2) 试改接电路，使其成为占空比可调的振荡器。

(3) 总结 555 时基电路的逻辑功能。

6.6　电压变换器

1. 实验目的

熟悉 555 定时器的应用及其分析方法；掌握使用 555 定时器组成应用电路的方法；了解直流电压极性变换器的原理和方法。

2. 实验仪器及设备

电子技术学习机　　　　　1 台
直流稳压电源　　　　　　1 台
数字万用表　　　　　　　1 台
交流毫伏表　　　　　　　1 台
双踪示波器　　　　　　　1 台
555 定时器　　　　　　　1 片
电阻电容二极管　　　　　若干

3. 实验原理

在实际应用中，可利用 555 时基电路得到一个与原电压大小相等、极性相反、输出电流较小的负电源，如图 6-12 所示。

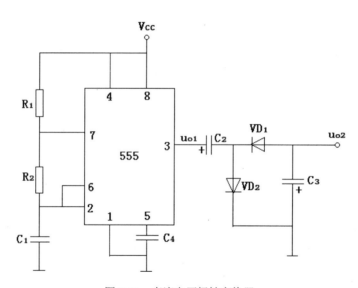

图 6-12　直流电压极性变换器

图 6-12 所示电路是由 555 定时器组成的直流电压极性变换器，可在滤波电容两端得到负极性的直流电压。

4. 实验内容及步骤

(1) 按图 6-12 接线，调整电路，分析电路工作原理。

(2) 测量输出电压 U_{O1} 的波形及频率。

(3) 输出端接上 500Ω 电阻时，测试 V_{cc} 在 4.5~18V 变化时，U_{O2} 与 V_{cc} 的关系曲线。

5. 实验思考题

采用 555 定时器设计一个楼梯灯的开关控制电路，如何实现？

6.7　数值比较器的功能测试及其应用

1. 实验目的

掌握数值比较器的功能及扩展；掌握数值比较器的基本应用。

2. 实验仪器及设备

电子技术学习机	1 台
直流稳压电源	1 台
数字万用表	1 台
交流毫伏表	1 台
双踪示波器	1 台
74LS85	2 片
电阻、电容、导线	若干

3. 实验原理

74LS85 是集成了四位数值比较器、能够实现两个二进制数的大小比较功能的电路，其惯用逻辑符号如图 6-13 所示。

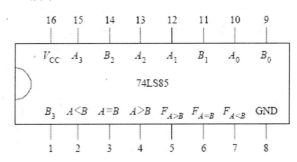

图 6-13　74LS85 逻辑功能示意图

其中，$A_3A_2A_1A_0$ 和 $B_3B_2B_1B_0$ 分别为 74LS85 的数值输入 A 和 B，$F_{A>B}$、$F_{A=B}$、$F_{A<B}$ 为三个级联输入，$A>B$、$A=B$、$A<B$ 为三种比较结果输出。

当 $A_3A_2A_1A_0$ 和 $B_3B_2B_1B_0$ 两个数进行比较时，如果 $A_3>B_3$，则可以肯定 $A>B$，这时输出 $F_{A>B}=1$；若 $A_3<B_3$，则可以肯定 $A<B$，这时输出 $F_{A<B}=1$。如果 $A_3=B_3$ 时，再去比较次高位 A_2、B_2。若 $A_2>B_2$，则 $F_{A>B}=1$；若 $A_2<B_2$，则 $F_{A<B}=1$。如果 $A_2=B_2$ 时，再继续比较 A_1、B_1。依次类推，直到所有的高位都相等时，才比较最低位。这种从高位开始比较的方法，要比从低位开始比较的方法速度快。

当应用一块芯片来比较四位二进制数时，应使级联输入端的 $A=B$ 端接 1，$A>B$ 端与 $A<B$ 端都接 0。若要扩展比较数位数时，可应用级联输入端作片间连接。

4. 实验内容及步骤

(1) 验证比较器 74LS85 的功能

将 74LS85 的比较数输入端和级联输入端全部接拨位开关，比较结果输出端全部接发光二极管。按照表 6-5 进行测试，并记录实验结果。

表 6-5　4LS85 比较器功能表

比 较 输 入				级 联 输 入			输　出		
A_3, B_3	A_2, B_2	A_1, B_1	A_0, B_0	$A > B$	$A < B$	$A = B$	$F_{A>B}$	$F_{A<B}$	$F_{A=B}$
$A_3 > B_3$	×	×	×	×	×	×			
$A_3 < B_3$	×	×	×	×	×	×			
$A_3 = B_3$	$A_2 > B_2$	×	×	×	×	×			
$A_3 = B_3$	$A_2 < B_2$	×	×	×	×	×			
$A_3 = B_3$	$A_2 = B_2$	$A_1 > B_1$	×	×	×	×			
$A_3 = B_3$	$A_2 = B_2$	$A_1 < B_1$	×	×	×	×			
$A_3 = B_3$	$A_2 = B_2$	$A_1 = B_1$	$A_0 > B_0$	×	×	×			
$A_3 = B_3$	$A_2 = B_2$	$A_1 = B_1$	$A_0 < B_0$	×	×	×			
$A_3 = B_3$	$A_2 = B_2$	$A_1 = B_1$	$A_0 = B_0$	1	0	0			
$A_3 = B_3$	$A_2 = B_2$	$A_1 = B_1$	$A_0 = B_0$	0	1	0			
$A_3 = B_3$	$A_2 = B_2$		$A_0 = B_0$	0	0	1			

(2) 集成数值比较器 74LS85 逻辑功能的扩展

将两片四位比较器扩展为八位比较器，可以将两片芯片串联连接，即将低位芯片的输出端 $F_{A>B}$、$F_{A<B}$ 和 $F_{A=B}$ 分别去接高位芯片级联输入端的 $A > B$、$A < B$ 和 $A = B$，如图 6-14 所示。这样，当高四位都相等时，就可由低四位来决定两比较数的大小了。

用两片 74LS85 按照图 6-14 所示进行级联，完成芯片的接线，进行测试，并记录测试结果。根据实验列出该电路的真值表，然后根据该真值表反向推导电路连接关系。

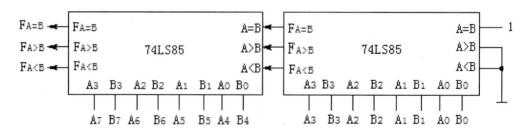

图 6-14　四位比较器扩展为八位比较器

5. 实验思考题

数值比较器在日常生活中有哪些用途？

6.8　全加器的功能测试及其应用

1. 实验目的

掌握组合逻辑电路的一般设计方法；验证全加器的逻辑功能，并用元件实现；根据给定的实际逻辑要求，设计出最简单的逻辑电路图。

2. 实验仪器及设备

电子技术学习机	1 台
直流稳压电源	1 台
数字万用表	1 台
交流毫伏表	1 台
74LS283	1 片
74LS86	1 片
74LS51	1 片
74LS04	1 片
电阻及导线	若干

3. 实验原理

目前在计算机中，两个二进制数之间的算术运算，无论是加、减、乘、除，都是化做若干步加法运算进行的。因此，加法器是构成算术运算器的基本单元。

加法器可分为半加器和全加器两种，全加器的基本逻辑功能是实现二进制加法，是将被加数、加数和来自低位的进位三者相加的运算电路。在将两个多位二进制数相加时，除了最低位以外，每一个都应该考虑来自低位的进位，即将两个对应位的加数和来自低位的进位 3 个数相加。这种运算称为全加，所用的电路称为全加器。

典型的集成超前进位加法器有 4 位超前进位加法器 74LS283。所谓超前进位加法器是指，为了提高运算速度，在电路结构中通过逻辑电路事先得出每一位全加器的进位输入信号，而无需再从最低位开始向高位逐位传递进位信号的多位加法器。但是随着运算速度的提高，电路的结构也相对复杂。

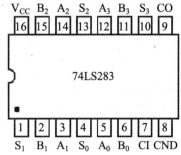

图 6-15　4 位超前进位加法器 74LS283 管脚排列图

4. 实验内容及步骤

(1) 全加器的设计

设计并实现全加器电路。

① 按图 6-16,用异或门(74LS86)和与或非门(74LS51)、非门(74LS04)组成全加器,接成实验电路,并验证其逻辑功能。

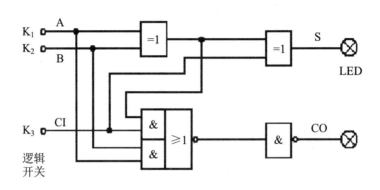

图 6-16 全加器电路图

② 将输入端 A、B、CI 按表 6-6 置输入状态,观察显示器,纪录输出显示结果,证明输入与输出之间关系符合全加器真值表,将测试结果填入表中。

表 6-6 全加器的真值表

输　　入			输　　出	
CI	A	B	S	CO
0	0	0		
0	0	1		
0	1	0		
0	1	1		
1	0	0		
1	0	1		
1	1	0		
1	1	1		

(2) 集成电路 4 位超前进位加法器 74LS283 功能验证

① 将 2、3、5、6、7、11、12、14、15 脚作为加数接到逻辑开关 $K_1 \sim K_9$,输入数据 1、4、9、10、13 脚作为和及进位端,接 LED 显示器。16 脚接在+5V 电源。

② 将逻辑开关 $K_1 \sim K_9$ 全部置成 0 状态,观察并记录 LED 显示器的显示结果。

③ 将逻辑开关开关 $K_1 \sim K_4$ 表示被加数 A,$K_5 \sim K_6$ 表示加数 B,按表 6-7 给定加数和被加数,观察输出结果并记入表 6-7 中。

表 6-7　输出结果

被　加　数					加　数					和(输出)	
A_3	A_2	A_1	A_0	十进制	B_3	B_2	B_1	B_0	十进制	$C_0\ S_3\ S_2\ S_1\ S_0$	十进制
1	0	1	0	10	1	1	1	1	15		
0	1	0	1	5	0	1	0	0	4		
0	1	1	1	7	0	1	1	1	7		
1	0	0	0	8	0	1	0	1	5		
1	0	0	0	6	1	0	0	1	9		
1	1	1	0	14	0	1	1	1	7		
1	0	1	1	11	0	0	0	0	0		
1	1	1	1	15	1	1	1	0	14		

5. 实验思考题

是否可以用 74LS283 组成减法器？

第7章 应用性实验

7.1 触发器应用

1. 实验目的

熟悉常用触发器的基本结构及其逻辑功能；掌握触发器的正确使用方法；学习触发器的实际应用。

2. 实验仪器及设备

电子技术学习机	1 台
直流稳压电源	1 台
数字万用表	1 台
交流毫伏表	1 台
双踪示波器	1 台
JK 触发器	自选
D 触发器	自选
导线	若干

3. 实验原理

同步时序逻辑电路的设计方法：

(1) 根据设计要求，设定状态，导出对应状态图或状态表。

(2) 状态简化。消去多余的状态，得简化状态图(表)。

(3) 状态分配，又称状态编码。即把一组适当的二进制代码分配给简化状态图(表)中各个状态。

(4) 选择触发器的类型。

(5) 根据编码状态表以及所采用的触发器的逻辑功能，导出待设计电路的输出方程和驱动方程。

(6) 根据输出方程和驱动方程画出逻辑图。

(7) 检查电路能否自启动。

利用触发器设计一个同步 5 进制加法计数器及串行数据检测器。

4. 实验内容及步骤

(1) 利用触发器设计一个同步 5 进制加法计数器，参考电路如图 7-1 所示。

① 根据设计要求，设定状态，画出状态转换图。该状态图不需要简化。

② 状态分配，列状态转换编码表。

③ 选择触发器。选用 JK 触发器。

④ 求各触发器的驱动方程和进位输出方程。

⑤ 将各驱动方程与输出方程归纳。

⑥ 画逻辑图。

⑦ 检查能否自启动。

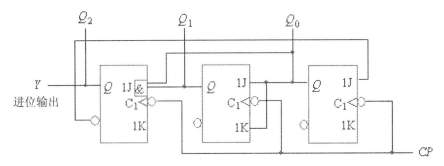

图 7-1　同步 5 进制加法计数器

(2) 设计一个串行数据检测器。参考电路如图 7-2 所示。该检测器有一个输入端 X，它的功能是对输入信号进行检测。当连续输入三个 1(以及三个以上 1)时，该电路输出 $Y=1$，否则输出 $Y=0$。

① 根据设计要求，设定状态。

② 根据题意可画出原始状态图。

③ 状态简化。

④ 状态分配。

⑤ 选择触发器。选用 2 个 D 触发器。

⑥ 求出状态方程、驱动方程和输出方程。

⑦ 画逻辑图。

⑧ 检查能否自启动。

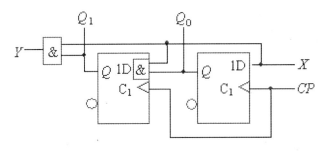

图 7-2　串行数据检测器

7.2　寄存器及其应用

1. 实验目的

了解集成移位寄存器的控制功能；掌握集成移位寄存器的应用。

2. 实验仪器及设备

电子技术学习机	1 台
直流稳压电源	1 台
数字万用表	1 台
交流毫伏表	1 台
74LS194	2 片
双踪示波器	1 台

3. 实验原理

寄存器的应用很广，不仅可将串行数据转换为并行数据，或把并行数据转换为串行数据，也可根据需要构成移位寄存器型计数器、顺序脉冲发生器和串行累加器，等等，可用作数据转换。

移位寄存器的功能是：当时钟控制脉冲有效时，寄存器中存储的数码同时按照顺序向高位(左移)或向低位(右移)移动一位。所以，移位寄存器的各触发器状态必须同时变化，为同步时序电路。

移位寄存器数据可以按序逐位从最低位或最高位串行输入寄存器，也可以通过置数端并行输入寄存器。所以移位寄存器的数据输入、输出方式有：并行输入/并行输出、并行输入/串行输出、串行输入/并行输出、串行输入/串行输出。

移位寄存器主要应用于实现数据传输方式的转换(串行到并行，或并行到串行)、脉冲分配、序列信号产生以及时序电路的周期性循环控制(计数器)。

四位移位寄存器 74LS194 的逻辑功能如表 7-1 所示。在方式信号 S_1、S_0 控制下，74LS194 可以实现左移(串行数据从 DSL 输入)、右移(串行数据从 DSH 输入)、置数(并行数据从 $D_3 \sim D_0$ 输入)及保持(输出不变)功能。

表 7-1　四位移位寄存器 74LS194 功能表

输			入				输		出		功　能
C_R	S_1	S_0	D_{SH}	D_{SL}	CK	$D_3\ D_2 D_1 D_0$	Q_3	Q_2	Q_1	Q_0	
0	φ	φ	φ	φ	φ	φ	0	0	0	0	异步复位
1	1	1	φ	φ	↑	A B C D	A	B	C	D	同步置数
1	1	0	D_i	φ	↑	φ	D_i	Q_3	Q_2	Q_1	右　移

(续表)

输　　入							输　　出				功　能
1	0	1	Φ	D_i	↑	Φ	Q_2	Q_1	Q_0	D_i	左　移
1	0	0	Φ	Φ	↑	Φ	Q_3	Q_2	Q_1	Q_0	保　持

(1) 构成分频器

先将 74LS194 的初始状态利用异步置 0 功能进行设置，设置为 $Q_0Q_1Q_2Q_3$=0000。在频率为 f 的 CP 脉冲作用下，寄存器执行右移操作。一般来说，N 位移位寄存器可以组成模 2N 分频效果，只需将末级输出反相后，接到串行输入端。八分频电路逻辑图如图 7-3 所示。

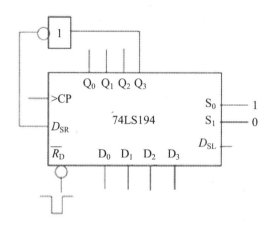

图 7-3　八分频电路逻辑图

(2) 环形计数器

环形计数器的特点是电路简单，N 位移位寄存器可以计 N 个数，实现模 N 计数器。状态为 1 的输出端的序号等于计数脉冲的个数，通常不需要译码电路。n 位环型计数器由 n 位移存器组成，其反馈逻辑方程为 $D_1 = Q_n$。图 7-4 是由 74LS194 构成的四位环型计数器，环型计数器结构很简单，其特点是每个时钟周期只有一个输出端为 1(或 0)，因此可以直接用环型计数器的输出作为状态输出信号或节拍信号，不需要再加译码电路。但它的状态利用率低，n 个触发器或 n 位移存器只能构成 M=n 的计数器，有(2n-n)个无效状态。

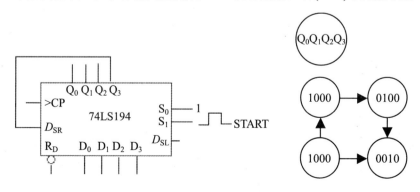

图 7-4　四位环型计数器

(3) 构成序列信号发生器

序列信号发生器是能够循环产生一组或多组序列信号的时序电路,它可以用移位寄存器或计数器构成。

4. 实验内容及步骤

(1) 八分频

按照图 7-3 进行接线,并根据 74LS194 的右移规律画出状态转换图,观察如何实现八分频效果,记录实验结果。

(2) 环形计数器

按照图 7-4 进行接线,用并行送数法置计数器为某二进制代码(如 0100),然后进行右移循环,观察寄存器输出端状态的变化;再进行循环左移,观察寄存器输出端状态的变化,将结果记录下来。根据实验结果,画出 4 位环形计数器的状态转换图及波形图。

(3) 利用 74LS194 移位寄存器设计一个 01110001 序列发生器,其参考电路如图 7-5 所示。

① 确定移存器的位数 M。

② 选择移位寄存器的八个独立状态。

③ 列出寄存器的状态转换表,

④ 求出反馈逻辑函数 Z 的表达式。

⑤ 若将初态设为 011,则电路会在给定的序列脉冲中循环。

⑥ 画出逻辑图。

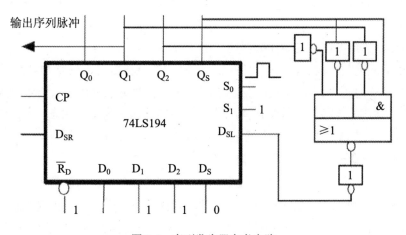

图 7-5 序列发生器参考电路

5. 实验思考题

使寄存器清零,除了采用 MR 输入低电平的方法外,可否通过左移或右移的方法来实现?可否使用并行送数法?若可行,如何进行操作?

7.3　计数器芯片的应用

1. 实验目的

学习用 74LS290 构成 8421 码十进制计数器和其他任意进制计数器；观察异步计数器的工作过程；观察计数器用复位端强制复位的工作过程。

2. 实验仪器及设备

电子技术学习机	1 台
直流稳压电源	1 台
数字万用表	1 台
交流毫伏表	1 台
双踪示波器	1 台
74LS161	1 片
74LS290	1 片
数码显示芯片	2 片

3. 实验原理

集成计数器产品多数是二进制和十进制计数器，如果需要其他进制的计数器，可用现有的二进制或十进制计数器，利用其清零端或预置数端，外加适当的门电路连接，构成任意进制计数器。

(1) 用复位法获得任意进制计数器

假定已有 N 进制计数器，而需要得到一个 M 进制计数器时，只要 M<N，用复位法使计数器计数到 M 时置"0"，即获得 M 进制计数器。这种方法适用于有清零输入端的集成计数器。对于异步清零芯片，只要 R_d =0，不管计数器的输出为何种状态，它都会立即回到全"0"状态。清零信号消失后，计数器从全"0"开始重新计数。

(2) 利用预置功能获 M 进制计数器

适用于具有预置数功能的集成计数器。对于具有同步预置数功能的集成计数器而言，在其计数过程中，可以将它输出的任何一个状态通过译码，产生一个预置控制信号反馈至预置数控制端，在下一个 CP 脉冲作用下，计数器就会把预置数输入端的数据置入输出端。预置数控制信号消失后，计数器就从被置入的状态开始重新计数。

74LS161 为同步四位二进制可预置计数器。74LS290 为中规模集成计数器，是异步十进制计数器。用 74LS290 实现二进制、五进制和十进制的接线图如图 7-6 所示。

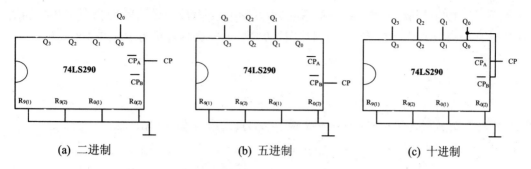

(a) 二进制　　　　　(b) 五进制　　　　　(c) 十进制

图 7-6　74LS290 实现二进制、五进制和十进制的接线图

4. 实验内容及步骤

(1) 用 74LS161 和与非门构成五进制加法计数器。

五进制计数器有 5 个循环状态即 N=5，而 74LS161 在计数过程中有 16 个状态即 M=16，因此属于 M>N 的情况。常用两种方法实现，即"反馈清零法"和"反馈置数法"。

① 反馈清零法

如图 7-7 所示，741LS61 清零功能是异步的，则在计数过程中，不管输出处于哪一状态，只要在异步清零输入端加低电平信号，即 $\overline{R}_D$，输出会立即回到 0000 状态。清零信号消失后，74LS161 又从 0000 状态开始重新计数。D_5 的二进制数码为 0101，请写出置零信号表达式，并对芯片进行连线。

② 反馈置数法

如图 7-8 所示，采用置数法首先要在置数输入端设置好预置数据，设 $D_3D_2D_1D_0$=0000。74LS161 置数功能是同步的，则在计数过程中，不管输出处于哪一状态，只要在同步置数输入端加低电平信号，即 $\overline{L}_D = 0$，输出不会立即从那个状态置成 0000 状态，而要等到下一个脉冲上升沿到来时，输出状态才会变为 0000。置数信号消失后，74LS161 又从 0000 状态开始重新计数。

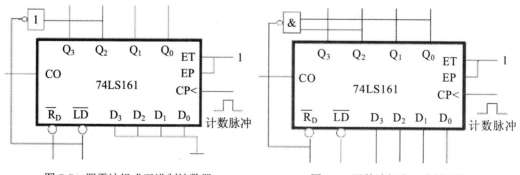

图 7-7　置零法组成五进制计数器　　　　图 7-8　置数法组成五进制计数器

请写出 D_5 的二进制数码及置零信号表达式并画出接线图。

(2) 用 74LS290 构成 100 进制计数

两片二-五-十进制异步加法计数器 74LS290 采用异步级联方式组成的二位十进制加法

计数器，即 100 进制计数器。首先将两个 74LS290 分别联成十进制形式(Q_0 接 CP_2)，再进行类似于 74LS161 的异步级联。电路如图 7-9 所示，计数器容量为 10×10=100 进制。

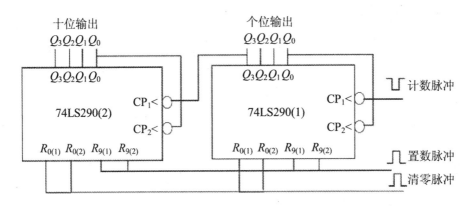

图 7-9   74LS290 异步级联组成 100 进制计数器

(3) 试用 74LS290 构成 23 进制的计数器。重复步骤(2)，画出级联图、时序状态图和波形图，并记录实验结果。

5. 实验思考题

试讨论：计数器芯片还有哪些用途？

7.4   时序电路应用

1. 实验目的

了解用触发器组成计数器电路的方法；掌握集成计数器的工作原理和使用方法；掌握任意进制计数器的分析和设计方法。

2. 实验仪器及设备

电子技术学习机	1 台
直流稳压电源	1 台
数字万用表	1 台
交流毫伏表	1 台
双踪示波器	1 台
74LS00	1 片
74LS112	1 片
74LS290	1 片
74161	1 片

3. 实验原理

(1) 触发器

双稳态触发器具有两个互补的输出端 Q、$\overline{Q}$，触发器正常工作时，Q 与 $\overline{Q}$ 的逻辑电平总是互补，即一个为 "0" 时另一个一定是 "1"。当触发器工作在非正常状态时，Q 和 $\overline{Q}$ 的输出电平有可能相同，使用时必须注意避免出现这种情况。

JK 触发器具有两个激励输入端 "J"、"K"。在时钟脉冲 CP 有效触发时，输出可以实现 "同步置位"、"同步复位"、"状态不变"、"状态变反" 四种功能。74LS112 是下降沿触发有效的集成 JK 触发器，片上有两个 JK 触发器，引脚标号以 "1"、"2" 区别，如图 7-10(a) 所示。

D 触发器只有一个激励输入端 "D"，当触发脉冲有效时，D 触发器的输出与激励输入相同。74LS74 是上升沿触发有效的双 D 集成触发器，片上有两个 D 触发器，引脚排列如图 7-10(b) 所示。

集成触发器一般具有直接(direct)置位、复位控制端 $\overline{S}d$、$\overline{R}d$，如图 7-10 中的 74LS112 和 74LS74 引脚图所示。当 $\overline{R}d$ 或 $\overline{S}d$ 有效时(为低电平 "0")，触发器立即被复位或者置位。所以，$\overline{R}d$、$\overline{S}d$ 又称异步复位、置位端。直接置位、复位功能可以用来预置触发器的初始状态，但在使用时必须注意，两者不允许同时有效，而且时钟触发控制必须无效。

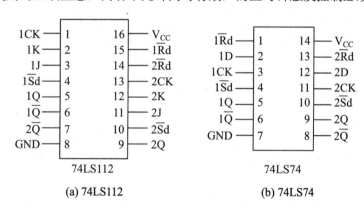

图 7-10　集成触发器引脚图

(2) 集成计数器

计数器是实现 "计数" 操作的时序逻辑电路。计数器的应用十分广泛，除了有计数功能外，还具有定时、分频等功能。计数器按触发器时钟的连接方式区分，有同步和异步；按计数过程中数字的增减来分，又可分为加法计数器和减法计数器。由于计数器的应用极其广泛，因此集成电路制造商生产了各种功能的通用集成计数器，用户可以通过不同的连接得到任意进制的计数器。

74LS290 是二-五-十进制异步集成计数器，片内有两个独立的计数器：一个是二进制计数器，CP_0 为时钟脉冲输入端，Q_0 为输出端；另一个是异步五进制加计数器，CP_1 为时钟脉冲输入端，Q_3、Q_2、Q_1 为输出端。R_{01}、R_{02} 称为异步复位端，S_{91}、S_{92} 称异步置 "9"

端，其管脚排列见图 7-11(a)，其功能见表 7-2。若计数脉冲 CP 从 CP_0 输入，二进制计数器的输出 Q_0 连五进制计数器的时钟 CP_1，就组成了 8421BCD 码十进制加法计数器。

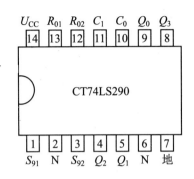

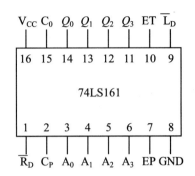

(a) 二-五-十进制异步集成计数器 74LS290

(b) 四位二进制同步加法计数器 74LS161

图 7-11　集成计数器 74LS290 和 74LS161 器件引脚排列图

表 7-2　74LS290 异步计数器逻辑功能表

输　　入				输　　出			
复　位　端		置 "9" 端					
R_{01}	R_{02}	S_{9A}	S_{9B}	Q_3	Q_2	Q_1	Q_0
1	1	0	×	0	0	0	0
1	1	×	0	0	0	0	0
×	×	1	1	1	0	0	1
0	×	0	×	计　　　　数			
×	0	×	0				
0	×	×	0				
×	0	0	×				

表 7-3　74LS161 功能表

输　　入									输　　出			
$\overline{R_D}$	CP	$\overline{L_D}$	EP	ET	A_3	A_2	A_1	A_0	Q_3	Q_2	Q_1	Q_0
0	Φ	Φ	Φ	Φ	Φ	Φ	Φ	Φ	0	0	0	0
1	↑	0	Φ	Φ	d	c	b	a	d	c	b	a
1	↑	1	0	Φ	Φ	Φ	Φ	Φ	Q_3	Q_2	Q_1	Q_0
1	↑	1	Φ	0	Φ	Φ	Φ	Φ	Q_3	Q_2	Q_1	Q_0
1	↑	1	1	1	Φ	Φ	Φ	Φ	状态码加 1			

74LS161 是四位二进制同步加法计数器，图 7-11(b)是其引脚排列图，表 7-3 是其功能表。从表 7-3 中可知，当清零端 $\overline{R_D}$ = "0"，计数器输出 Q_3、Q_2、Q_1、Q_0 立即为全 "0"，

具有异步复位功能。当 $\overline{R}_D$ = "1" 且 $\overline{L}_D$ = "0" 时，在 CP 脉冲上升沿作用后，74LS161 的输出端 Q_3、Q_2、Q_1、Q_0 的状态分别与并行数据输入端 A_3、A_2、A_1、A_0 的状态相同，为同步置数功能。而当 $\overline{R}_D = \overline{L}_D$ = "1"、EP、ET 中有一个为 "0" 时，计数器不计数，输出端状态保持不变。只有当 $\overline{R}_D = \overline{L}_D$ = EP = ET = "1"、CP 脉冲上升沿时，计数器加 1。

(3) 任意进制计数器

模值为 M 的集成计数器可以被用来实现模为任意值的计数器电路。利用集成计数器的置数功能或复位功能可以减小集成计数器的模，而多片集成计数器相连又可以扩展计数器的模。

① 反馈复位法

利用集成计数器的复位功能实现状态跳转，可以减少计数器的模，使模 N<M。由于采用复位控制，有效状态码含 "0"，所以模 N 的计数器的有效状态编码为：0~N-1。

当计数器为异步复位时，利用第 N 个计数脉冲产生的无效状态码 "N" 综合出复位控制信号，使集成计数器立即被复位至循环周期的初始状态 "0"。状态码 N 转瞬即逝，不能维持。

当计数器为同步复位时，利用第 N-1 个计数脉冲产生的有效状态码 "N-1" 综合出复位准备信号，当第 N 个脉冲到达时复位控制有效，计数器复位至状态 "0"。

② 反馈预置数法

利用集成计数器的预置数功能(控制端 L_D)实现状态跳转，减少计数器的模，使模 N<M。若预置数码值为 0，则称反馈置零。同反馈复位法一样，根据集成计数器预置控制方式的不同，预置信号可以由无效状态码 "N" 产生(异步预置)，或由有效状态码 "N-1" 产生(同步预置)。

③ 计数器级联

当模 N>M 时，可以采用多片集成计数器级联，级联后计数器的模相乘。计数器级联后，可以采用反馈复位或反馈置数方法减少分频数，但要注意级联后的计数器成为一个整体，复位控制或预置控制必须对所有集成计数器同时作用。

4. 实验内容及步骤

(1) 用 JK 触发器构成计数器

① 根据图 7-12(a)用两片 74LS112 连接电路，各触发器的复位端 $\overline{R}_D$ 串接后接在逻辑按钮上，时钟 CP 输入 1Hz 脉冲信号，输出 Q_1Q_0 接发光二极管。计数前 $\overline{R}_D$ 端为 "0"，计数器清零。按下逻辑按钮使 $\overline{R}_D$ 为 "1" 无效，计数器在 CP 脉冲作用下计数。将各触发器输出 Q_1Q_0 循环变化一个周期的状态顺序记录于表 7-4。

② 根据图 7-12(b)改接 74LS112 电路，实验方法和内容如步骤(1)①。将各触发器输出 Q_1Q_0 循环变化一个周期的状态顺序记录于表 7-5。

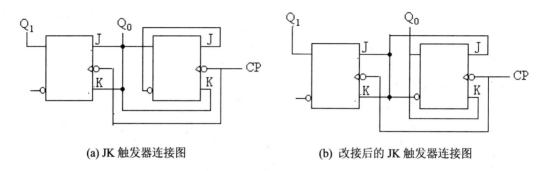

(a) JK 触发器连接图　　　　　　　　(b) 改接后的 JK 触发器连接图

图 7-12　JK 触发器连接成计数器

表 7-4　图 7-12(a)电路的逻辑状态表

CP	$J_1=$, $K_1=$	$J_0=$, $K_0=$	Q_1 Q_0
0			0　0

表 7-5　图 7-12(b)电路的逻辑状态表

CP	$J_1=$, $K_1=$	$J_0=$, $K_0=$	Q_1 Q_0
0			0　0

(2)　二-五-十进制异步加法集成计数器 74LS290 应用

① 按图 7-11(a)74LS290 的管脚排列图，连接图 7-13(a)预习完成的九进制计数器电路。注意，管脚 14(U_{CC})接+5V，管脚 7(GND)接电源地。时钟 CP 接 1Hz 脉冲信号，输出 $Q_3 \sim Q_0$ 接发光二极管。在表 7-6 中记录 $Q_3 \sim Q_0$ 循环一个周期的状态变化规律。

表 7-6　74LS290 构成九进制异步加法计数器

CP	0									
$Q_3 \sim Q_0$										

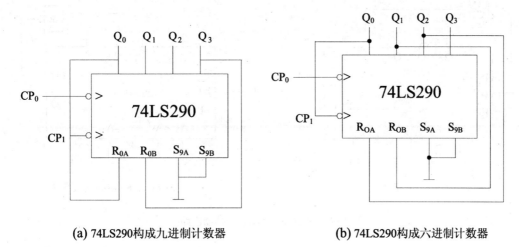

(a) 74LS290构成九进制计数器   (b) 74LS290构成六进制计数器

图 7-13 74LS290 构成异步加法计数器

② 按图 7-13(b)预习完成的六进制计数器在实验步骤(2)①的电路上改接 74LS290 的外部连线。在表 7-7 中记录 $Q_3 \sim Q_0$ 循环一个周期的状态变化规律，然后将输出 $Q_3 \sim Q_0$ 连接到实验装置上方右边的七段显示器译码输入，观察显示结果。实验完成后保留电路。

表 7-7 74LS290 构成十进制异步加法计数器

CP	0						
$Q_3 \sim$							

(3) 四位二进制同步加法计数器 741LS161 应用

① 按图 7-14(a)连接 74LS161 电路，输出 $Q_3 \sim Q_0$ 连接到实验装置上方右边七段显示器的译码输入，预置数据输入端可悬空，使能 ET、EP 和预置数控制端接电源+5V，时钟 CP 接 1Hz 的脉冲信号，与非门采用 74LS00。观察实验结果，在表 7-8 中记录循环一个周期显示的数字值。

表 7-8 四位二进制同步加法计数器 741LS161 应用

CP	0							
显示值								

② 按图 7-14(b)在实验步骤(3)①的电路上改接 74LS161 的外部连线。观察实验结果，在表 7-9 中记录循环一个周期显示的数字值。

表 7-9 四位二进制同步加法计数器 741LS161 应用

CP	0							
显示值								

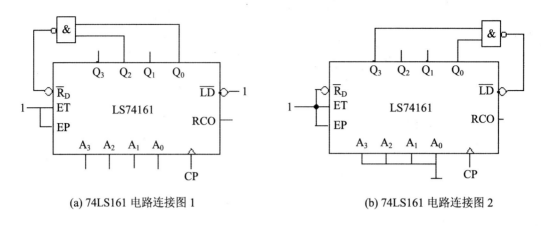

(a) 74LS161 电路连接图 1　　　　　　　(b) 74LS161 电路连接图 2

图 7-14　74LS161 组成的计数器电路

5. 实验思考题

(1) 如用 JK 触发器组成十进制计数器，至少需要几个触发器？

(2) 如果采用置九法连接 74LS290 组成七进制计数器，S_{91}、S_{92} 可以分别连到哪个输出端？画出电路图。

7.5　施密特触发器及其应用

1. 实验目的

进一步掌握施密特触发器的原理和特点；熟悉数字集成施密特触发器的性能及其功能。

2. 实验仪器及设备

电子技术学习机	1 台
直流稳压电源	1 台
数字万用表	1 台
交流毫伏表	1 台
双踪示波器	1 台
音频信号源	1 台
CC40160	1 片
导线	若干

3. 实验原理

　　施密特触发器是一种脉冲变换电路，可用来实现波形变换、脉冲整形、脉冲鉴幅，等等。它可以将符合特定条件的输入信号变为对应的矩形波，并具有脉冲鉴幅的能力。施密特电路有两个稳定状态，它与一般触发器的区别在于，这两个稳定状态的转换需要外加触发信号，而且稳定状态的维持也要依赖于外加触发信号，因此它的触发方式是电平触发。

　　施密特触发器具有以下特点：

　　① 施密特触发器属于电平触发，对于缓慢变化的信号仍然适用，当输入信号达到某一定电压值时，输出电压会发生突变。

　　② 输入信号增加和减少时，电路会有不同的阈值电压。施密特触发器的电路有用门电路构成的，也有专用的集成施密特触发器电路。集成的施密特触发器由于性能好、触发电平稳定，所以受到广泛地应用。例如，CMOS 集成施密特触发器 CC40106 可用作脉冲延时、单稳、脉冲展宽、压控振荡器、整形、多谐振荡器等。其外引脚如图 7-15 所示。

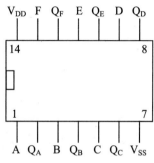

图 7-15　CC40106 引脚功能图

4. 实验内容及步骤

　　集成施密特触发器 CC40106 可用于波形的整形，也可用作反相器，或构成单稳态触发器和多谐振荡器。

　　(1) 波形整形

　　按图 7-16 进行连线，构成整形电路，被整形信号可由音频信号源提供，图中串联的 2kΩ 电阻起限流保护作用。将正弦信号频率置于 1kHz，调节信号电压由低到高，观测输出波形的变化。记录输入信号为 0V、0.25V、0.5V、1.0V、1.5V、2.0V 时的输出波形，观察输出整形情况，并作记录。画出施密特触发器用作整形电路时的输入/输出的波形。

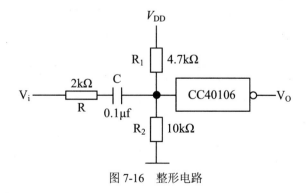

图 7-16　整形电路

　　(2) 构成多谐振荡器

　　按图 7-17 连线，用示波器观测输出波形，测定振荡频率，整理各实验线路，并画出各实验波形。

(3) 单稳态触发器

按图 7-18 连线，用示波器观测输出波形，测定振荡频率。计算实验中单稳态触发器的理论时间，并与实际测得的值进行比较。

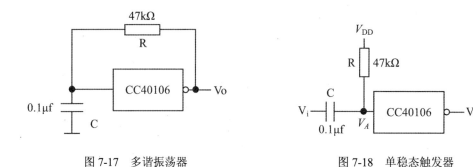

图 7-17　多谐振荡器　　　　　　　　　图 7-18　单稳态触发器

5. 实验思考题

(1) 自激的脉冲振荡器与脉冲整形电路有什么区别？

(2) 施密特触发器与单稳态触发器优缺点各是什么？

(3) 用施密特触发器能否寄存 1 位二值数据？说明理由。

7.6　多路模拟开关及其应用

1. 实验目的

通过实验，进一步了解集成多路模拟开关的组成及工作原理；掌握该芯片的功能测试方法；了解其部分应用电路。

2. 实验仪器及设备

电子技术学习机		1 台
直流稳压电源		1 台
数字万用表		1 台
交流毫伏表		1 台
双踪示波器		1 台
CD4051	8 选 1 模拟开关	1 片
CD4516	十六进制加/减计数器	1 片
CD4070	四异或门	1 片
CA3140	通用运算放大器	1 片
电阻，电容		若干

3. 实验原理

CD4051 芯片是一个 16pin 的 CMOS 八路模拟开关，其逻辑符号和逻辑框图如图 7-19 所示。

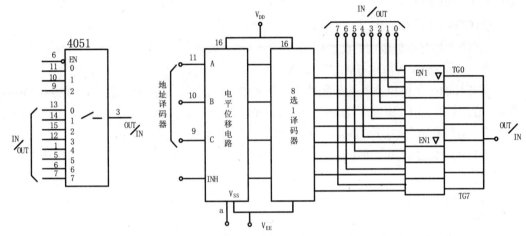

图 7-19　CD4051 逻辑符号及逻辑框图

芯片由地址译码器和八路双向模拟开关组成，具有如下特点：

- 有双向传输的功能
- 有电平位移的功能
- 多电源 V_{DD}、V_{EE}
- 具有禁止端 INH，禁止时，输出呈高阻，芯片的功能如表 7-10 所示。

表 7-10　CD4051 芯片的功能表

输　入　状　态				通道接通情况
INH	C	B	A	
1	×	×	×	均　不　通
0	0	0	0	0
0	0	0	1	1
0	0	1	0	2
0	0	1	1	3
0	1	0	0	4
0	1	0	1	5
0	1	1	0	6
0	1	1	1	7

4. 实验内容及步骤

(1) 多路模拟开关的功能测试

令 V_{DD}=+5V，V_{EE}=V_{SS}=0V，完成芯片的接线，并检测芯片的功能。

若令 V_{DD}=+5V，V_{SS}=0V，V_{EE}=-5V 时，测定芯片此时能通过的模拟信号的幅值(峰-峰值)是多少伏？

在 V_{SS}=0V，V_{EE}=0V，V_{DD} 分别取+5V、+10V、+15V 时，测出芯片的平均传输时间 t_{pd}(仅测试其中一个通道)。

(2) CD4051 芯片的应用

① 传送具有正负极性的交流信号

令 V_{DD} = +5V、V_{EE} = −5V、V = 0V。

在芯片的 8 个模拟输入端分别加不同频率的正弦信号。用双踪示波形器观察 out/in 端在 C、B、A 和 INH 端取不同状态时的波形。(在 C、B、A 和 INH 端，应加 0V 或 5V 的逻辑电平。)试调节正弦信号的幅度，观察输出波形有什么变化？

若将正弦信号改为在 out/in 端输入，则能否在原模拟输入端得到相应的输出波形。试用实验证明。

注：CD4051 芯片在传送峰-峰值为 15V 的模拟电压信号时，要求 V_{DD} = +5V，V_{EE} = −8V。

② 数字脉冲合成音频正弦波

按图 7-20 所示电路接线。

图中 CD4516 为可预置的四位二进制加/减加计数器。在这时作为十六进制加计数电路。

CF3140 芯片为高输入阻抗集成运放。

关于这两种芯片的工作原理和使用，可自行查阅有关资料。

将输入信号 V_I 调整为幅值 0~5，频率为 16kHz 的脉冲(提示：可直接用 TTL 逻辑电平的脉冲经 TTL(OC)电路得到)。

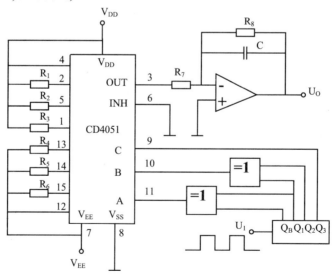

图 7-20　数字脉冲合成音频正弦波

用双踪示波器观察 Q_3~Q_0 的波形。观察 C、B、A 端和 V_I 端的波形，画出 C、B、A 和 V_I 的时序图。观察并记录 OUT 端和 Vo 端相对于 V_I 的波形。测出 Vo 波形的幅值和频率。改变 V_I 的频率，观察 Vo 端波形的变化。若将 V_I 频率由 16kHz 上升至 32kHz、80kHz，测出 Vo 端相应的频率。改变 V_{EE} 端的电压值，观察 Vo 端波形的变化。

5. 实验思考题

(1) 说明 CF3140 构成的是什么电路？在本实验中起到什么作用？

(2) 若将 V_{EE} 分别改为 0V 和-8V，比较 Vo 端波形和原先波形有何不同？

7.7　ADC0809 转换器实验

1. 实验目的

了解 A/D 转换器的基本工作原理和基本结构；掌握大规模集成 A/D 转换器的功能及其典型应用。

2. 实验仪器及设备

电子技术学习机	1 台
直流稳压电源	1 台
数字万用表	1 台
交流毫伏表	1 台
集成定时器 NE555	2 片
双踪示波器	1 台
ADC0809	1 片
电阻，电容	若干

3. 实验原理

A/D 转换是把模拟量信号转换为与其大小成正比的数字量信号。A/D 转换的种类很多，根据转换原理，可以分为逐次逼近式和双积分式。完成这种转换的电路有很多种，特别是大规模集成电路 A/D 转换器的问世，为实现上述转换提供了极大的方便。

逐次逼近式转换的基本原理是，用一个计量单位使连续量量化，即用计量单位与连续量做比较，把连续量变为计量单位的整数倍，略去小于计量单位的连续量部分，这样得到的整数量即数字量。显然，计量单位越小，量化的误差就越小。

实验中用到的 A/D 转换器是 8 路模拟输入 8 路数字输出的、逐次逼近式 A/D 转换器件，转换时间约为 100 微秒。转换时间与分辨率是 A/D 转换器的两个主要技术指标：A/D 转换器完成一次转换所需要的时间即为转换时间，显然它反映了 A/D 转换的快慢；分辨率指最小的量化单位，这与 A/D 转换的位数有关，位数越多，分辨率越高。

ADC0809 是采用 CMOS 工艺制成的单片 8 位 8 通道、逐次渐近型模/数转换器。在进行 A/D 转换时，输入的模拟信号在时间上是连续的，而输出的数字信号是离散的。所以，进行转换时，只能在一系列选定的瞬间对输入信号取样，然后再把这些取样的值转换为输出的数字量。因此，一般的 A/D 转换过程，要经过取样、保持、量化和编码这四个步骤。

前两个步骤在取样-保持电路中完成，后两个步骤在 A/D 转换器中完成。

模数转换器用于将时间和幅度都连续的模拟信号转换成时间和幅度都离散的数字信号。ADC0809 是由美国国家半导体公司(NSC)生产的 8 位逐次、逼近型 A/D 转换器，芯片内采用 CMOS 工艺。该器件具有与微处理器兼容的控制逻辑，可以直接与 Z80、8051、8085 等微处理器接口相连。其内部结构图如图 7-21 所示。

ADC0809 的性能：

① 8 位并行、三态输出；

② 转换时间：100 μs；

③ 转换误差：±1LSB；

④ TTL 标准逻辑电平；

⑤ 8 个单端模拟输入通道，输入模拟电压范围 0～+5 V；

⑥ 单一电源供电+5 V；

⑦ 外接参考电压 0～+5 V；

⑧ 功耗 15 mW；

⑨ 工作温度 0～70℃。

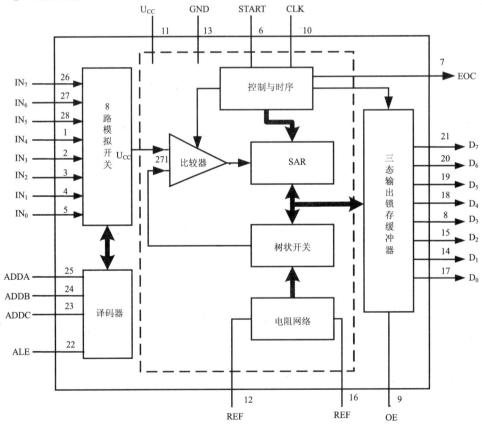

图 7-21　ADC0809 的内部结构框图

ADC0809 的工作过程大致如下：输入三位地址信号，地址信号稳定后，在 ALE 脉冲的上升沿将其锁存，从而选通将进行 A/D 转换的那路模拟信号；发出 A/D 转换的启动信号

START，在 START 的上升沿，将逐次比较寄存器清零，转换结束标志 EOC 变成低电平，在 START 的下降沿开始转换；转换过程在时钟脉冲 CLK 的控制下进行；转换结束后，转换结束标志 EOC 跳到高电平，在 OE 端输入低电平，转换结果输出。其引脚结构图如图 7-22 所示。

如果在进行转换的过程中接收到新的转换启动信号(START)，则逐次逼近寄存器被清零，正在进行的转换过程被终止，然后重新开始新的转换。若将 START 和 EOC 短接，则可实现连续转换，但第一次转换须用外部启动脉冲。

IN_0~IN_7：8 路模拟信号输入端。

A_2、A_1、A_0：地址输入端。

D_0~D_7：转换器的数码输出端。D_7 为高位，D_0 为低位。

ALE：地址锁存允许输入信号端，在此脚施加正脉冲，上升沿有效，此时锁存地址码，从而选通相应的模拟信号通道，以便进行 A/D 转换。

START：启动脉冲信号输入端，应在此脚施加正脉冲，当上升沿到达时，内部逐次逼近寄存器复位，在下降沿到达后，开始 A/D 转换过程。

OE：转换结束信号端，高电平有效。

EOC：输入允许信号，高电平有效。

CLOCK(CP)：时钟信号输入端，外接时钟频率一般为 640kHz。

V_{REF+} 接+5V，V_{REF-} 接地。

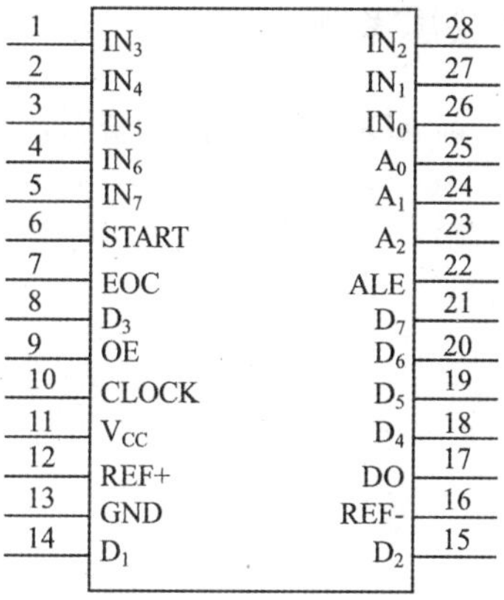

图 7-22 ADC0809 引脚结构图

4. 实验内容及步骤

在这里采用"0"道输入(不选择输入)，直通输入和输出，每按一次单脉冲按钮产生一次变换。首先调节输入电压，让输出全为"1"，记下模拟电压值。然后调节输入模拟电压，记下 ADC 输出的数码，填入表 7-11 中。

表 7-11 A/D 转换测试

输入模拟电压/V	输出							
	D_7	D_6	D_5	D_4	D_3	D_2	D_1	D_0
	1	1	1	1	1	1	1	1
4								
3								

(续表)

输入模拟电压/V	输　出							
	D_7	D_6	D_5	D_4	D_3	D_2	D_1	D_0
	1	1	1	1	1	1	1	1
2								
1								
0.5								
0.2								
0.1								

5. 实验思考题

了解 ADC0809 芯片的资料，叙述实验电路原理。

第8章　设计性与综合性实验

8.1　组合逻辑电路设计

1. 设计目的

学会组合逻辑电路的设计方法；学会数字电路的调试方法。

2. 设计内容

设计一个三人(用 A、B、C 代表)表决电路。要求 A 具有否决权，即当表决某个提案时，多数人同意且 A 也同意时，提案通过。用与非门实现。

3. 实验内容及步骤

分析设计要求，列出真值表。设 A、B、C 三人表决，同意提案时用 1 表示，不同意时用 0 表示；Y 为表决结果，提案通过用 1 表示，通不过用 0 表示；同时还应考虑 A 具有否决权。

(1) 列出真值表。

(2) 根据真值表，写出逻辑函数表达式。

(3) 将输出逻辑函数简化后，变换为与非表达式。

(4) 据输出逻辑函数画逻辑图。根据上式画出逻辑图。

(5) 在面包板上搭建电路。将输入变量 A、B、C 分别接到数字逻辑开关 K_1(对应信号灯 LED1)、K_2(对应信号灯 LED2)、K_3(对应信号灯 LED3)接线端上，输出端 Y 接到"电位显示"接线端上。将面包板的 U_{cc} 和"地"分别接到+5V 与"地"的接线柱上。检查无误后接通电源。

(6) 改变输入变量 A、B、C 的状态，观察"电位显示"输出端的变化。

4. 实验报告

(1) 写出设计过程。

(2) 整理实验记录表，分析实验结果。

(3) 画出用或非门和非门实现该电路的逻辑图。

8.2 时序逻辑电路设计

1. 设计目的

学会组合逻辑电路的设计方法；学会数字电路的调试方法。

2. 设计内容

设计一个数字钟电路，要求其具有下列功能：

(1) 时、分、秒计数和显示。

(2) "时"计数采用二十四或十二进制。

(3) "分"、"秒"计数均采用 60 进制。

说明：

(1) 秒脉冲信号可以通过数字电路实验箱上的单次脉冲手动实现，也可用连续脉冲自动实现。

(2) 设计时需用到的芯片应及时与实验室沟通，以便准备。

3. 实验内容及步骤

(1) 设计电路并仿真，确认电路正确。

(2) 在实验室进行实物连接。

4. 实验报告

(1) 写出设计过程。

(2) 整理实验记录表，分析实验结果。

8.3 石英晶体振荡器设计

1. 设计目的

熟悉石英振荡器的设计方法。

2. 设计内容

设计一石英振荡器，在输出端得到较稳定且满足频率要求的脉冲信号。

3. 实验内容及步骤

　　按照要求设计电路，确定元器件型号和参数；在面包板上搭建电路，检查无误后通电调试；画出设计电路图、输出信号的波形，并对测试结果进行详细分析。

4. 实验报告

　　(1) 写出设计过程。

　　(2) 整理实验记录表，分析实验结果。

8.4　四路优先判决电路综合实验

1. 设计目的

　　掌握 D 触发器、与非门等数字逻辑基本电路原理及应用；练习分析故障及排除故障能力。

2. 设计内容

　　优先判决电路是通过逻辑电路判断哪一个预定状态优先发生的一个装置，其电路图如图 8-1 所示。可用于智力竞赛抢答及测试反应能力等。$S_1 \sim S_4$ 为抢答人所用的按扭，$LED_1 \sim LED_4$ 为抢答成功显示，同时扬声器发声。

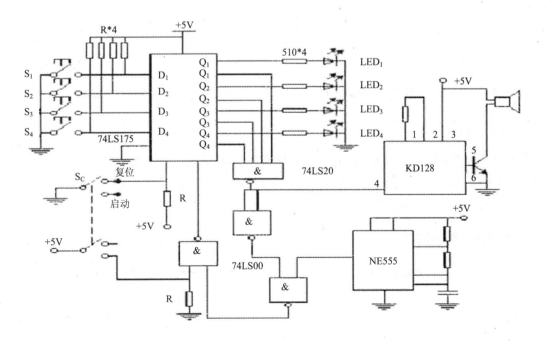

图 8-1　优先判决电路的电路图

工作要求：

(1) 控制开关在"复位"位置时，$S_1 \sim S_4$ 按下无效。

(2) 控制开关打到"启动"位置时：

① $S_1 \sim S_4$ 无人按下时 LED 不亮，扬声器不发声。

② $S_1 \sim S_4$ 有一个人按下，对应 LED 亮，扬声器发声。其余 S 开关再按则无效。

(3) 控制开关 S_c 打到"复位"时，电路恢复等待状态，准备下一次抢答。

3. 实验内容及步骤

(1) 按图正确接线，设计实验步骤。

(2) 按上述工作要求测试电路工作情况。(至少 4 次，即 $S_1 \sim S_4$ 各优先一次)

(3) 分析电路工作状态并测试。如电路工作不正常，自行研究排除故障。

附注：KD128 为门铃音乐集成电路，其 4 脚为高电平时发声，声音有"叮咚"等声。亦可用其他音乐电路或蜂鸣器等作为声响元件。

4. 实验报告

(1) 写出设计过程。

(2) 整理实验记录表，分析实验结果。

8.5 电子校音管综合实验

1. 设计目的

通过实用电路的分析和调试；进一步掌握数字电路实际应用和调节方法。

2. 设计内容

设计一电子校音管，国际标准音 A 的频率为 440Hz，要求频率误差不超过 0.01％，因此，采用晶体振荡器并在一定范围可调节，采用数字分频使输出误差在要求范围之内，经缓冲放大后推动扬声器发声。

3. 实验内容及步骤

本电路能产生 440Hz 的国际标准 A 音，可作为乐队的校音管使用，其电路如图 8-2 所示，是由 12 位二进制串行计数器/分频器 CC4040、六反相缓冲、变换器 CC4049 及三极管 VT 构成的。

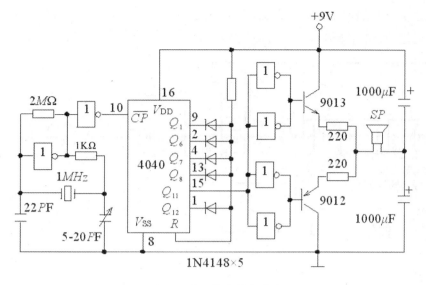

图 8-2　电子校音管电路图

电路中，CC4049 的门 A1 及石英晶体 SJT 等组成振荡器，振荡频率由石英晶体决定，用微调电容 C_2 可进行微调(1MHz±120Hz)。振荡器的输出经门 A_2 整形送至 CC4040 的 $\overline{CP}$ 端。CC4040 的输出端由二极管 V_{D1}~V_{D5} 置成分频系数为 $2^0 + 2^5 + 2^6 + 2^7 + 2^{11} = 2273$，经分频后，在输出端 Q_{11} 上可输出一个 440Hz 的音频信号。440Hz 信号经门电路 A_3~A_4 缓冲和由 V_{T1} 和 V_{T2} 构成的互补推挽输出级放大后，推动小型扬声器 B_L，发出频率为 440Hz 的国际标准音。

功率放大部分可选用其他形式的电路，由学生自行设计完成。

(1) 设计电路，确认电路正确。

(2) 在实验室进行实物连接。

4. 实验报告

(1) 写出设计过程。

(2) 整理实验记录表，分析实验结果。

8.6　示波器多踪显示接口综合实验

1. 设计目的

了解多路模拟开关的工作原理及应用；掌握电路的调试方法及分析能力。

2. 设计内容

转换电路由 NE555 时基振荡器、74LS169 组成的计数器和 MAX309 多路开关等芯片构成，通过 1 个 Y 通道能同时显示多踪信号，电路简单、稳定、可靠，波形显示效果好，便于对信号进行分析和研究，其电路如图 8-3 所示。

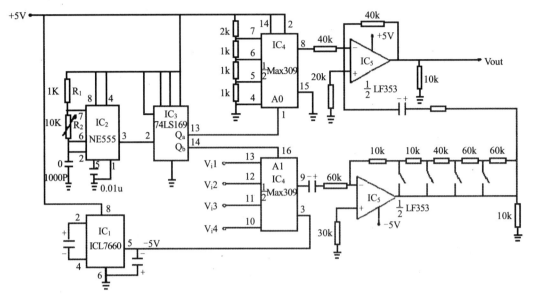

图 8-3   示波器多踪显示接口电路图

本电路采用 555 芯片作为振荡器，其 3 脚输出的方波作为切换电路的控制信号。控制信号直接接在 16 进制的计数器上，作为多路开关的选通信号。

MAX309 为双回路开关芯片，一路为直流通道，另一路为信号通道。两路信号通过加法器后，在示波器水平位置上同时显示四路不同的信号。由于输入信号为交流信号，故使用双电源供电，除保证交流信号正常传输外，同时也扩大了信号输出的动态范围。

外部电源仅需要+5V 的电源电压、+5V 电压输入至 IC1(ICL7660)的 8 脚，在其 5 脚输出-5V 的电压，对多路开关芯片与运放进行供电。IC2(NE555)接成多谐振荡器的形式，产生 35kHz 方波作为 16 进制计数器 IC3(74LS169)的时基信号。取 74LS169 的低两位 Q_a、Q_b，连接到 IC4(MAX309)的 A0、A1 端作为多路开关的选通信号。MAX309 为双回路的模拟开关芯片。其中一路是由 2kΩ、1kΩ、1kΩ、1kΩ 组成的电阻分压网络，分别取出 3V、2V、1V、0V 的直流电压作为信号所要显示波形的直流分量，使其在示波器的不同位置上显示出来。另一路则为信号源的四个输入端，通过 Q_a、Q_b 对四路开关的控制，分别对回路信号进行选通(两路选通信号同步进行)。信号由多路开关输出后，再由运放电路 IC5(LF353)进行放大或衰减处理。信号通过改变反馈电阻 10kΩ、10kΩ、40kΩ、60kΩ、60kΩ 对其进行放大或衰减。用四路波段开关分别选择不同反馈电阻，实现不同增益的控制，最终完成与直流分量重叠相加后输出的目的。

电路焊接完毕后，首先进行外观检查，检查无误后，再进行通电测试。用万用表测 ICL7660 的 5 脚是否为-5V，如果输出正确，进行下一步的测量，否则马上断电，检查是否有短路或电路焊错等问题；用示波器观察 555 输出的波形是否正确，其频率值是否与计算值相同；其次再用示波器观察计数器的 Q_a、Q_b 端的波形是否为 555 时基信号的二分频、四分频，最后观察第一路开关的输出是否为阶梯波信号，台阶数值分别为 0V、1V、2V、3V。然后分别接入 4 路不同的信号，用示波器观察其最终输入波形是否在示波器水平位置上显示出来，改变波段开关即可改变其幅值的大小。

振荡电路与模拟开关电路的分析：

NE555 时基振荡器输出频率的精度，对由 74LS169 所组成计数器的可靠性影响较大。如图 8-3 所示，NE555 组成的时基振荡器产生的振荡周期 $T=0.693(R_1+2R_2)\cdot C$，振荡频率 $f=1/T$，即 $f=1.443/(R_1+2R_2)\cdot C$，输出振荡频率波形的占空比 $D=t_1/T=(R_1+R_2)/(R_1+2R_2)$。

注：t_1 为输出脉冲的持续时间

$$t_1=0.693(R_1+R_2)\cdot C$$

当 $R_2>>R_1$ 时，则 D 约等于 50%，即输出振荡波形为方波。由上述有关公式的推导，得出以下结论：

- 振荡周期与电源电压 V_{DD} 无关，主要取决于充电放电的总时间常数，即仅与 R_1、R_2 和 C 的数值有关。
- 振荡信号的占空比与电容 C 的大小无关，而仅与 R_1、R_2 的大小比值有关。

模拟开关和多路转换器的作用主要用于信号的切换，目前集成模拟电子开关在小信号领域已成为主导产品，与以往的机械触点式电子开关相比，集成电子开关有许多优点，例如，切换速率快、无抖动、耗电省、体积小、工作可靠且容易控制等。但它也有若干缺点，如导通电阻较大、输入电流容量有限、动态范围小等。因而，集成模拟开关主要使用在高速切换、要求系统体积小的场合。在较低的频段上(f<10Hz)，则广泛采用双极晶体管工艺。

选择开关时需要重点注意以下指标：

- 通道数量。集成模拟开关通常包括多个通道，通道数量对传输信号的精度和开关切换速率有直接的影响，通道数量越多，寄生电容和泄漏电流就越大。
- 泄漏电流。一个理想的开关要求导通时电阻为零，断开时电阻趋于无限大，漏电流为零，常规的 CMOS 漏电流约 1nA。如果信号源内阻很高，传输信号是电流量时，就特别需要考虑模拟开关的泄漏电流，一般希望泄漏电流越小越好。
- 导通电阻。导通电阻会损失信号，使精度降低，尤其是当开关串联的负载为低阻抗时损失会更大。因此，导通电阻的一致性越好，系统在采集各路信号时由开关引起的误差也就越小。
- 开关速度。指开关接通或断开的速度。对于需要传输快变化信号的场合，要求模拟开关的切换速度快，同时还应考虑与后级采样保持电路 A/D 转换器的速度相适应，从而以最优的性能价格比来选择器件。

除上述指标外，芯片的电源电压范围也是一个重要参数。它与开关的导通电阻和切换速度等有直接关系，电源电压越高、切换速度越快，导通电阻越小，反之，导通电阻越大。

3. 实验内容及步骤

(1) 设计电路，确认电路正确。

(2) 在实验室进行实物连接。

4. 实验报告

(1) 写出设计过程。

(2) 整理实验记录表，分析实验结果。

第3篇　电子技术实训

第9章　电子技术实训

第9章 电子技术实训

9.1 常用元器件的识别、检测与替换

1. 实训目的

(1) 元器件的检测是电子实训的一项基本功。本实训力求使学生掌握如何准确有效地检测元器件的相关参数，判断元器件是否正常，学会根据不同的元器件采用不同的方法进行检测。

(2) 通过本次实训，要求学生掌握常用电子元器件的识别、检测与替换原则，练习使用万用表测试晶体二极管和三极管。

2. 实训器材

电阻器	不同规格和种类	若干
数字万用表		1块
二极管	2AP9、2CP10	若干
三极管	3DG6、3A×31、9014、9015	若干
不同的色环电阻		10只
电容器	不同规格和种类	若干
变压器		1个

3. 实训原理

(1) 电阻元件

电阻器件是电气、电子设备中用得最多的基本元件之一，主要用于控制和调节电路中的电流和电压，或用作消耗电能的负载。

① 电阻的主要参数

电阻的参数很多，通常考虑标称阻值、允许偏差和额定功率等三项。对有特殊要求的电阻，还要考虑它的温度系数和稳定性、最大工作电压、噪声和高频特性等。

② 电阻的标称值和允许误差

所谓的电阻标称值系列，指的是各个工厂生产的电阻，按国家规定的阻值系列确定，并将阻值标识在电阻上。根据部颁标准 SJ618-73 规定，电阻的标称阻值应为表 9-1 所列数值的 $10n$ 倍，其中 n 为正整数或零。

标称阻值和允许误差的标志法：

1) 直接标志法，将电阻的阻值和误差等级直接用数字和字母印在电阻上。精度等级标Ⅰ或Ⅱ，对Ⅲ级可不标，如图 9-1 所示。

表 9-1　电阻器标称阻值系列

系　　列	允许误差	电阻器的标称值						
E24	Ⅰ级(±5%)	1.0	1.1	1.2	1.3	1.5	1.6	1.8
		2.0	2.2	2.4	2.7	3.0	3.3	3.6
		3.9	4.3	4.7	5.1	5.6	6.2	6.8
		7.5	8.2	9.1				
E12	Ⅱ级(±0%)	1.0	1.2	1.5	1.8	2.2	2.7	3.3
		3.9	4.7	5.6	6.8	8.7		
E6	Ⅲ级(±0%)	1.0	1.5	2.2	3.3	4.7	6.8	

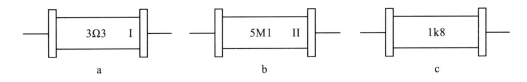

　　　　a　　　　　　　　　　　　　b　　　　　　　　　　　　　c

a. 电阻值为 3.3Ω，允许误差±5%　　b. 电阻值为 5.1MΩ，允许误差±10%

c. 电阻值为 1.8kΩ，允许误差±20%

图 9-1　电阻器阻值和允许误差直标法

2) 色环标志法：色环标志法是将不同颜色的色环画在电阻器上，以标明电阻器的标称阻值和允许误差，如图 9-2 所示。

固定电阻的色环标志读数识别、色环标在电阻体的一端，由左向右排列。一般电阻用 2 位有效数字表示，需 4 个色环，如图 9-2(a)所示。精密电阻用 3 位有效数字表示，需 5 个色环，如图 9-2(b)所示。电阻器色环符号的意义见表 9-2。

表 9-2　电阻器色环符号意义

颜　　色	有效数字第一位数	有效数字第二位数	倍　乘　数	允许误差%
棕	1	1	10^1	±1
红	2	2	10^2	±2
橙	3	3	10^3	
黄	4	4	10^4	
绿	5	5	10^5	±0.5
蓝	6	6	10^6	±0.25

（续表）

颜　色	有效数字第一位数	有效数字第二位数	倍　乘　数	允许误差%
紫	7	7	107	±0.1
灰	8	8	108	20-50
白	9	9	109	
黑	0	0	100	
金			10-1	±5
银			10-2	±10
无色				±20

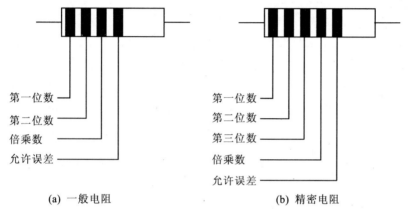

(a) 一般电阻　　　　　　(b) 精密电阻

图 9-2　固定电阻器色环标志读数的识别

用色环标志的电阻，颜色醒目、标志清晰、不退色，从各个方向都能看清阻值和允许误差，使安装、调试和检修电子电器设备十分方便，因此被广泛采用。

3) 五环电阻的第一环的识别

识别五环电阻的第一环的经验方法：

四环电阻的偏差环一般是金或银，一般不会识别错误，而五环电阻则不然，其偏差环有与第一环(有效数字环)相同的颜色，如果读反，识读结果将完全错误。第一环识别如下：

● 偏差环距其他环较远。

● 偏差环较宽。

● 第一环距端部较近。

● 有效数字环无金色、银色。(若从某端环数起第 1、2 环有金色或银色，则另一端环是第一环。)

● 偏差环无橙色、黄色。(若某端环是橙色或黄色，则一定是第一环。)

● 试读：一般成品电阻器的阻值不大于 22MΩ，若试读大于 22MΩ，说明读反。

● 试测。用上述方法还不能识别时可进行试测，但前提是电阻器必须完好。

③ 电阻的额定功率

电阻的额定功率指电阻在直流或交流电路中，长期连续工作所允许消耗的最大功率。电阻的额定功率有两种标志方法：一是 2W 以上的电阻，直接用阿拉伯数字印在电阻体上；

二是 2W 以下的电阻，以自身体积的大小来表示功率。

各种功率的电阻器在电路图中的符号，如图 9-3 所示。

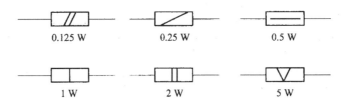

0.125 W   0.25 W   0.5 W

1 W   2 W   5 W

图 9-3   电阻器额定功率符号

电阻的额定功率系列参照表 9-3。

表 9-3   电阻器额定功率系列

名　称	额 定 功 率 (w)					
实芯电阻	0.25	0.5	1	2	5	-
线绕电阻	0.5	1	2	6	10	15
	25	35	50	75	100	150
薄膜电阻器	0.025	0.05	0.125	0.25	0.5	1
	2	5	10	25	50	100

④ 电阻器的检测方法与经验

1) 固定电阻器的检测。

将两表笔(不分正负)分别与电阻的两端引脚相接，即可测出实际电阻值。为了提高测量精度，应根据被测电阻标称值的大小来选择量程。由于欧姆档刻度的非线性关系，它的中间一段分度较为精细，因此应使指针指示值尽可能落到刻度的中段位置，即全刻度起始的 20%～80%弧度范围内，以使测量更准确。根据电阻误差等级不同。读数与标称阻值之间分别允许有±5%、±10%或±20%的误差。如不相符，超出误差范围，则说明该电阻值变值了。

注意：测试时，特别是在测几十 kΩ 以上阻值的电阻时，手不要触及表笔和电阻的导电部分；被检测的电阻从电路中焊下来，至少要焊开一个头，以免电路中的其他元件对测试产生影响，造成测量误差；色环电阻的阻值虽然能以色环标志来确定，但在使用时最好还是用万用表测试一下其实际阻值。

2) 电位器的检测。

检查电位器时，首先要转动旋柄，看看旋柄转动是否平滑，开关是否灵活，开关通、断时"喀哒"声是否清脆，并听一听电位器内部接触点和电阻体摩擦的声音，如有"沙沙"声，说明质量不好。用万用表测试时，先根据被测电位器阻值的大小，选择好万用表的合适电阻档位，然后可按下述方法进行检测。

用万用表的欧姆档测"1"、"2"两端，其读数应为电位器的标称阻值，如万用表的指针不动或阻值相差很多，则表明该电位器已损坏。

检测电位器的活动臂与电阻片的接触是否良好。用万用表的欧姆档测 "1"、"2"(或 "2"、"3")两端，将电位器的转轴按逆时针方向旋至接近 "关" 的位置，这时电阻值越 小越好。再顺时针慢慢旋转轴柄，电阻值应逐渐增大，表头中的指针应平稳移动。当轴柄 旋至极端位置 "3" 时，阻值应接近电位器的标称值。如万用表的指针在电位器的轴柄转动 过程中有跳动现象，说明活动触点有接触不良的故障。

⑤ 电阻器的替换原则

电阻器的替换原则是根据电阻器的基本参数来选定的：一是阻值，在替换时应相同或 相近；二是功率，被选电阻的功率应等于或大于原电阻的功率。

(2) 电容

① 电容在电路中一般用 "C" 加数字表示(如 C13 表示编号为 13 的电容)。电容是由 两片金属膜紧靠、中间用绝缘材料隔开而组成的元件。电容的特性主要是隔直流通交流。 电容器的符号见表 9-4。

电容容量的大小就是表示其储存电能的大小，电容对交流信号的阻碍作用称为容抗， 它与交流信号的频率和电容量有关，容抗 $X_C=1/2\pi fC$(f 表示交流信号的频率，C 表示电容 容量)。常用电容的种类有电解电容、瓷片电容、贴片电容、独石电容、钽电容和涤纶电 容等。

表 9-4　电容器的符号

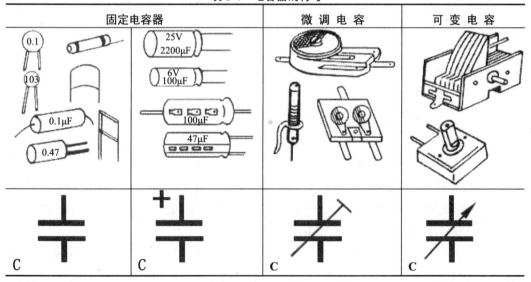

② 识别方法：电容的识别方法与电阻的识别方法基本相同，分直标法、色标法和数 标法 3 种。

电容的基本单位用法拉(F)表示，其他单位还有：毫法(mF)、微法(μF)、纳法(nF)、皮 法(pF)。其中：1 法拉=10^3 毫法=10^6 微法=10^9 纳法=10^{12} 皮法。容量大的电容器，其容量值 在电容上直接标明，即直标法，如 10μF/16V 容量的电容其容量值，在电容器上用字母表 示或数字表示。直标法还可用字母表示：1m=1000μF，1P2=1.2pF，1n=1000pF。色标法是 用色环或色点表示电容器的主要参数，电容器的色标法与电阻相同，是用某种颜色代表某个数码。颜色黑、棕、红、橙、黄、绿、蓝、紫、灰和白分别代表 0、1、2、3、4、5、6、7、8 和 9。沿着引线方向，第一、二种颜色代表的数码表示容量的有效数字，第三种颜色代表的数码则表示有效数字后面添加的 "0" 数，其单位也是 pF。如沿着引线方向，第一色环的颜色为棕，第二色环的颜色为黄，则其数码为 104，即 0.1μF。数字表示法一般是用三位数字表示容量大小，前两位表示有效数字，第三位数字是倍率，如：102 表示 $10×10^2$pF=1000pF，224 表示 $22×10^4$pF=0.22μF。

电容容量误差表符号 F、G、J、K、L、M 分别表示允许误差为 ±1%、±2%、±5%、±10%、±15%、±20%，如：一瓷片电容为 104J，表示容量为 0.1 μF、误差为 ±5%。

③ 电容器的检测方法

1) 固定电容器的检测

- 检测 10pF 以下的小电容，因 10pF 以下的固定电容器容量太小，用万用表进行测量，只能定性地检查其是否有漏电、内部短路或击穿现象。测量时，可选用万用表 R×10k 档，用两表笔分别任意接电容的两个引脚，阻值应为无穷大。若测出阻值(指针向右摆动)为零，则说明电容漏电损坏或内部击穿。

- 检测 10PF～0.01μF 固定电容器是否有充电现象，进而判断其好坏。万用表选用 R×1k 档。两只三极管的 β 值均为 100 以上，且穿透电流要小。可选用 3DG6 等型号硅三极管组成复合管。万用表的红和黑表笔分别与复合管的发射极 e 和集电极 c 相接。由于复合三极管的放大作用，把被测电容的充放电过程予以放大，使万用表指针摆幅度加大，从而便于观察。应注意的是：在测试操作时，特别是在测较小容量的电容时，要反复调换被测电容引脚接触 A、B 两点，才能明显地看到万用表指针的摆动。

- 对于 0.01μF 以上的固定电容，可用万用表的 R×10k 档直接测试电容器有无充电过程以及有无内部短路或漏电，并可根据指针向右摆动的幅度大小估计出电容器的容量。

2) 电解电容器的检测

- 因为电解电容的容量较一般固定电容大得多，所以，测量时，应针对不同容量选用合适的量程。根据经验，一般情况下，1～47μF 间的电容，可用 R×1k 档测量，大于 47μF 的电容可用 R×100 档测量。

- 将万用表红表笔接负极、黑表笔接正极，在刚接触的瞬间，万用表指针即向右偏转较大偏度(对于同一电阻档，容量越大，摆幅越大)，接着逐渐向左回转，直到停在某一位置。此时的阻值便是电解电容的正向漏电阻，此值略大于反向漏电阻。实际使用经验表明，电解电容的漏电阻一般应在几百 kΩ 以上，否则，将不能正常工作。在测试中，若正向、反向均无充电的现象，即表针不动，则说明容量消失或内部断路；如果所测阻值很小或为零，说明电容漏电大或已被击穿损坏，不能再使用。

- 对于正、负极标志不明的电解电容器，可利用上述测量漏电阻的方法加以判别。即先任意测一下漏电阻，记住其大小，然后交换表笔再测出一个阻值。两次测量中阻值大的那一次便是正向接法，即黑表笔接的是正极、红表笔接的是负极。

● 使用万用表电阻档，采用给电解电容进行正、反向充电的方法，根据指针向右摆动幅度的大小，可估测出电解电容的容量。

3) 可变电容器的检测

● 用手轻轻旋动转轴，应感觉十分平滑，不应感觉有时松时紧甚至有卡滞的现象。将载轴向前、后、上、下、左、右等各个方向推动时，转轴不应有松动的现象。

● 用一只手旋动转轴，另一只手轻摸动片组的外缘，不应感觉有任何松脱的现象。转轴与动片之间接触不良的可变电容器，是不能再继续使用的。

● 将万用表置于 R×10k 档，一只手将两个表笔分别接可变电容器的动片和定片的引出端，另一只手将转轴缓缓旋动几个来回，万用表指针都应在无穷大位置不动。在旋动转轴的过程中，如果指针有时指向零，说明动片和定片之间存在短路点，如果碰到某一角度，而万用表读数不为无穷大而是出现一定阻值，则说明可变电容器动片与定片之间存在漏电现象。

● 电容器的替换原则：电容的替换也是依据电容的基本参数来确定的。它主要是电容的容量值和耐压值。容量值要与原电容容量相同或相近，耐压值要等于或高于原电容的耐压值。

(3) 电感器、变压器检测方法

电感在电路中常用"L"加数字表示，如：L6 表示编号为 6 的电感。电感线圈是将绝缘的导线在绝缘的骨架上绕一定的圈数制成。直流可通过线圈，直流电阻就是导线本身的电阻，压降很小；当交流信号通过线圈时，线圈两端将会产生自感电动势，自感电动势的方向与外加电压的方向相反，阻碍交流的通过，所以电感的特性是通直流、阻交流，频率越高，线圈阻抗越大。电感在电路中可与电容组成振荡电路。电感一般有直标法和色标法，色标法与电阻类似，如：棕、黑、金，金表示 $1\mu H$(误差 5%)的电感。

电感的基本单位为：亨(H)，换算单位有：$1H=10^3 mH=10^6 \mu H$。

① 色码电感器的的检测

将万用表置于 R×1 档，红、黑表笔各接色码电感器的任一引出端，此时指针应向右摆动。根据测出的电阻值大小，可具体分下述情况进行鉴别：

1) 被测色码电感器电阻值为零，其内部有短路性故障。

2) 被测色码电感器直流电阻值的大小与绕制电感器线圈所用的漆包线径、绕制圈数有直接关系，只要能测出电阻值，则可认为被测色码电感器是正常的。

② 中周变压器的检测

1) 将万用表拨至 R×1 档，按照中周变压器的各绕组引脚排列规律，逐一检查各绕组的通断情况，进而判断其是否正常。

2) 检测绝缘性能

将万用表置于 R×10k 档，做如下几种状态测试：

● 初级绕组与次级绕组之间的电阻值；

● 初级绕组与外壳之间的电阻值；

- 次级绕组与外壳之间的电阻值。

上述测试结果分出现三种情况：

- 阻值为无穷大：正常；

- 阻值为零：有短路性故障；

- 阻值小于无穷大，但大于零：有漏电性故障。

③ 电源变压器的检测

1) 通过观察变压器的外貌来检查其是否有明显异常现象。如线圈引线是否断裂、脱焊，绝缘材料是否有烧焦痕迹，铁心紧固螺杆是否有松动，硅钢片有无锈蚀，绕组线圈是否有外露等。

2) 绝缘性测试。用万用表 R×10k 档分别测量铁心与初级，初级与各次级、铁心与各次级、静电屏蔽层与次级、次级各绕组间的电阻值，万用表指针均应指在无穷大位置不动。否则，说明变压器绝缘性能不良。

3) 线圈通断的检测。将万用表置于 R×1 档，测试中，若某个绕组的电阻值为无穷大，则说明此绕组有断路性故障。

4) 判别初、次级线圈。电源变压器初级引脚和次级引脚一般都是分别从两侧引出的，并且初级绕组多标有 220V 字样，次级绕组则标出额定电压值，如 15V、24V、35V 等，再根据这些标记进行识别。

5) 空载电流的检测。

- 直接测量法。将次级所有绕组全部开路，把万用表置于交流电流档(500mA，串入初级绕组。当初级绕组的插头插入 220V 交流市电时，万用表所指示的便是空载电流值。此值不应大于变压器满载电流的 10%～20%。一般常见电子设备电源变压器的正常空载电流应在 100mA 左右。如果超出太多，则说明变压器有短路性故障。

- 间接测量法。在变压器的初级绕组中串联一个 10KΩ/5W 的电阻，次级仍全部空载。把万用表拨至交流电压档。加电后，用两表笔测出电阻 R 两端的电压降 U，然后用欧姆定律算出空载电流 $I_空$，即 $I_空 = U/R$。

6) 空载电压的检测。将电源变压器的初级接 220V 市电，用万用表交流电压接依次测出各绕组的空载电压值(U_{21}、U_{22}、U_{23}、U_{24})应符合要求值，允许误差范围一般为：高压绕组≤±10%，低压绕组≤±5%，带中心抽头的两组对称绕组的电压差应≤±2%。

7) 一般小功率电源变压器允许温升为 40℃～50℃，如果所用绝缘材料质量较好，允许温升还可提高。

8) 检测判别各绕组的同名端。在使用电源变压器时，有时为了得到所需的次级电压，可将两个或多个次级绕组串联起来使用。采用串联法使用电源变压器时，参加串联的各绕组的同名端必须正确连接，不能搞错。否则，变压器不能正常工作。

9) 电源变压器短路性故障的综合检测判别。电源变压器发生短路性故障后的主要症状是，发热严重和次级绕组输出电压失常。通常，线圈内部匝间短路点越多，短路电流就越大，变压器发热就越严重。检测判断电源变压器是否有短路性故障的简单方法是测量空载电流。存在短路故障的变压器，其空载电流值将远大于满载电流的 10%。当短路严重时，变压器在空载加电后几十秒钟之内便会迅速发热，用手触摸铁心会有烫手的感觉。此时，不用测量空载电流便可断定变压器有短路点存在。

(4) 晶体二极管

晶体二极管的符号见表 9-5。

表 9-5　晶体二极管的符号

检波二极管	整流二极管	发光二极管	光电二极管
	2CP10 / 1N4001		

二极管的检测方法与经验：

① 判别正、负电极

● 观察外壳上的的符号标记。通常在二极管的外壳上标有二极管的符号，带有三角形箭头的一端为正极，另一端是负极。

二极管的识别很简单，小功率二极管的 N 极(负极)，在二极管外表大多采用一种色圈标出来，有些二极管也用二极管专用符号来表示 P 极(正极)或 N 极(负极)，也有采用符号标志为 "P"、"N" 来确定二极管极性的。发光二极管的正负极可从引脚长短来识别，长脚为正，短脚为负。

● 观察外壳上的色点。在点接触二极管的外壳上，通常标有极性色点(白色或红色)。一般标有色点的一端即为正极。还有的二极管上标有色环，带色环的一端则为负极。

● 以阻值较小的一次测量为准，黑表笔所接的一端为正极，红表笔所接的一端则为负极。

② 判断性能

选用 R×100 或 R×1k 档，用红表笔接二极管的一端，黑表笔接二极管的另一端，记下此时的电阻值。

把万用表表笔对调，记下另一个电阻值，如图 9-4 所示。

比较两个阻值。如果两个阻值中，一个阻值大，在几十千欧至几百千欧以上，一个阻值小，在几十至几百欧左右，则表明该二极管是好管。两阻值之间的差别越大，说明管子的性能越好。

如果其两阻值为 0，则管子内部已短路；如果其两阻值极大，甚至为无穷大，则管子内部已断路。

硅管的正反向电阻值一般都比锗管大，如果用 R×100 档测其正向电阻 500Ω 至 1kΩ 之间，则为锗管，若其正向电阻在几千欧至几十千欧之间，则为硅二极管。

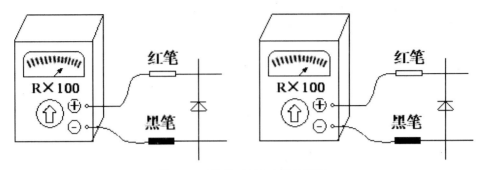

图 9-4　硅管的正反向电阻检测图

- 检测最高工作频率 f_M。晶体二极管工作频率，除了可从有关特性表中查阅出外，实际中还常常用眼睛观察二极管内部的触丝来加以区分，如点接触型二极管属于高频管，面接触型二极管多为低频管。另外，也可以用万用表 R×1k 档进行测试，一般正向电阻小于 $1k\Omega$ 的多为高频管。
- 检测最高反向击穿电压 V_{RM}。对于交流电来说，因为不断变化，因此最高反向工作电压也就是二极管承受的交流峰值电压。需要指出的是，最高反向工作电压并不是二极管的击穿电压。一般情况下，二极管的击穿电压要比最高反向工作电压高得多(约高一倍)。
- 稳压二极管在电路中常用"ZD"加数字表示，如：ZD5 表示编号为 5 的稳压管。

稳压二极管的稳压原理：稳压二极管的特点就是击穿后，其两端的电压基本保持不变。这样，当把稳压管接入电路以后，若由于电源电压发生波动或其他原因造成电路中各点电压变动时，负载两端的电压将基本保持不变。

故障特点：稳压二极管的故障主要表现在开路、短路和稳压值不稳定。在这 3 种故障中，前一种故障表现出电源电压升高；后两种故障表现为电源电压变低到零伏或输出不稳定。

常用稳压二极管的型号及稳压值如表 9-6 所示。

表 9-6　常用稳压二极管的型号及稳压值

型　号	1N47 28	1N47 29	1N47 30	1N47 32	1N47 33	1N47 34	1N47 35	1N47 44	1N47 50	1N47 51	1N47 61
稳压值	3.3V	3.6V	3.9V	4.7V	5.1V	5.6V	6.2V	15V	27V	30V	75V

(5) 晶体三极管

晶体三极管在电路中常用"Q"加数字表示，如：Q17 表示编号为 17 的三极管。

① 特点：晶体三极管(简称三极管)是内部含有 2 个 PN 结，并且具有放大能力的特殊器件。它分 NPN 型和 PNP 型两种类型，这两种类型的三极管从工作特性上可互相弥补，所谓 OTL 电路中的对管就是由 PNP 型和 NPN 型配对使用。电话机中常用的 PNP 型三极管有：A92、9015 等型号；NPN 型三极管有：A42、9014、9018、9013、9012 等型号。三

极管的型号如图 9-5 所示。

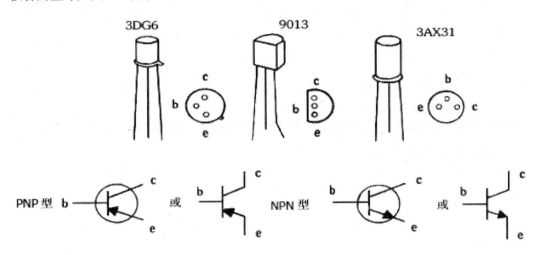

图 9-5　三极管的型号

三极管的参数如表 9-7 所示。

表 9-7　常用中小功率三极管参数表

型　　号	材料与极性	Pcm(W)	Icm(mA)	BVcbo(V)	ft(MHz)
3DG6C	SI-NPN	0.1	20	45	>100
3DG7C	SI-NPN	0.5	100	>60	>100
3DG12C	SI-NPN	0.7	300	40	>300
3DG111	SI-NPN	0.4	100	>20	>100
3DG112	SI-NPN	0.4	100	60	>100
3DG130C	SI-NPN	0.8	300	60	150
3DG201C	SI-NPN	0.15	25	45	150
C9011	SI-NPN	0.4	30	50	150
C9012	SI-PNP	0.625	−500	−40	
C9013	SI-NPN	0.625	500	40	
C9014	SI-NPN	0.45	100	50	150
C9015	SI-PNP	0.45	−100	−50	100
C9016	SI-NPN	0.4	25	30	620
C9018	SI-NPN	0.4	50	30	1.1G
C8050	SI-NPN	1	1.5A	40	190
C8580	SI-PNP	1	−1.5A	−40	200
2N5551	SI-NPN	0.625	600	180	
2N5401	SI-PNP	0.625	−600	160	100
2N4124	SI-NPN	0.625	200	30	300

② 三极管的检测方法与经验

1) 中、小功率三极管的检测

用万用表电阻档测晶体管，是利用万用表的电源，此时黑表笔为电源正极、红笔为负极。用万用表电阻档测晶体管，主要选择 R×100 或 R×1k 档，因为这时 Ro 较大，流过的电流较小，可避免损坏晶体管。选用 R×10k 档，此时万用表电源电压较高(Eo=9～15V)，采用 R×1 档，电流较大，都易损坏晶体管。

已知型号和管脚排列的三极管，可按下述方法来判断其性能好坏。

(a) 测量极间电阻。

将万用表置于 R×100 或 R×1k 档，按照红、黑表笔的六种不同接法进行测试。其中，发射结和集电结的正向电阻值比较低，其他四种接法测得的电阻值都很高，约为几百千欧至无穷大。但不管是低阻还是高阻，硅材料三极管的极间电阻要比锗材料三极管的极间电阻大得多。

(b) 三极管的穿透电流 I_{ceo} 的数值近似等于管子的倍数 β 和集电结的反向电流 I_{cbo} 的乘积。

I_{cbo} 随着环境温度的升高而增长很快，I_{cbo} 的增加必然造成 I_{ceo} 的增大。而 I_{ceo} 的增大将直接影响管子工作的稳定性，所以在使用中应尽量选用 I_{ceo} 小的管子。

通过用万用表电阻直接测量三极管 e－c 极之间的电阻方法，可间接估计 I_{ceo} 的大小，具体方法如下：

万用表电阻的量程一般选用 R×100 或 R×1k 档，如图 9-6 所示。对于 PNP 管，黑表管接 e 极，红表笔接 c 极；对于 NPN 型三极管，黑表笔接 c 极，红表笔接 e 极。要求测得的电阻越大越好。e－c 间的阻值越大，说明管子的 I_{ceo} 越小；反之，所测阻值越小，说明被测管的 I_{ceo} 越大。一般说来，中、小功率硅管、锗材料低频管，其阻值应分别在几百千欧、几十千欧及十几千欧以上，如果阻值很小或测试时万用表指针来回晃动，则表明 I_{ceo} 很大，管子的性能不稳定。

图 9-6　测三极管的示意图

(c) 测量放大能力(β)。

目前有些型号的万用表具有测量三极管 hFE 的刻度线及其测试插座，可以很方便地测量三极管的放大倍数。将万用表红、黑表笔短接，调整调零旋钮，使万用表指针指示为零，然后将量程开关拨到 hFE 位置，并使两短接的表笔分开，把被测三极管插入测试插座，即可从 hFE 刻度线上读出管子的放大倍数，如图 9-7 所示。

另外，有些型号的中、小功率三极管，生产厂家直接在其管壳顶部标示出不同色点来表明管子的放大倍数 β 值。但要注意，各厂家所用色标并不一定完全相同。

直流放大系数的估计：

选用或 k 档，测 c、e 两端的电阻为 R_1；

在 "b" 极和 "c" 极之间接入 91kΩ 电阻，测 c、e 两端的电阻为 R_2；

比较 R_1、R_2 的阻值，两者差别愈大，说明管子的 β 值愈大。

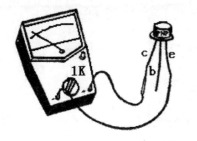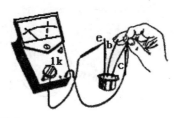

图 9-7　放大能力的测量

检测判别电极

(a) 判定基极

用万用表 R×100 或 R×1k 档测量三极管三个电极中每两个极之间的正、反向电阻值。当用第一根表笔接某一电极，而第二表笔先后接触另外两个电极均测得低阻值时，则第一根表笔所接的那个电极即为基极 b。这时，要注意万用表表笔的极性。如果红表笔接的是基极 b，黑表笔分别接在其他两极时，测得的阻值都较小，则可判定被测三极管为 PNP 型管；如果黑表笔接的是基极 b，红表笔分别接触其他两极时，测得的阻值较小，则被测三极管为 NPN 型管。如图 9-8 所示。

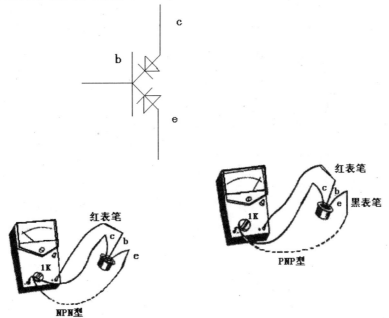

图 9-8　三极管电极测试图

(b) 判断 c、e 极

对于 PNP 型管，先假设其一极为 c 极，把红表笔接在假设的 c 极上，黑表笔接 e 极，在 b 极和 c 极之间接入 91kΩ 电阻(或用手捏住 b 极和 c 极，但不能相碰)。这样是为了在 bc 间接入偏置电阻，给三极管的基极加上一正向电流，使三极管导通。记下此时的阻值，然后将红、黑表笔对换重测，也记下其阻值。比较两次阻值的大小，哪次阻值小，说明哪次假设是正确的，则该次红表笔所接是 c 极。反之，对于 NPN 型管，黑表笔所接是 c 极。因为 c、e 间电阻小，说明流过万用表的电流大，偏置正常。如图 9-9 所示。

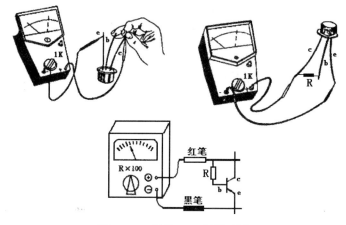

图 9-9　三极管 c、e 极测试图

2) 大功率晶体三极管的检测

利用万用表检测中、小功率三极管的极性、管型及性能的各种方法，对检测大功率三极管基本适用。但是，由于大功率三极管的工作电流比较大，因而其 PN 结的面积也较大。PN 结较大，其反向饱和电流也必然增大。所以，若像测量中、小功率三极管极间电阻那样，使用万用表的 R×1k 档测量，必然测得的电阻值很小，好像极间短路一样，所以通常使用 R×10 或 R×1 档检测大功率三极管。如图 9-10 所示。

用万用表 R×1k 档测试

测试电容器

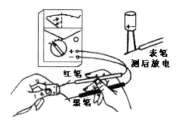

测量容量较大的电容器(5000P 以上)，万用表指针将迅速右摆，后再逐渐返回左端，指针停止时所指电阻值为此电容绝缘电阻。绝缘电阻越大越好，一般应接近∞。若指针不动，电容器已断路，摆动后不返回，电容器漏电严重，均不能使用。较小容量(5000P 以下)电容测试时，表针基本不动

电解电容器是有极性的。电容测试时，应用红笔接电解电容器负极、黑笔接正极。电容量越大，表针摆动越大。每次测量后，应将电容器两端短接，以将电容器上所充电荷放掉

测试晶体二极管

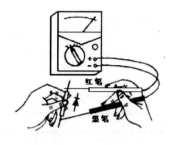

测量二极管正向电阻。阻值越小越好

测量二极管反向电阻。阻值越大越好

测试晶体三极管

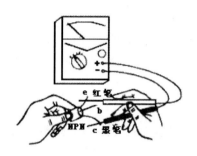

测三极管穿透电流。NPN 型管的连接
如图所示(PNP 型表笔对调)，c、e 极间
电阻应很大，此电阻值越大，三极管
穿透电流越小，工作稳定性越好。若
手握此管时，电阻值逐渐减小，则三
极管稳定性很差

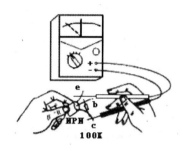

测三极管放大能力。在前项测量基础
上，在三极管 c、b 两极间加一个 100kΩ
电阻，则表针应向右摆动，摆动角度
越大，三极管放大倍数越大。(若无电
阻，也可用左手同时捏住 b、c 两极以
人体电阻代替)

图 9-10　万用表测试说明

4. 实训内容及步骤

(1) 认识不同规格和种类的电阻器，读出电阻器的标称阻值和误差。

(2) 认识不同规格和种类的电容器，读出电容器的标称电容量和误差。

① 将万用表调整好，置于 R×1k 档。调整欧姆档零位调整旋钮进行调零。

② 测量 1000PF、0.1μF、1μF 三只电容器的绝缘电阻。并观察万用表指针的摆动情况，
记录在表 9-8 中。(测量时练习用右手单手持表笔，左手拿电容器)

③ 测量 10μF、100μF 电解电容器绝缘电阻，并观察表针的摆动情况(注意正负表笔的
正确接法，每次测试后应将电容器放电)。记录在表 9-8 中。

表 9-8　测量情况记录表

	绝　缘　电　阻	表针摆动情况
1000P		
0.1μ		

(续表)

	绝 缘 电 阻	表针摆动情况
1μ		
10μ		
100μ		

(3) 将 10 只色环电阻插在硬纸板上，观察色环颜色，写出各电阻的标称值和误差。

① 将 10 只电阻插在硬纸板上。根据电阻上的色环，写出它们的标称值。

② 将万用表按要求调整好，并置于 R×100 档，调整欧姆档零位调整旋钮进行调零。

③ 分别测量 10 只电阻。将测量值写在电阻旁。测量时注意读数应乘倍率。

④ 若测量时指针偏角太大或太小，应换档后再测。换档后，应再次调零才能使用。

⑤ 相互检查。10 只电阻中，你测量正确的有几只？将测量值和标称值相比较，以了解各电阻的误差。

⑥ 按要求收好万用表。

(4) 检测变压器一次绕组、二次绕组是否正常；对电源变压器的原边、副边，高低压侧进行识别；检查变压器各绝缘性能。

(5) 测试二极管记录。

将记录结果保存在表 9-9 中。

表 9-9　测量二级管记录表

	正 向 电 阻	反 向 电 阻
2AP9		
2CP10		

根据实验的记录，想一想，什么样的晶体二极管质量较好？

(6) 测试晶体三极管。

① 使用万用表检测三极管的三个极。

② 测 c、e 两极之间电阻。注意表笔接法(NPN 型三极管：黑笔接 c，红笔接 e。PNP 型三极管相反)此值应较大(大于几百千欧)。同时，用手握住管壳，使其升温，这时，电阻值要变小，变化越大，三极管稳定性越差。

③ 在上一步基础上，在 b、c 两极间加接 100kΩ 电阻(也可用手同时捏住 b、c 两极)，观察表针右摆幅度，表针向右摆动幅度越大，三极管放大能力越大。将测试情况记录在表 9-10 中。

表 9-10　测试三极管记录

型　号	管　型	ce 电阻	稳 定 性	bc 间接电阻表针摆动情况	放 大 能 力
3DG6	NPN				
3A×31	PNP				

5. 实训思考题

(1) 常用电子元器件的识别、测量？

(2) 常用电子元器件的功用及替换原则？

(3) 用万用表测试常用电子元件的方法？

9.2 电子元器件焊接

1. 实训目的

(1) 掌握焊接的基本知识和基本技能，是衡量学生掌握电子技术基本技能的一个重要项目，也是学生参加工作所必须掌握的技能。

(2) 通过本次实训，要求学生基本掌握电子元器件的焊接知识和锡焊工艺。

2. 实训器材

20W 内热式电烙铁	1 个
红、黑色软芯塑料导线	各 2 根
100Ω 固定电阻器	1 个
470Ω 电位器	1 只
发光二极管	1 只

3. 实训原理

(1) 焊接的基本知识

焊接是电子产品装配过程中的一个重要步骤，每一个焊接点的质量都关系着整个电子产品的质量，它要求每一个焊接点都有一定的机械强度和良好的电器性能，所以它是保证产品质量的关键环节。

焊接是将加热熔化的液态锡铅焊料，在助焊剂的作用下，使被焊接物和印刷板上的铜箔连接在一起，成为牢固的焊点。要完成一个良好的焊点，主要取决于以下几点：

① 被焊的金属材料应具有良好的可焊性

铜的导电性能良好且易于焊接，所以常用铜制作元件的引脚、导线及印刷板上的接点。

② 被焊的金属表面要保证清洁

被焊的金属表面上一旦生成氧化物或有污垢，就会严重阻碍焊点的形成。

③ 使用合适的助焊剂

助焊剂是一种略带酸性的易熔物质，它在焊接过程中起清除被焊金属表面上的氧化物和污垢的作用。

④ 焊接过程要有一定的时间和温度，焊接时间一般不要超过 3 秒。时间过长则易损

坏被焊元件，但时间过短则容易形成虚焊和假焊。

焊点的质量检查标准，可从焊点外观和焊点的机械强度与电气性能等方面进行检查：主要看焊点的光亮度，被焊接处用锡量的多少，焊点的形状有无毛刺、气泡，焊点有无虚焊，有无两个焊点桥连等。

(2) 焊接工具的使用

电烙铁是最常用的手工焊接工具之一，被广泛用于各种电子产品的生产与维修。

① 电烙铁的种类

常见的电烙铁有内热式、外热式、恒温式、吸锡式等形式。

1) 内热式电烙铁

内热式电烙铁主要由发热元件、烙铁头、连接杆以及手柄等组成，它具有发热快、体积小、重量轻、效率高等特点，因而得到普遍应用。

常用的内热式电烙铁的规格有 20W、35W、50W 等。20W 烙铁头的温度可达 350℃左右。电烙铁的功率越大，烙铁头的温度就越高。焊接集成电路、一般小型元器件，选用 20W 内热式电烙铁即可。使用的电烙铁功率过大，容易烫坏元件(二极管和三极管等半导体元器件，当温度超过 200℃就会烧毁)和使印刷板上的铜箔线脱落；电烙铁的功率太小，不能使被焊接物充分加热而导致焊点不光滑、不牢固，易产生虚焊。

2) 外热式电烙铁

外热式电烙铁由烙铁心、烙铁头、手柄等组成。烙铁芯由电热丝绕在薄云母片和绝缘筒上制成。

外热式电烙铁常用的规格有 25W、45W、75W、100W 等。当被焊接物较大时，常使用外热式电烙铁。它的烙铁头可以被加工成各种形状，以适应不同焊接面的需要。

3) 恒温电烙铁

恒温电烙铁是用电烙铁内部的磁控开关来控制烙铁的加热电路，使烙铁头保持恒温。磁控开关的软磁铁被加热到一定的温度时，便失去磁性，使触点断开，切断电源。恒温烙铁也有用热敏元件来测温，以控制加热电路而使烙铁头保持恒温。

4) 吸锡烙铁

吸锡烙铁是拆除焊件的专用工具，可将焊接点上的焊锡吸除，使元件的引脚与焊盘分离。操作时，先将烙铁加热，再将烙铁头放到焊点上，待熔化焊接点上的焊锡后，按动吸锡开关，即可将焊点上的焊锡吸掉，有时这个步骤要进行几次才行。

② 电烙铁的使用

1) 安全检查

使用前，先用万用表检查烙铁的电源线有无短路和开路、烙铁是否漏电，电源线的装接是否牢固，螺丝是否松动，在手柄上的电源线是否被螺丝顶紧，电源线的套管有无破损。

2) 新烙铁头的处理

新买的烙铁一般不能直接使用，要先将烙铁头进行"上锡"后方能使用。"上锡"的具体操作方法是：将电烙铁通电加热，用锉刀将烙铁头上的氧化层锉掉，当烙铁头能熔化焊锡时，在其表面熔化带有松香的焊锡，直至烙铁头表面薄薄地镀上一层锡为止。

3) 使用注意事项

旋转烙铁柄盖时，不可使电线随着柄盖扭转，以免将电源线接头部位造成短路。烙铁在使用过程中不要敲击，烙铁头上过多的焊锡不得随意乱甩，要在松香或软布上擦除。烙铁在使用一段时间后，应当将烙铁头取出，除去外表氧化层。取烙铁头时切勿用力扭动，以免损坏烙铁心。

③ 电烙铁要用 220V 交流电源，使用时要特别注意安全。

应认真做到以下几点：

- 电烙铁插头最好使用三极插头，要使外壳妥善接地。
- 使用前，应认真检查电源插头、电源线有无损坏，并检查烙铁头是否松动。
- 电烙铁使用中，不能用力敲击，要防止跌落。烙铁头上焊锡过多时，可用布擦掉，不可乱甩，以防烫伤他人。
- 焊接过程中，烙铁不能到处乱放。不焊时，应放在烙铁架上。注意电源线不可搭在烙铁头上，以防烫坏绝缘层而发生事故。
- 使用结束后，应及时切断电源，拔下电源插头。冷却后，再将电烙铁收回工具箱。

(3) 其他焊接工具

① 尖嘴钳

它的主要作用是在连接点上夹持导线、元件引线，以及对元件引脚成型。使用时要注意：不允许用尖嘴钳装卸螺母、夹较粗的硬金属导线及其他硬物。尖嘴钳的塑料手柄破损后严禁带电操作。尖嘴钳头部是经过淬火处理的，不要在锡锅或高温地方使用。

② 偏口钳

又称斜口钳、剪线钳，主要用于切断导线，剪掉元器件过长的引线。不要用偏口钳剪切螺钉和较粗的钢丝，以免损坏钳口。

③ 镊子

其主要用途是摄取微小器件；在焊接时，可用镊子夹持被焊件，以防止其移动和帮助散热；有的元件引脚上套的塑料管在焊接时会遇热收缩，也可用镊子将套管向外推动使之恢复到原来位置；它还可用来在装配件上缠绕较细的线材，以及用来夹持蘸有汽油或酒精的小团棉纱以清洗焊点上的污物。

④ 旋具

又称改锥或螺丝刀，分为十字旋具和一字旋具，主要用于拧动螺钉及调整元器件的可调部分。

⑤ 小刀

主要用来刮去导线和元件引线上的绝缘物和氧化物，使之易于上锡。

(4) 焊料和焊剂

① 焊料

焊料是指易熔金属及其合金，它能使元器件引线与印刷电路板的连接点连接在一起。焊料的选择对焊接质量有很大的影响。在锡(Sn)中加入一定比例的铅(Pb)和少量其他金属，可制成熔点低、抗腐蚀性好、对元件和导线的附着力强、机械强度高、导电性好、不易氧化、抗腐蚀性好、焊点光亮美观的焊料，故焊料常称做焊锡。

1) 焊锡的种类及选用

焊锡按其组成的成分可分为锡铅焊料、银焊料、铜焊料等，熔点在 450℃以上的称为硬焊料，450℃以下的称为软焊料。锡铅焊料的材料配比不同，性能也不同。在电子产品的焊接中，一般采用 Sn62.7%+Pb37.3%配比的焊料，其优点是熔点低、结晶时间短、流动性好、机械强度高。

2) 焊锡的形状

常用的焊锡有五种形状：

- 块状(符号：I)；
- 棒状(符号：B)；
- 带状(符号：R)；
- 丝状(符号：W)；
- 粉末状(符号：P)。

块状及棒状焊锡用于浸焊、波峰焊等自动焊接机。丝状焊锡主要用于手工焊接。

焊锡丝的直径(单位为 mm)有 0.5、0.8、0.9、1.0、1.2、1.5、2.0、2.3、2.5、3.0、4.0、5.0 等；

② 焊剂

根据焊剂的作用不同可分为助焊剂和阻焊剂两大类。

1) 助焊剂

在锡铅焊接中助焊剂是一种不可缺少的材料，它有助于清洁被焊面，防止焊面氧化，增加焊料的流动型，使焊点易于成型。常用助焊剂分为：无机助焊剂、有机助焊剂和树脂助焊剂。焊料中常用的助焊剂是松香，在要求较高的场合下，使用新型助焊剂——氧化松香。

对焊接中的助焊剂要求：

- 常温下必须稳定，其熔点要低于焊料，在焊接过程中焊剂要具有较高的活化性、较低的表面张力，受热后能迅速而均匀地流动。
- 不产生有刺激性的气体和有害气体，不导电，无腐蚀性，残留物无副作用，施焊后的残留物易于清洗。

使用助焊剂时应注意：

当助焊剂存放时间过长时，会使助焊剂活性变坏而不宜于适用。常用的松香助焊剂在温度超过 60℃时，绝缘性会下降，焊接后的残渣对发热元件有较大的危害，故在焊接后要清除助焊剂残留物。

几种助焊剂简介：

- 松香酒精助焊剂

这种助焊剂是将松香融于酒精之中，重量比为 1∶3。

- 消光助焊剂

这种助焊剂具有一定的浸润性，可使焊点丰满，防止搭焊、拉尖，还具有较好的消光作用。

- 中性助焊剂

这种助焊剂适用于锡铅料对镍及镍合金、铜及铜合金、银和白金等的焊接。

- 波峰焊防氧化剂

它具有较高的稳定性和还原能力，在常温下呈固态，在 80℃以上呈液态。

2) 阻焊剂

阻焊剂是一种耐高温的涂料，可使焊接只在所需要焊接的焊点上进行，而将不需要焊接的部分保护起来，以防止焊接过程中的桥连，减少返修，节约焊料，使焊接时印刷板受到的热冲击小，板面不易起泡和分层。阻焊剂的种类有热固化型阻焊剂、光敏阻焊剂及电子束辐射固化型阻焊剂等几种，目前常用的是光敏阻焊剂。

(5) 焊接

① 焊接原理

目前电子元器件的焊接主要采用锡焊技术。

锡焊技术采用以锡为主的锡合金材料作焊料，在一定温度下焊锡熔化，金属焊件与锡原子之间相互吸引、扩散、结合，形成浸润的结合层。外表看来，印刷板铜铂及元器件引线都是很光滑的，实际上它们的表面都有很多微小的凹凸间隙，熔流态的锡焊料借助于毛细管吸力沿焊件表面扩散，形成焊料与焊件的浸润，把元器件与印刷板牢固地粘合在一起，而且具有良好的导电性能。

锡焊接的条件是：焊件表面应是清洁的，油垢、锈斑都会影响焊接。能被锡焊料润湿的金属才具有可焊性。对黄铜等表面易于生成氧化膜的材料，可以借助于助焊剂，先对焊件表面进行镀锡浸润后，再行焊接。要有适当的加热温度，使焊锡料具有一定的流动性，才可以达到焊牢的目的，但温度也不可过高，过高时容易形成氧化膜而影响焊接质量。

② 手工焊接方法

手工焊接是一项实践性很强的技能，在了解一般方法后，要多练、多实践，才能有较好的焊接质量。

手工焊接握电烙铁的方法，有正握、反握及握笔式三种，如图 9-11 所示。焊接元器件及维修电路板时，以握笔式较为方便。

1) 焊接操作姿势与卫生

焊剂加热挥发出的化学物质对人体是有害的。如果操作时鼻子距离烙铁头太近，则很容易将有害气体吸入。一般烙铁离开鼻子的距离，应至少不小于 30cm，通常以 40cm 为宜。

电烙铁拿法有三种，如图 9-11 所示。反握法动作稳定，长时间操作不宜疲劳，适于大功率烙铁的操作；正握法适于中等功率烙铁或带弯头电烙铁的操作；一般在操作台上焊印刷板等焊件时，多采用握笔法。

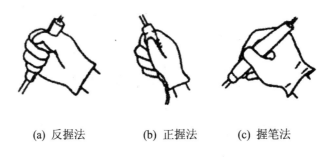

　　(a) 反握法　　　　　(b) 正握法　　　　　(c) 握笔法

图 9-11　电烙铁拿法示意图

　　焊锡丝一般有两种拿法，如图 9-12 所示。由于焊丝中铅占一定比例，而众所周知铅是对人体有害的重金属，因此操作时应戴手套或操作后洗手，避免食入。

　　使用电烙铁要配置烙铁架，一般放置在工作台右前方，电烙铁用后一定要稳妥放于烙铁架上，并注意导线等物不要碰烙铁头。

　(a) 连续锡焊时焊锡丝的拿法　　(b) 断续锡焊时焊锡丝的拿法

图 9-12　焊锡丝拿法示意图

2) 五步法训练

　　不正确的焊接操作法是先用烙铁头沾上一些焊锡，然后将烙铁放到焊点上停留，等待加热后焊锡润湿焊件。虽然这样也可以将焊件焊起来，但却不能保证质量。如图 9-13 所示。

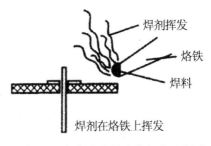

图 9-13　焊剂在烙铁上的挥发示意图

　　当把焊锡熔化到烙铁头上时，焊锡丝重的焊剂伏在焊料表面，由于烙铁头温度一般都在 250℃～350℃以上，所以当烙铁放到焊点上之前，松香焊剂将不断挥发，而当烙铁放到焊点上时，由于焊件温度低，加热还需一段时间，在此期间焊剂很可能挥发大半甚至完全挥发，因而在润湿过程中由于缺少焊剂而润湿不良。同时由于焊料和焊件温度差很大，结合层不容易形成，很难避免虚焊。更由于焊剂的保护作用丧失后焊料容易氧化，质量得不到保证就在所难免了。

正确的方法应该是五步法，如图 9-14 所示。

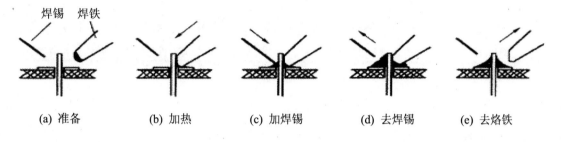

(a) 准备　　　　(b) 加热　　　　(c) 加焊锡　　　　(d) 去焊锡　　　　(e) 去烙铁

图 9-14　五步法示意图

- 准备施焊

准备好焊锡丝和烙铁，此时特别强调的是，烙铁头部要保持干净。焊接前，电烙铁要充分预热，即可以沾上焊锡(俗称吃锡)。如图 9-15 所示。

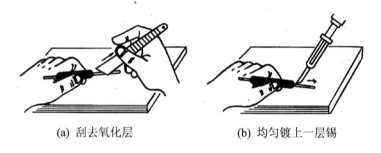

(a) 刮去氧化层　　　　　　　(b) 均匀镀上一层锡

图 9-15　焊接前准备示意图

- 加热焊件

将烙铁接触焊接点，注意首先要使用烙铁加热焊件各部分，例如印刷板上引线和焊盘都使之受热，其次要注意让烙铁头的扁平部分(较大部分)接触热容量较大的焊件，烙铁头的侧面或边缘部分接触热容量较小的焊件，以保持焊件均匀受热。

- 熔化焊料

当焊件加热到能熔化焊料的温度后，将焊丝置于焊点，焊料开始熔化并润湿焊点。

- 移开焊锡

当熔化一定量的焊锡后，将焊锡丝移开。

- 移开烙铁

当焊锡完全润湿焊点后，移开烙铁，注意移开烙铁的方向应该是大致 45°的方向。

上述过程，对一般焊点而言大约二、三秒钟。对于热容量较小的焊点，例如印刷电路板上的小焊盘，有时用三步法概括操作方法，即将上述步骤 2、3 合为一步，4、5 合为一步。实际上细微区分还是五步，所以五步法有普遍性，是掌握手工烙铁焊接的基本方法。特别是，各步骤之间停留的时间，对保证焊接质量至关重要，只有通过实践才能逐步掌握。

③ 焊接质量及焊接质量不高的原因

焊接时，要保证每个焊点焊接牢固、接触良好，要保证焊接质量。好的焊点如图 9-16(a) 所示，应是锡点光亮、圆滑而无毛刺，锡量适中，锡和被焊物熔合牢固，不应有虚焊和假焊。如图 9-16(b)～(e)所示。

虚焊是焊点处只有少量锡焊住，造成接触不良，时通时断。假焊是指表面上好像焊住了，但实际上并没有焊上，有时用手一拔，引线就可以从焊点中拔出。这两种情况将给电子制作的调试和检修带来极大的困难。

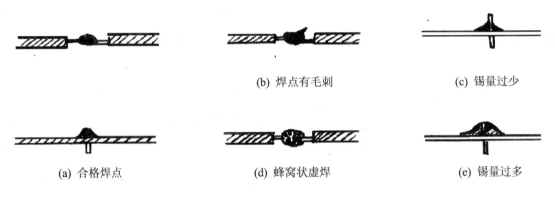

(a) 合格焊点　　　　　　(b) 焊点有毛刺　　　　　　(c) 锡量过少

(d) 蜂窝状虚焊　　　　　　(e) 锡量过多

图 9-16　焊接质量示意图

焊接电路板时，一定要控制好时间。时间太长，电路板将被烧焦，或造成铜箔脱落。从电路板上拆卸元件时，可将电烙铁头贴在焊点上，待焊点上的锡熔化后，将元件拔出。

造成焊接质量不高的常见原因是：

1) 焊锡用量过多，形成焊点的锡堆积；焊锡过少，不足以包裹焊点。

2) 冷焊。焊接时烙铁温度过低或加热时间不足，焊锡未完全熔化、浸润，焊锡表面不光亮(不光滑)，有细小裂纹(如同豆腐渣一样！)。

3) 夹松香焊接。焊锡与元器件或印刷板之间夹杂着一层松香，造成电连接不良。若夹杂加热不足的松香，则焊点下有一层黄褐色松香膜；若加热温度太高，则焊点下有一层碳化松香的黑色膜。对于有加热不足的松香膜的情况，可以用烙铁进行补焊。对于已形成黑膜的，则要"吃"净焊锡，清洁被焊元器件或印刷板表面，重新进行焊接才行。

4) 焊锡连桥。指焊锡量过多，造成元器件的焊点之间短路。这在对超小元器件及细小印刷电路板进行焊接时要尤为注意。

5) 焊剂过量，焊点周围松香残渣很多。当少量松香残留时，可以用电烙铁再轻轻加热一下，让松香挥发掉，也可以用蘸有无水酒精的棉球，擦去多余的松香或焊剂。

6) 焊点表面的焊锡形成尖锐的突尖。这多是由于加热温度不足或焊剂过少，以及烙铁离开焊点时角度不当造成的。

④ 易损元器件的焊接

易损元器件是指在安装焊接过程中，受热或接触电烙铁时容易造成损坏的元器件，例如，有机铸塑元器件、MOS 集成电路等。易损元器件在焊接前要认真作好表面清洁、镀锡等准备工作,焊接时切忌长时间反复烫焊,烙铁头及烙铁温度要选择适当,确保一次焊接成功。此外,要少用焊剂,防止焊剂侵入元器件的电接触点(例如继电器的触点)。焊接 MOS 集成电路最好使用储能式电烙铁,以防止由于电烙铁的微弱漏电而损坏集成电路。由于集成电路引线间距很小,所以要选择合适的烙铁头及温度,防止引线间连锡。焊接集成电路最好先焊接地端、输出端、电源端,再焊输入端。对于那些对温度特别敏感的元器件,可以用镊子夹上蘸有无水乙醇(酒精)的棉球保护元器件根部,使热量尽量少传到元器件上。

4. 实训内容及步骤

(1) 焊前处理。将电阻两引脚、电位器引脚焊片、发光二极管引脚用小刀刮亮后镀锡。

(2) 焊接。

① 将电阻一端焊接在电位器引脚一侧焊片上。

② 将电位器引脚中间的焊片焊上 1 根导线。

③ 将导线另一端焊接在发光二极管负级上。

④ 将发光二极管正极焊接上另 1 根导线。

(3) 检查焊接质量。

5. 实训思考题

(1) 焊接元件和电路板时,器材较多。为了便于操作、避免发生事故,要把工具和元件放置在桌上的固定位置。你打算怎样放置电烙铁、工具和元器件?试一试,操作时是否比较方便?养成器材放置有序的良好习惯。

(2) 电烙铁使用时间较长时,烙铁头上会有黑色氧化物和残留的焊锡渣,将影响后面的焊接。想一想,怎样不断地清洁烙铁头,使它保持良好的工作状态?

9.3 示波器的调整和使用

示波器是一种能将随时间变化的电压信号换成直观图像的电子仪器,并可测定电压的大小、频率。双踪示波器还可以测量两个信号之间的相位差。一切可转化为电压的电学量(如电流、电功率、阻抗等)、非电学量(如温度、位移、速度、压力、光强、磁场等)随时间的变化过程,都可用示波器来观察。

示波器具有直观、灵敏、反应速度快、输入阻抗大等优点,特别在观测高速、瞬变过程时,更具独到之处,是科学研究和工程技术中重要的常用电子仪器。

1. 实训目的

(1) 了解示波器的基本构造和工作原理。

(2) 掌握示波器和信号发生器的基本使用方法。

(3) 学会用示波器观察信号波形并测定电压及周期。

2. 实训器材

XJ4318 型示波器　　　　　　　　　1 台

XJ1631 型数字函数信号发生器　　　　1 台

XJ4318 型示波器面板图如图 9-17 所示。

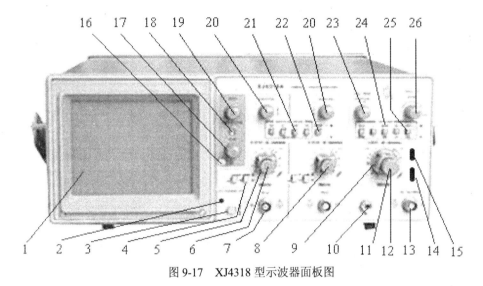

图 9-17　XJ4318 型示波器面板图

(1) 内刻度坐标线：它消除了光迹和刻度线之间的观察误差，测量上升时间的信号幅度和测量点位置在屏幕的左边给出了指示。

(2) 电源指示器(V2)：它是一个发光二极管，在仪器电源接通时发红光。

(3) 电源开关(7S1)：它用于接通和关断仪器的电源，按入为接通，弹出为关断。

(4) AC、⊥、DC 开关(1S1、1S2、1S101、1S102)：可使输入端成为交流耦合、直流耦合或接地。

(5) 偏转因数开关(1S3、1S103)：改变输入偏转因数 5mv/div～5v/div，按 1-2-5 进制共分 10 个档级。

(6) PULL×5(1S4、1S104)：改变 Y 轴放大器的发射极电阻，使偏转灵敏度提高五倍。

(7) 输入(X1、X101)：作垂直被测信号的输入端。

(8) 微调(1R62、1R162)：调节显示波形的幅度，顺时针方向增大，顺时针方向旋足并接通开关为"校准"位置。

(9) (S7)：作为仪器测量接地装置。

(10) PULL×10(5S3)：改变水平放大器的反馈电阻，使水平放大器放大量提高 10 倍，相应也使扫描速度及水平偏转灵敏度提高 10 倍。

(11) t/div 开关(5S1)：为扫描时间因数档级开关，从 0.2μs～0.2s/div，按 1-2-5 进制，共 19 档，当开关顺时针旋足是 X-Y 或外 X 状态。

(12) 微调(5R63)：用以连续改变扫描速度的细调装置。顺时针方向旋足并接通开关为"校准"位置。

(13) 外触发输入(X3)：供扫描外触发输入信号的输入端用。

(14) 触发源开关(4S1)：选择扫描触发信号的来源。内为内触发，触发信号来自 Y 放大器；外为外触发，信号来自外触发输入；电源为电源触发，信号来自电源波形。当垂直输入信号和电源频率成倍数关系时，这种触发源是有用的。

(15) 内触发选择开关(2S3)：是选择扫描内触发信号源。

CH1—加到 CH1 输入连接器的信号是触发信号源。

CH2—加到 CH2 输入连接器的信号是触发信号源。

VERT—垂直方式内触发源取自垂直方式开关所选择的信号。

(16) CAL 0.5(X5)：为探极校准信号输出，输出 0.5VP-P 幅度方波，频率为 1kHz。

(17) 聚焦(R19)：调节聚焦可使光点圆而小，达到波形清晰。

(18) 标尺亮度(R65)：控制坐标片标尺的亮度，顺时针方向旋转为增亮。

(19) 辉度(R18)：控制荧光屏上光迹的明暗程度，顺时针方向旋转为增亮，光点停留在荧光屏上不动时，宜将亮度减弱或熄灭，以延长示波管使用寿命。

(20) 位移(R13、R14)：控制显示迹线在荧光屏上 Y 轴方向的位置，顺时针方向迹线向上，逆时针方向迹线向下。

(21) 垂直方式开关(2S2)：五位按钮开关，用来选择垂直放大系统的工作方式。

CH1—显示通道 CH1 输入信号。

ALT—交替显示 CH1、CH2 输入信号，交替过程出现于扫描结束后回扫的一段时间里，该方式在扫描速度从 0.2s/div 到 0.5ms/div 范围内同时观察两个输入信号。

CHOP—在扫描过程中，显示过程在 CH1 和 CH2 之间转换，转换频率约 500kHz。该方式在扫描速度从 1ms/div 到 0.2s/div 范围内同时观察两个输入信号。

CH2—显示通道 CH2 输入信号。

ALL OUT ADD—使 CH1 信号与 CH2 信号相加(CH2 极性"+")或相减(CH2 极性"-")。

(22) CH2 极性(2S1)：控制 CH2 在荧光屏上显示波形的极性"+"或"-"。

(23) X 位移(R17)：控制光迹在荧光屏 X 方向的位置，在 X-Y 方式下用作水平位移的位置确定。顺时针方向光迹向右，逆时针方向光迹向左。

(24) 触发方式开关(4S2)：五位按钮开关，用于选择扫描工作方式。

AUTO—扫描电路处于自激状态。

NORM—扫描电路处于触发状态。

TV-V—电路处于电视场同步。

TV-H—电路处于电视行同步。

(25) +、一极性开关(4S3)：供选择扫描触发极性，测量正脉冲前沿及负脉冲后沿宜用"+"，测量负脉冲前沿及正脉冲后沿宜用"—"。

(26) 电平(R15)锁定(S1)：调节和确定扫描触发点在触发信号上的位置，电平电位器顺时针方向旋足并接通开关时为锁定位置，此时触发点将自动处于被测波形的中心电平附近。

3. 示波器原理

示波器的规格和型号很多，但其结构大致相同。

图 9-18 所示的是示波器的原理图。

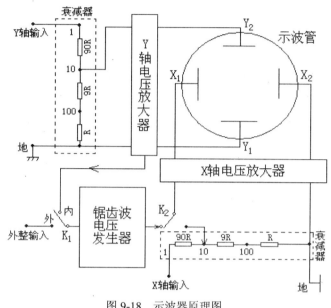

图 9-18　示波器原理图

示波器由示波管、垂直放大器(Y 放大)、水平放大器(X 放大)、扫描发生器、整步装置和直流电源等组成。

(1) 示波器各组成部分的功能

① 示波管

示波管由电子枪、偏转板和荧光屏三部分组成，如图 9-19 所示，被封装在一个高真空的玻璃泡内。

1) 电子枪

由灯丝、阴极、控制栅极、第一阳极和第二阳极组成。

灯丝通电后加热阴极，使阴极发射电子。

控制栅极的电势比阴极低，对阴极发出的电子起排斥作用，只有初速度较大的电子才能穿过栅极的小孔射向荧光屏，而初速度较小的电子则被电场排斥回阴极。

栅极用来控制阴极发射的电子数，从而改变屏上的光斑亮度。

示波器面板上的"辉度"旋钮用来调节栅极电势以控制光斑亮度。

阳极电势比阴极电势高很多，由于阳极对电子的加速作用，使电子获得足够的能量射向荧光屏而激发荧光屏上的荧光物质。第二阳极电势比第一阳极电势高，当第一阳极与第二阳极之间的电势差调节合适时，具有静电透镜作用，其电场使电子射线聚焦，在屏上形成明亮、清晰的小圆点光斑。面板上的"聚焦"旋钮是用来调节第一阳极电势的，所以第一阳极又称为聚焦阳极，第二阳极称为加速阳极。有些示波器面板上还有"辅助聚焦"旋钮，是用来调节第二阳极电势的。

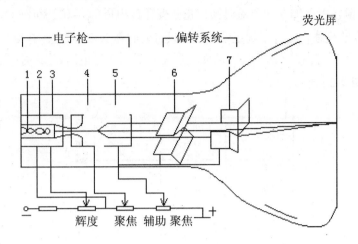

1. 灯丝　2. 阴极　3. 控制栅极　4. 第一阳极　5. 第二阳极　6. 竖直偏转板　7. 水平偏转板

图 9-19　示波管结构图

2) 偏转系统

由一对竖直偏转板(简称 y 板)和一对水平偏转板(简称 x 板)组成。

当在偏转板上加适当的电压形成电场时，电子束的运动方向将发生偏转，从而改变电子束打在屏上的光斑位置。

3) 荧光屏

由示波管末端玻璃屏的内表面上涂了一层荧光粉所构成的。电子打上去它就发光，形成亮斑。不同材料的荧光粉发光的颜色不同，发光过程延续的时间也不同。

如果电子束光斑需要长时间停留在屏上不动时，宜将光斑亮度减弱，以免使荧光屏局部过热，造成永久损伤。

② 电压放大器和衰减器

电子束在荧光屏上的偏移量与加在偏转板上的电压成正比。但由于示波管本身的 X 及 Y 轴偏转板的灵敏度不高(约 0.1～1mm/V)，当加于偏转板的信号电压较小时，电子束不能发生足够的偏转，以致屏上光点位移过小，不便观测。这就需要预先把小的信号电压加以放大，再加到偏转板上。为此，设置 X 轴及 Y 轴电压放大器。

从"Y 轴输入"与"地"两端接入的输入电压 U_{in}，经"衰减器"(即分压器)衰减为 $(R+9R)U_{in}/(R+9R+90R) = U_{in}/10$ 后，作用于"Y 轴电压放大器"(也称增幅器)。经增幅器放大 G 倍后为 $GU_{in}/10$，作用于两偏转板，能使示波管屏上光点位移增大。调节"Y 轴增幅"旋钮，即调整放大倍数 G，可连续地改变屏上光点位移的大小。

"衰减器"的作用是使过大的输入电压变小，以适应"Y 轴放大器"的要求，否则放大器会放大失真，甚至受损。

衰减率通常为三档：1，1/10，1/100。但习惯上，在仪器面板上用其倒数 1、10、100 标示。X 轴有同样作用的衰减器与电压放大器，只是在"X 轴衰减"旋钮中另有一"扫描"档。

(2) 扫描发生器及示波器显示波形原理

如果在 Y 偏转板上加上一个随时间作正弦变化的电压 $U_y = U_{ym}\sin\omega t$，在荧光屏上仅能看到一条铅直的亮线，而看不到正弦曲线。只有同时在 X 偏转板上加入一个锯齿形电压时，才能将亮点沿 Y 方向的振动展开，从而在屏幕上显示信号电压 U_y 和时间 t 的关系曲线，其示波原理如图 9-20 所示。

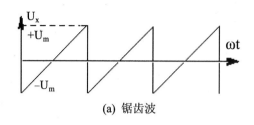

(a) 锯齿波

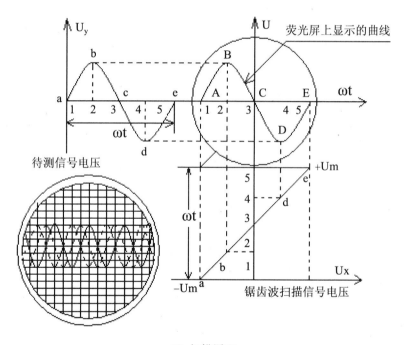

(b) 扫描原理

图 9-20　扫描发生器及示波器显示波形原理

从图中可以看到，电子束打在屏上的光点在 x 方向作匀速运动、在 Y 方向作简谐振动，其合运动轨迹为一正弦曲线。

所以，要观察加在 Y 轴上的电压 U_y 随时间变化的规律，必须同时在 X 轴上加一锯齿形电压，把 U_y 产生的竖直亮线按时间展开，这个展开的过程叫"扫描"。

如果正弦电压与锯齿形电压周期相同，正弦波到 ey 点时，锯齿波正好到 ex 点，从而亮点描完了整个正弦曲线。由于锯齿波这时马上复原，所以亮点又回到 A 点。在同一位置又描出同一条曲线，于是屏幕上显示出稳定的一个周期的波形。如果正弦电压与锯齿电压的周期稍有不同，则第二次描出的曲线将和第一次曲线的位置不相重合，而使荧光屏的图形不稳定，呈跑动状态甚至紊乱而无法辨认。如果扫描电压的周期 T_x 是正弦电压周期 Ty 的 n(n=1，2，3，…)倍，在荧光屏上就显示出 n 个完整的正弦波。

扫描发生器就是示波器内部产生锯齿波的部件，只要将"X 轴衰减"旋钮转到"扫描"档，仪器就将锯齿波放大加到 X 偏转板上(见图 9-18)。锯齿波周期(或频率)可由示波器面板上有关旋钮连续调节。

综上所述，要观察周期性变化的电压信号(并非一定是正弦形变化的)，需要：

①　将要观察的电压信号经 Y 轴输入加到 Y 偏转板上，将锯齿波电压加到 X 偏转板上。

②　调节锯齿波电压周期 Tx 为待测电压信号周期的整数倍，即 $T_x=nT_y$，或 $f_x = f_y / n (n = 1，2，3…)$，则可观察到 n 个完整波形。

(3) 自检信号电路

该电路产生一标准的正弦或方波信号，并施加于 Y 轴偏转系统，以检查示波器各部分的工作状态是否正常。它的第二个功能是，校准垂直放大电路的灵敏度和水平扫描放大电路的扫描频率。

(4) 整步电路

由于产生纵偏电压和横偏电压的振荡源是相互独立的，频率的随机涨落使得很难将二个频率调节成准确的整数倍，这样屏上图形无法稳定。整步(或同步)电路就是为克服这个问题而设置的。

整步电路从垂直放大电路中取出部分待测信号，输入到扫描发生器，迫使锯齿波与待测信号同步，此称为"内同步"；若同步电路信号是从仪器外部输入，则称"外同步"；如果同步信号从电源变压器获得，则称为"电源同步"。

(5) 触发扫描电路

目前示波器多采用触发电路来稳定地显示波形。它是让锯齿波发生器处于等待扫描状态，然后选定某一电平(它具有一定的大小与相位)作为触发电平。只有当待测信号达到选定的触发电势的大小及相位时，锯齿波发生器才开始扫描。这样，每一次扫描均发生在这一触发电平上。只要扫描的频率不变，荧光屏上将一次次地重描出以触发电平为起点、以扫描周期为长度的待测信号的稳定波形。故而操作时，先要在 LEVEL 旋钮选一触发电平，再调节稳定度旋钮，使锯齿波发生器处于待触发状态，这样 Y 偏转板接入待测信号后，只要一达到触发电平即扫出波形，而且只要改变扫描的周期，将得到不同波数的待测信号。

(6) 电源

它为示波管和示波器各部分电路提供合适的电源。

4. 实训内容及步骤

(1) 根据所用示波器参阅仪器说明书介绍，熟悉示波器面板上各旋钮及其作用，并按其使用方法对示波器进行自检。

用仪器附件中的专用信号连接线，分别接到 CH1 输入端和校准信号输出端。仪器各控制机件按表 9-11 所示。

表 9-11　示波器控制机件表

面板控制键 (结合上图编号)	作 用 位 置	面板控制键 (结合上图编号)	作 用 位 置
垂直方式 (21)	CH1	扫描方式 (24)	自动(AUTO)
AC.⊥.DC (4)	AC 或 DC	触发源 (15)	CH1
V/div (5)	0.1 V/div	极性 (25)	＋
X.Y 微调 (6，8)	校准	t/div (11)	0.1ms/div
X.Y 位移 (20，23)	居中		

按电源开关(3)，指示灯(2)亮，表示电源接通，调节标尺亮度(18)，刻度片刻度随之明暗。

经预热后，调节"辉度"(19)、"聚焦"(17)旋钮，使亮度适中，聚焦最佳。通常基线光迹与水平坐标线平行，如出现不平，用起子调整光迹旋转控制器(在左侧箱板上)，使光迹和水平刻度线平行。调节"触发电平"(26)使波形同步，呈现一方波图形，其 U_{P-P} 值刻度(Y 方向)读数为 5div(1div 表示示波器屏幕上一大格的间距)，这时示波器屏幕 X 方向刚好显示一个周期，说明仪器正常。

(2) 观察信号波形并测量其电压值和时间。

① 电压测量

一般测量被测波形峰与峰之间的数值或者测量峰到某一波谷之间的数值，测量时通常将 Y 输入选择开关置于"AC"位置，将被测信号中的直流分量隔开，以免使信号偏离 Y 轴中心，甚至使测量无法进行。当测量重复频率极低的交流分量时，应将 Y 输入选择开关置于"DC"，否则因频率响应的限制，产生不真实的测试结果。测量步骤如下：

1) 将 Y 微调按顺时针旋足并接通开关，即"校准"位置，根据被测信号波幅度和频率适当选择"V/div"和"t/div"开关档级，并将被测信号直接输入仪器的 Y 轴输入端，调节触发"电平"使波形稳定在示波管的有效工作面内。

2) 根据屏幕上的坐标刻度，读出显示波形的峰-峰值的格数 A，则被测电压 U= A×B，式中 B 为 Y 轴 V/div 开关所处档级。

3) 若测量时 Y 扩展置于"拉出×5"，则应将测得电压除以 5。

本实验要求观察，并绘下三种波形示意图，每种波形图注明波形名称、刻度、电压和时间的档级(V/div 和"t/div")及每种波形对应的峰-峰值 U_{P-P} 和周期，并将正弦波的峰-峰值 U_{P-P} 换算成有效值 $U_{有效}$ ($U_{有效}= U_{P-P} / 2\sqrt{2}$)。

② 时间测量

用示波器来测量各种信号的时间参数，可以取得简便和较精确的效果，因本机在荧光屏 X 方向上每个 div 的扫描速度是定量的。通常测量时间的步骤如下：

1) 将"t/div"置于适当的档级 b/div，调节有关控制件使显示波形稳定。

2) 根据 X 轴的刻度，读出被测波形上 P、Q 两点之间距离为 a(div)。

3) 被测两点之间的时间为 a×b。

4) 若测量时 X 扩展置于"拉出×10"，则应将测得时间除以 10。

例如：扫描时间因数 t/div 置于 2ms/div，被测两点 PQ 之间距离为 5div，则 P、Q 二点时间间隔

$$t = 5div \times 2ms / div = 10ms$$

本实验要求测量任一正弦波的周期 T，并计算其频率 f，将计算所得频率与信号发生器的标准示值比较，计算出不确定度 Δf。

具体操作如下：

● 用示波器观察电压波形(用扫描微调)

观察一个 5kHz 频率、电压值为 5V(由电子电压表测得)的正弦波电压波形，并调节有关旋钮，使屏幕上显示出大小和周期数不同的波形，将有关旋钮的档位记入表 9-12 中。

表 9-12　观察电压波形

显 示 要 求	V/div	t/div	Y 轴输入耦合开关	触 发 选 择
2 周、峰-峰值 4 格				
1 周、峰-峰值 8 格				
4 周、峰-峰值 2 格				

● 测量正弦波电压的幅度和周期

如表 9-13 所示要求，使信号发生器输出不同频率、不同数值(用电子电压表测定)的信号电压，练习在示波器上进行显示和测量。

表 9-13　正弦电压测量

			250	1k	20k	100k
正弦信号	频率(Hz)		250	1k	20k	100k
	有效值(V)		1.41	0.05	0.008	5
DF1026 旋钮位置	输出衰减(dB)					
	频段选择					
示波器 旋钮位置	V/div	档位				
		格数(VP-P)				
	t/div	档位				
		格数(一周)				
测算值	频率(Hz)					
	幅值(V)					

● 数据处理

a) 认真绘下信号发生器输出的各种波形图。

b) 将所测得峰-峰值 U_{P-P} 换算成有效值 $U_{有效}$。由于考虑波形的亮线较粗，从示波器上估读的误差约为 1mm(示波器每格为 10mm)，则可依垂直放大增益 V/div，求出 ΔU_{P-P}，进而将之化为 $\Delta U_{有效}$。

5. 实训思考题

(1) 用示波器观察信号时，若荧光屏上出现如图 9-21 所示的图形，请问哪些旋钮位置不对？应如何调节？

(2) 示波器能否用来测量直流电压？如果能测量，应如何进行？

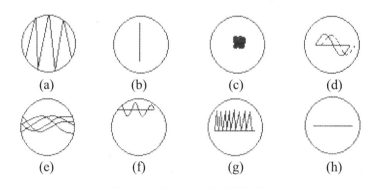

图 9-21　荧光屏上出现的图形

9.4　串联型晶体管稳压电源

1. 实训目的

掌握串联型晶体管稳压电源的工作原理及电路焊接、测试。

2. 实训器材

直流稳压电源	1 台
稳压管	1 个
数字万用表	1 块

3. 实训原理

(1) 稳压管稳压电路

最简单的稳压电路由稳压管组成，如图 9-22 所示。从稳压管的特性可知，若能使稳压管始终工作在它的稳压区内，则 V_O 基本稳定在 Vz 左右。

当电网电压升高时，若要保持输出电压不变，则电阻器 R 上的压降应增大，即流过 R 的电流增大。这增大的电流由稳压管容纳，它的工作点将由 b 点移到 c 点，由特性曲线可知，此时 Vo≈Vz 基本保持不变。如图 9-23 所示。

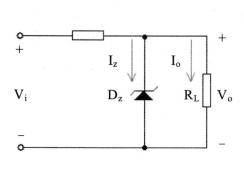

图 9-22　稳压管稳压电路图

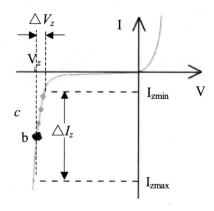

图 9-23　特性曲线

若负载电阻变小时，要保持输出电压不变，负载电流要变大。由于 V_I 保持不变，则流过电阻 R 的电流不变。此时负载需要增大的电流由稳压管调节出来，它的工作点将由 b 点移到 a 点，如图 9-24 所示。

稳压管的伏安特性曲线，从此曲线中我们看到，反向电流在一定范围内大幅变化时其端点的电压基本不变。当 R_L 变小时，流过 R_L 的电流增加，但流过 D_Z 的电流却减少；当 R_L 变大时，流过 R_L 的电流减少，但流过 D_Z 的电流却增大。所以，由于 D_Z 的存在使流过 R 的电流基本恒定，

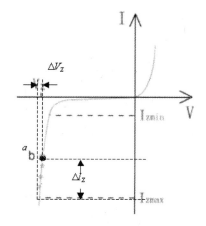

图 9-24　工作点由 b 点移到 a 点

在 R 上的压降也基本不变，所以使其输出的电压也基本保持不变。

所以，稳压管可认为是利用调节流过自身的电流大小(端电压基本不变)来满足负载电流的改变，并和限流电阻 R 配合将电流的变化转化为电压的变化，以适应电网电压的变化。

存在问题：电网电压不变时，负载电流的变化范围就是 I_Z 的调节范围(几十 mA)，这就限制了负载电流 I_0 的变化范围。当负载要求较大的输出电流时，这种电路就不行了，这是因为在此时 R 的阻值必须减少(相当于一个可调电阻 Rt)，由于 R 的减少就要求 D_Z 有较大的功耗，但因目前一般稳压管的功耗均较小，所以这种电路只能给负载提供几十毫安的电流，彩电 30V 调谐电压通常都以这种电路取得。

(2) 串联反馈稳压电路

射极输出电路的输入是固定值的 V_Z，如图 9-25 所示，因而输出电压 $U_O=U_Z-U_{BE}$ 也为固定值。三极管 T 代替了可变限流电阻 R_t；在基极电路中，接有 V_Z，与 R 组成参数稳压器。

该电路的稳压过程如下：

　　① 当负载不变，输入整流电压 U_i 增加时，输出电压 U_o 有增高的趋势，由于三极管 T 基极电位被稳压管 V_D 固定，故 U_o 的增加将使 V 发射结上正向偏压降低，基极电流减小，从而使 T 的集射极间的电阻增大，U_{CE} 增加，于是抵消了 U_i 的增加，使 U_o 基本保持不变。上述过程为 $U_i \uparrow \rightarrow U_o \uparrow \rightarrow U_{BE} \downarrow \rightarrow I_B \downarrow \rightarrow I_C \downarrow \rightarrow U_{CE} \uparrow \rightarrow U_o \downarrow$。

　　② 当输入电压 U_i 不变，而负载电流变化时，其稳压过程为 $I_O \uparrow \rightarrow U_o \uparrow \rightarrow U_{BE} \downarrow \rightarrow I_B \downarrow \rightarrow I_C \downarrow \rightarrow U_{CE} \uparrow \rightarrow U_o \downarrow$，则输出电压 U_o 基本保持不变。

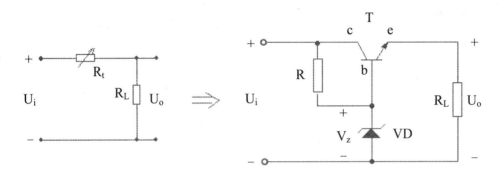

图 9-25　射极输出电路

　　三极管 T 的集电极电流 $I_C = \beta * I_b$，β 是三极管的直流放大系数，I_b 是晶体管的基极电流。比如，现在要向负载提供 500mA 的电流，T 的 $\beta=100$，那么电路只要给 T 的基极提供 5mA 的电流就行了。所以，这种稳压电路由于 T 的加入，实际上相当于将第一种稳压电路扩充了 β 倍，另外由于 BG 的基极被 D 嵌定在其标称稳压值上，因此这种稳压电路输出的电压是 $V_0 = V_D - 0.7v$，0.7V 是三极管 T 的 B，E 极的正偏压降。

　　该电路输出电流的变化可扩大为 $(1+\beta)\triangle I_Z$，因此称为扩流型稳压二极管电路；由于三极管与负载是串联的关系，因此电路也称为串联型稳压电路。

　　(3) 带放大电路的串联型稳压电路

　　上述稳压电路虽能提供较大的输出电流，但其输出电压却受到稳压管 V_D 的制约，电路控制灵敏度不高，稳压性能不理想。如果在原电路加一放大环节，如图 9-26 所示，可使输出电压更加稳定，使之成为输出电压连续可调的串联型稳压电源。

　　串联型稳压电源由 R_1、R_P 和 R_2 构成的采样环节，R_Z 和稳压管 V_{DZ} 构成的基准电压，三极管 T_2 和 R_4 构成的比较放大环节，以及三极管 T_1 构成的调整环节等四部分组成。

　　当 U_i 或 I_O 的变化引起 U_o 变化时，采样环节把输出电压的一部分送到比较放大环节 T_2 的基极，与基准电压 U_{VDZ} 相比较，其差值信号经 V_2 放大后，控制调整管 T_1 的基极电位，从而调整 V_1 的管压降 U_{CE1}，补偿输出电压 U_o 的变化，使之保持稳定，其调整过程为 $U_i \uparrow$（或 $I_O \uparrow$）$\rightarrow U_o \uparrow \rightarrow U_f \uparrow \rightarrow U_{BE2} \uparrow \rightarrow U_{C2} \downarrow \rightarrow U_{BE1} \downarrow \rightarrow I_{B1} \downarrow \rightarrow I_{C1} \downarrow \rightarrow U_{CE1} \uparrow \rightarrow U_o \downarrow$。

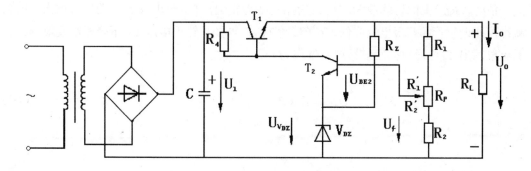

图 9-26　带放大电路的串联型稳压电路

当输出电压下降时，调整过程与上述相反，过程中设输出电压的变化由 U_i 或 I_O 的变化引起。

(4) 保护电路

对于串联型晶体管稳压电路，由于负载和调整管是串联的，所以随着负载电流的增加，调整管的电流也要增加，从而使管子的功耗增加；如果在使用中不慎，使输出短路，则不但电流增加，且管压降也增加，很可能引起调整管损坏。

调整管的损坏可以在非常短的时间内发生，用一般保险丝不能起保护作用。因此，通常用速度高的过载保护电路来代替保险丝。过载保护电路的形式很多，这里只举两个例子加以介绍。

晶体管 T_3 和电阻 R_5、R_6 组成过载保护电路如图 9-27(a)所示。当稳压电路正常工作时，T_3 发射极电位比基极电位高，发射结受反向电压作用，使 T_3 处于截止状态，对稳压电路的工作无影响；当负载短路时，T_3 因发射极电位降低而导通，相当于使 T_1 的基、射间被 T_3 短路，从而只有少量电流流过调整管，达到了保护调整管的目的，而且可以避免整流元件因过电流而损坏。

另一种过载保护电路如图 9-27(b)所示，由晶体管 T_3、二极管 D 和电阻 Rs、Rm 所组成。

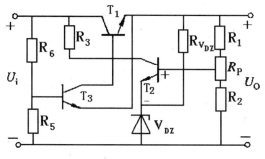

(a) 电阻 R_5、R_6 组成过载保护电路

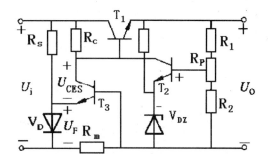

(b) 二极管 D 和电阻 Rs、Rm 组成过载保护电路

图 9-27　过载保护电路

在二极管 D 中流过电流，二极管 D 的正向电压 UF 基本恒定。正常负载时，负载电流流过 Rm 产生的压降较小，T_3 的发射结处于反偏而截止，对稳压电路无影响；当 I_L 增大到

某一值时，Rm 上的压降增大，T_3 发射结转变为正偏，T_3 导通，Rc 上的压降增大，U_{CE3} 减小，即调整管的基极电位降低，调整管的 U_{CE1} 增加，输出电压 U_O 下降，I_L 被限制。从图可以写出 T_3 导通时的发射结电压方程为

$$U_{BE3} = I_L \times R_m - U_F \tag{9-1}$$

$$R_m = \frac{U_F + U_{BE3}}{I_L} \tag{9-2}$$

(5) 主要参数

稳压电源的主要性能指标如下：

① 输出电压 U_O 和输出电压调节范围

$$U = \frac{R_1 + R_P + R_2}{R_2 + R_{P2}}(U_{VDZ} + U_{BE2}) \tag{9-3}$$

调节 Rp 可以改变输出电压 Uo。

② 最大负载电流 Icm

③ 输出电阻 Ro

输出电阻 Ro 定义为：当输入电压 Ur(稳压电路输入)保持不变，由于负载变化而引起的输出电压变化量与输出电流变化量之比，即

$$R = {\Delta U_O}\big/{\Delta I_O}\Big|_{U_r = 常数} \tag{9-4}$$

④ 稳压系数 S(电压调整率)

稳压系数定义为：当负载保持不变，输出电压相对变化量与输入电压相对变化量之比，即

$$S = {\Delta U_O}\big/{U_O}\Big|_{R_1 = 常数} \tag{9-5}$$

由于工程上常把电网电压波动+10%做为极限条件，因此也有将此时输出电压的相对变化△Uo/Uo 做为衡量指标，称为电压调整率。

⑤ 纹波电压

输出纹波电压是指在额定负载条件下，输出电压中所含交流分量的有效值(或峰值)。

(6) 串联型稳压电源电路参数选取

以某一实际稳压电源电路为例说明：电路输出电压 Usc=6～12 伏连续可调，输出电流 Isc=500 毫安，如图 9-28 所示，就电路设计中参数的选取问题做出分析。

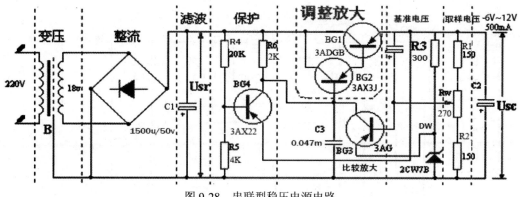

图 9-28　串联型稳压电源电路

① 变压、整流滤波部分

调整管为了保征工作在放大区，需要有一定的管压降 Uce，一般取：Uce=Usr-Usc=3～8伏。Uce 选得大，可调整范围宽，适应性好，但调整管的功率损耗 Uce Ie 较大。根据上述原则，可得

$$Usr=Usc\ max+Uce$$

式中 Usc max 为稳压电源输出电压的最大值，它由 Usc 的可调范围决定，可取

$$Usc\ max=(1+10\%)\ Usc=1.1×12=13.2V$$

则

$$Usr=13.2+(3～8)=16.2～21.2V$$

整流电路的输出电流，包括电源的负载电流(已定为 500 毫安)、取样电阻R_1、R_W、R_2 的电流、稳压管限流电阻R_2的电流、保护电路偏置电阻R_4、R_5 的电流，所以整流输出电流要大于电源负载电流，现取 550 毫安。

根据电容滤波电路中带负载时的输出电压为$U_{sr}=1.2E_2$，由此可以得出，变压器次级电压为$E_2=\dfrac{U_{sr}}{1.2}=\dfrac{21.2}{1.2}≈17.7$伏，取 $E_2=18$ 伏，整流二极管承受的最大反向电压为

$$U_{DM}=\sqrt{2}E_2=1.41×18≈25.4伏，二极管通过的是大电流为 I_{DM}=\frac{1}{2}×550=275毫安。$$

因此可选用 2CP21A 型整流管(最高反向工作电压 50 伏，额定整定电流 300 毫安)。

选取滤波电容C_1 为 1000 微法；根据电容耐压值为$1.5×\sqrt{2}E_2=27$伏，可选耐压值为 50 伏。

4. 实训内容及步骤

(1) 电路的焊接

原理如图 9-29 所示。

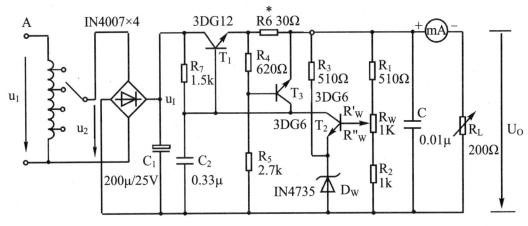

图 9-29　串联型稳压电源原理图

(2) 串联型稳压电源性能测试

① 初测

稳压器输出端负载开路，断开保护电路，接通 16V 工频电源，测量整流电路输入电压 U_2，滤波电路输出电压 U_I(稳压器输入电压)及输出电压 U_0。调节电位器 R_W，观察 U_0 的大小和变化情况，如果 U_0 能跟随 R_W 线性变化，这说明稳压电路各反馈环路工作基本正常。否则，说明稳压电路有故障，因为稳压器是一个深负反馈的闭环系统，只要环路中任一个环节出现故障(某管截止或饱和)，稳压器就会失去自动调节作用。此时可分别检查基准电压 U_Z、输入电压 U_I、输出电压 U_0，以及比较放大器和调整管各电极的电位(主要是 U_{be} 和 U_{ce})，分析它们的工作状态是否都处在线性区，从而找出不能正常工作的原因。排除故障以后，就可以进行下一步测试。

② 测量输出电压可调范围

接入负载 R_L(滑线变阻器)，并调节 R_L，使输出电流 $I_0 \approx 100mA$，再调节电位器 R_W，测量输出电压可调范围 $U_0min \sim U_0max$，且使 R_W 动点在中间位置附近时 $U_0 = 12V$。若不满足要求，可适当调整 R_1、R_2 之值。

③ 测量各级静态工作点

调节输出电压 $U_0 = 12V$，输出电流 $I_0 = 100mA$，测量各级静态工作点，记入表 9-14。

表 9-14　$U_2 = 16V$　$U_0 = 12V$　$I_0 = 100mA$

	T_1	T_2	T_3
UB(V)			
UC(V)			
UE(V)			

④ 测量稳压系数 S

取 $I_0 = 100mA$，按表 9-15 改变整流电路输入电压 U_2(模拟电网电压波动)，分别测出相应的稳压器输入电压 U_I 及输出直流电压 U_0，记入表 9-15。

⑤　测量输出电阻 R_0

取 $U_2=16V$，改变滑线变阻器位置，使 I_0 为空载、50mA 和 100mA，测量相应的 U_0 值，记入表 9-16。

表 9-15　$I_0=100mA$

测　试　值			计　算　值
$U_2(V)$	$U_1(V)$	$U_O(V)$	S
14			
16		12	$S_{12}=$
18			$S_{23}=$

表 9-16　$U2=16V$

测　试　值		计　算　值
I0(mA)	$U_0(V)$	$R_0(\Omega)$
空载		
50	12	$R_{012}=$
100		$R_{023}=$

⑥　测量输出纹波电压

取 $U_2=16V$，$U_0=12V$，$I_{0}=100mA$，测量输出纹波电压 U_0，记录之。

⑦　调整过流保护电路

1) 断开工频电源，接上保护回路，再接通工频电源，调节 R_W 及 R_L，使 $U_0=12V$，$I_0=100mA$，此时保护电路应不起作用。测出 T_3 管各极电位值。

2) 逐渐减小 R_L，使 I_0 增加到 120mA，观察 U_0 是否下降，并测出保护起作用时 T_3 管各极的电位值。若保护作用过早或迟后，可改变 R_6 之值进行调整。

3) 用导线瞬时短接一下输出端，测量 U_0 值，然后去掉导线，检查电路是否能自动恢复正常工作。

5. 实训思考题

(1) 根据表 9-15 和表 9-16 所测数据，计算稳压电路的稳压系数 S 和输出电阻 R_0，并进行分析。

(2) 分析讨论实验中出现的故障及其排除方法。

9.5 单结晶体管触发电路——可控硅调光电路

1. 实训目的

(1) 掌握单结晶体管触发电路的工作原理及电路焊接、调试。

(2) 掌握可控硅调光电路的工作原理及电路焊接、调试。

2. 实训器材

直流稳压电源	1 台
低频信号发生器	1 台
单结晶体管	若干
数字万用表	1 块
交流毫伏表	1 块

3. 实训原理

单结晶体管触发电路如图 9-30 所示。

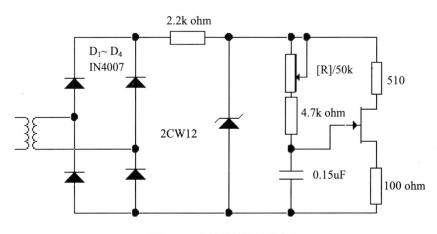

图 9-30　单结晶体管触发电路

(1) 双基极二极管的结构

该电路的主要核心为单结晶体管 BT33。

单结晶体管 BT33 管脚排列、结构图及电路符号如图 9-31 所示。好的单结晶体管 PN 结正向电阻 R_{EB1}、R_{EB2} 均较小，且 R_{EB1} 稍大于 R_{EB2}，PN 结的反向电阻 R_{B1E}、R_{B2E} 均应很大，根据所测阻值，即可判断出各管脚及管子的质量优劣。

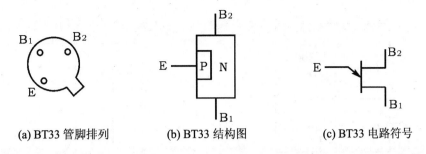

(a) BT33 管脚排列　　　(b) BT33 结构图　　　(c) BT33 电路符号

图 9-31　单结晶体管 BT33 管脚排列、结构图及电路符号

(2) 双基极二极管的工作原理

将双基极二极管接于电路之中，如图 9-32(a)所示，观察其特性。首先在两个基极之间加电压 U_{BB}，再在发射极 E 和第一基极 B_1 之间加上电压 U_E，U_E 可以用电位器 R_P 进行调节。如图 9-32(b)所示，双基极二极管可以用一个 PN 结和二个电阻 R_{B1}、R_{B2} 组成的等效电路替代。

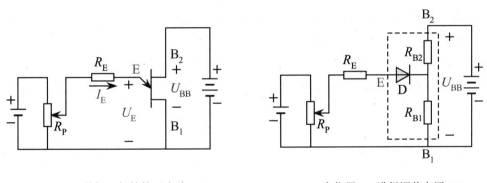

(a) 双基极二极管接于电路　　　　　　(b) 电位器 RP 进行调节电压 UE

图 9-32　双基极二极管的特性测试电路

当基极间加电压 U_{BB} 时，R_{B1} 上分得的电压为

$$U_{B1} = \frac{U_{BB}}{R_{B1+}R_{B2}} \cdot R_{B1} = \frac{R_{B1}}{R_{BB}} \cdot U_{BB} = \eta U_{BB} \tag{9-6}$$

式中 η 称为分压比，与管子结构有关，约在 0.5～0.9 之间。

(3) 双基极二极管触发电路

单结晶体管组成的张弛振荡电路如图 9-33 所示。可从电阻 R_1 上取出脉冲电压 ug。图图 9-33(a)的 R_1 和 R_2 是外加的。脉冲电压 ug 如图 9-34(b)所示。

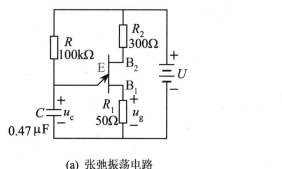

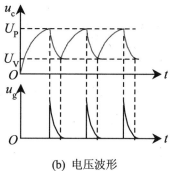

(a) 张弛振荡电路　　　　　　　　　(b) 电压波形

图 9-33　单结晶体管张弛振荡电路

假设在接通电源之前，图 9-33(a)中电容 C 上的电压 u_c 为零。接通电源 U 后，它就经 R 向电容器充电，使其端电压按指数曲线升高。电容器上的电压就加在单结晶体管的发射极 E 和第一基极 B_1 之间。当 u_c 等于单结晶体管的峰点电压 U_P 时，单结晶体管导通，电阻 R_{B1} 急剧减小(约 $20\,\Omega$)，电容器向 R_1 放电。由于电阻 R_1 取值较小，放电很快，放电电流在 R_1 上形成一个脉冲电压 u_g。由于电阻 R 取值较大，当电容电压下降到单结晶体管的谷点电压时，电源经过电阻 R 供给的电流小于单结晶体管的谷点电流，于是单结晶体管截止。电源再次经 R 向电容 C 充电，重复上述过程。于是在电阻 R_1 上就得到一个脉冲电压 u_g。但由于图 9-33(a)的电路起不到如后述的"同步"作用，不能用来触发晶闸管。

(4) 晶闸管

晶闸管又叫可控硅，自从 20 世纪 50 年代问世以来已经发展成了一个大的家族。它的主要成员有单向晶闸管、双向晶闸管、光控晶闸管、逆导晶闸管、可关断晶闸管、快速晶闸管，等等。下面是我们使用的单向晶闸管，也就是人们常说的普通晶闸管，它是由四层半导体材料组成的，有三个 PN 结，对外有三个电极，如图 9-34 所示。第一层 P 型半导体引出的电极叫阳极 A，第三层 P 型半导体引出的电极叫控制极 G，第四层 N 型半导体引出的电极叫阴极 K。从晶闸管的电路符号可以看到，它和二极管一样，是一种单方向导电的器件，关键是多了一个控制极 G，这就使它具有与二极管完全不同的工作特性。

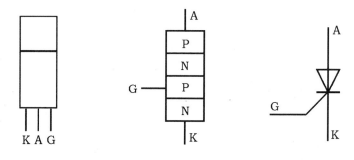

图 9-34　晶闸管

(5) 晶闸管的工作特性

认识晶闸管的工作特性实验如图 9-35 所示。晶闸管 V_S 与小灯泡 E_L 串联起来，通过开关 S 接在直流电源上。注意，阳极 A 是接电源的正极，阴极 K 接电源的负极，控制极 G 通过按钮开关 K_2 接在 3V 直流电源的正极(这里使用的是 KP5 型晶闸管，若采用 KP1 型，应接在 1.5V 直流电源的正极)。晶闸管与电源的这种连接方式叫做正向连接，也就是说，给晶闸管阳极和控制极所加的都是正向电压。合上电源开关 S，小灯泡不亮，说明晶闸管没有导通；再按一下按钮开关 K_2，给控制极输入一个触发电压，小灯泡亮了，晶闸管导通了。这个实验说明，要使晶闸管导通，一是在它的阳极 A 与阴极 K 之间外加正向电压，二是在它的控制极 G 与阴极 K 之间输入一个正向触发电压。晶闸管导通后，松开按钮开关，去掉触发电压，仍然维持导通状态。

晶闸管的特点是"一触即发"。但是，如果阳极或控制极外加的是反向电压，晶闸管就不能导通。控制极的作用是，通过外加正向触发脉冲使晶闸管导通，却不能使它关断。那么，用什么方法才能使导通的晶闸管关断呢？使导通的晶闸管关断，可以断开阳极电源或使阳极电流小于维持导通的最小值(称为维持电流)。如果晶闸管阳极和阴极之间外加的是交流电压或脉动直流电压，那么，在电压过零时，晶闸管会自行关断。

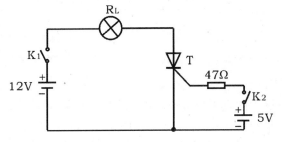

图 9-35　晶闸管工作电路图

普通晶闸管的三个电极可以用万用表欧姆档 R×100 档位来测。晶闸管 G、K 之间是一个 PN 结，相当于一个二极管，G 为正极、K 为负极，所以，按照测试二极管的方法，找出三个极中的两个极，测它的正、反向电阻，电阻小时，万用表黑表笔接的是控制极 G，红表笔接的是阴极 K，剩下的一个就是阳极 A 了。测试晶闸管的好坏，也可以用实验电路，如图 9-35 所示。灯泡发光就是好的，不发光就是坏的。

单结晶体管触发可控硅的可调光电路，如图 9-36 所示。

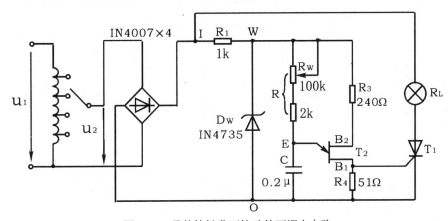

图 9-36　晶体管触发可控硅的可调光电路

要使晶闸管导通，除了加正向阳极电压外，还必须在控制极和阴极之间加触发信号。提供触发信号的电路称为触发电路。如图 9-37 所示，触发电路应满足以下几个条件：

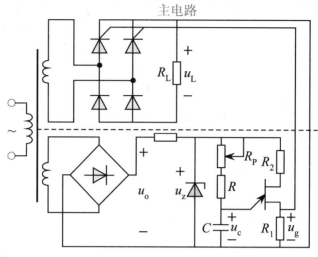

图 9-37　触发电路

① 触发脉冲信号发出的时刻，必须与主回路电源电压的相位具有一定对应的控制角关系，并有足够的移相范围。

② 触发脉冲有足够大的电压和电流，一般触发电压为 4~10V。

③ 触发脉冲应有足够的脉宽，以保证晶闸管触发可靠性。脉宽最好在 20~50μs 之间，一般不小于 10μs。

④ 触发脉冲应具有陡峭的上升沿，以保证触发时间的准确性，最好在 10μs 以下。

⑤ 没有触发时，触发电压应尽量小，以避免误触发。一般应小于 0.15V。

4. 实训内容及步骤

(1) 电路的焊接

触发电路如图 9-38 所示。

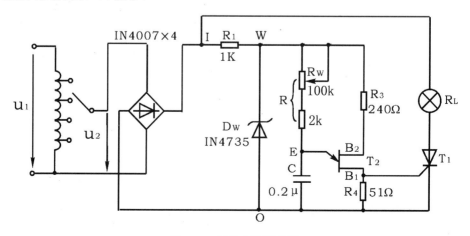

图 9-38　焊接电路原理图

(2) 性能测试

① 单结晶体管的简易测试

用万用电表 R×10Ω 档分别测量 EB1、EB2 间正、反相电阻，记入表 9-17。

表 9-17　单结晶体管测试表

$R_{EB1}(\Omega)$	$R_{EB2}(\Omega)$	$R_{B1E}(k\Omega)$	$R_{B2E}(k\Omega)$	结　论

② 晶闸管的简易测试

用万用电表 R×1k 档分别测量 A-K、A-G 间的正、反相电阻；用 R×10Ω 档测量 G-K 间正、反相电阻，记入表 9-18。

表 9-18　晶闸管的测试表

$R_{AK}(k\Omega)$	$R_{KA}(k\Omega)$	$R_{AG}(k\Omega)$	$R_{GA}(k\Omega)$	$R_{GK}(k\Omega)$	$R_{KG}(k\Omega)$	结　论

③ 单结晶体管触发电路

对图 9-38 电路，接通工频电源，测量 U_2 值。用示波器依次观察并记录交流电压 u2、整流输出电压 u_I(I-0)、削波电压 u_W(W-0)、锯齿波电压 u_E(E-0)、触发输出电压 u_{B1}(B1-0)。记录波形时，注意各波形间对应关系，并标出电压幅度及时间。记入表 9-18 中。

改变移相电位器 R_W 阻值，观察 u_E 及 u_{B1} 波形的变化及 u_{B1} 的移相范围，记入表 9-19。

表 9-19　移相电位器对电压影响记录表

u_2	u_I	u_W	u_E	u_{B1}	移 相 范 围

④ 可控整流电路

断开工频电源，按图 9-40 接入负载灯泡 R_L，再接通工频电源，调节电位器 R_W，使电灯由暗到中等亮，再到最亮，用示波器观察晶闸管两端电压 u_{T1}、负载两端电压 u_L，并测量负载直流电压 U_L 及工频电源电压 U_2 有效值，记入表 9-20。

表 9-20　晶闸管工作情况记录表

	暗	较　亮	最　亮
u_L 波形			
u_T 波形			
导通角 θ			
U_L(V)			
U_2(V)			

5. 实训思考题

(1) 总结晶闸管导通、关断的基本条件。

(2) 画出实训中记录的波形(注意各波形间对应关系)，并进行讨论。

(3) 对实训数据 U_L 与理论计算数据 $U_L = 0.9U_2 \dfrac{1+\cos\alpha}{2}$ 进行比较，并分析产生误差的原因。

(4) 分析实训中出现的异常现象。

9.6　六管超外差收音机的组装实训

1. 实训目的

(1) 让学生通过对六管超外差收音机的组装、焊接和调试过程；了解电子产品装配的基本过程；

(2) 掌握简单电子元器件的质量检测和极性识别的方法；熟悉并初步掌握收音机整机的装配工艺；

(3) 培养学生的动手能力及分析问题、解决问题的能力，养成严谨的工作作风。

2. 实训器材

六管超外差收音机实训套件

3. 实训电路原理

六管超外差收音机属于中波段袖珍式半导体收音机，采用可靠的全硅管线路，具有机内磁性天线，体积小巧、音质清晰、携带方便，并设有外接耳机插口。

该收音机的频率范围：535～1605kHz；输出功率：50～150mw；扬声器：Φ57mm、8Ω；电源：两节 5 号电池共 3V；重量约 200 克。

如图 9-39 所示为六管超外差式收音机的组成框图。

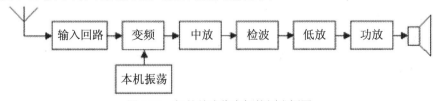

图 9-39　超外差式收音机的组成框图

收音机主要由输入回路、变频级、中放级、检波级、低放级、功率输出级组成。

六管超外差收音机的电路原理如图 9-40 所示。

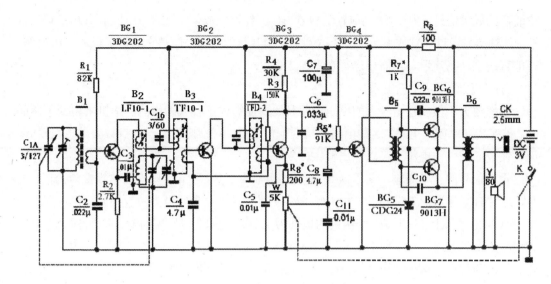

图 9-40 六管超外差收音机的电路原理

(1) 输入回路

输入回路由双联可变电容的 C_{1A} 和磁性天线线圈 B_1 组成。B_1 的初级绕组与可变电容 C_{1A}(电容量较大的一联)组成串联谐振回路对输入信号进行选择。转动 C_{1A} 使输入调谐回路的自然谐振频率刚好与某一电台的载波频率相同，这时，该电台在磁性天线中感应的信号电压最强。

(2) 变频级

由晶体管 BG_1、双联可变电容的 C_{1B} 以及本振线圈 B_2 组成收音机的变频级。

输入级接收和感应的电压信号由 B_1 的次级耦合到 BG_1 的基极。同时，BG_1 还和振荡线圈 B_2、双连的振荡连 C_{1B}(电容量较少的一联)等元件接成变压器耦合式自激振荡电路，叫做本机振荡器，简称本振。C_{1B} 与 C_{1A} 同步调谐，所以本振信号总是比输入信号高一个 465kHz，即中频信号。本振信号通过 C_4 加到 BG_1 的发射极，它和输入信号一起，经 BG_1 变频后就产生了中频。中频信号从第一中周 B_3 输出，再由次级耦合到中放管 BG_2 的基极。

(3) 中放级

中放级由晶体管 BG_2、BG_3，中频变压器 B_3 和 B_4 组成。两个晶体管构成两级单调谐中频选频放大电路，由于中放管采用了硅管，其温度稳定性较好，所以采用了固定偏置电路。BG_2 管因加有自动增益控制，静态电流不宜过大，一般取 0.2～0.6mA；BG_3 管主要是提高增益，以提供检波级所必须的功率，故静态电流取得较大些，在 0.5～0.8mA 范围。各中频变压器均调谐于 465kHz 的中频频率上，以提高整机的灵敏度、选择性和减小失真。第一中周 B_2 加有自动增益控制，以使强、弱台信号得以均衡，维持输出稳定。中放管 BG_2 对中频信号进行充分放大后，由第二中周 B_4 耦合到检波管 BG_3。

(4) 检波级

经中频放大级放大了的中频信号，由第二中周 B_4 送至检波管 BG_3 进行检波。检波后，从 BG_3 的发射极输出送到电位器 W，旋转 W 可以改变滑动抽头的位置，控制音量的大小。

检波后的低频信号，由 W 送到前置低放管 BG_4，经过低放，可将信号电压放大几十到几百倍。低频信号经过前置放大后，已经达到了一至几伏的电压，但是它的带负载能力还很差，不能直接推动扬声器，还需要进行功率放大。

(5) 低放级与功率输出级

功率放大不仅要输出较大的电压，而且还要能够输出较大的电流。本机采用变压器耦合、推挽式功率放大电路，这种电路阻抗匹配性能好，对推挽管的一些参数要求也比较低，而且在较低的工作电压下可以输出较大的功率。

设在信号的正半周输入变压器 B_5 初级的极性为上负、下正，则次级的极性为上正、下负，这时 BG_5 导通而 BG_6 截止，由 BG_5 放大正半周信号；当信号为负半周时，输入变压器 B_5 初级的极性为上正、下负，则次级的极性为上负、下正，于是 BG_5 由导通变为截止，BG_6 则由截止变为导通，负半周的信号由 BG_6 放大。这样，在信号的一个周期中，BG_5 和 BG_6 轮流导通和截止，这种工作方式就好像两人推磨一样，一推一挽，故称为推挽式放大。放大后的两个半波，再由输出变压器 B_6 合成一个完整的波形，送到扬声器发出声音。本机最大不失真输出功率可以达到 50mW 以上。低频放大级的工作电流一般取 0.5～1mA 范围。

4. 实训内容及步骤

(1) 按元件清单清点六管超外差收音机套件

六管超外差式收音机套件元件清单如下：

① 磁性天线采用 4×9.5×66 mm 的中波扁磁棒，初级用 φ0.12 的漆包线绕 105 匝，次级用同号线绕 10 匝。

② 中周是超外差式收音机的特有元件，六管超外差式收音机中使用的中周共有三只。通常，不同用途的中周依靠顶部磁帽的颜色来区分。B_2 是中波本机振荡线圈，用黑色标记；B_3 为第一中周，用白色标记；B_4 为第二中周，用绿色标记。B_3、B_4 的骨架底部已有内藏的谐振电容。振荡线圈 B_2 则没有电容，这是本振线圈和两只中周的重要区别。

③ B_5、B_6 是用来传输音频信号的变压器，B_5 叫做输入变压器，B_6 叫做输出变压器。它们都用 5×14mm 的 E 型铁芯绕制。输入、输出变压器的外表形式相同，但绕组颜色不同，而且输出变压器的次级电阻不到 1Ω，与输入变压器的次级电阻值相差很大。也有的套件采用的输入变压器 B_5 有 6 根引出线(次级的两个绕组由四根线分开引出)；输出变压器 B_6 则有 5 根引出线，而且是自耦式的。

④ C_1 是双联可调电容，容量较多的一联是输入联 C_{1A}，电容量约 150pF；容量少的一联是振荡联 C_{1B}，电容量约 80pF，每一联都附有一个 3～15pF 微调电容。C_2 是瓷介电容 223，容量约为 0.022μF；C_3 是瓷介电容 103，容量约为 0.01μF；C_4、C_7、C_8 为电解电容，要求它们漏电小、容量足、质量好，耐压 6.3V 即可。C_4 和 C_8 的容量为 4.7μF～10μF，C7 的电容量为 47μF～100μF。C_5 是瓷介电容 103，容量约为 0.01μF；C_6 是瓷介电容 333，容量约为 0.033μF；C_9 和 C_{10} 均为瓷介电容 223，容量约为 0.022μF；C_{11} 是涤纶电容 103，容量约为 0.01μF。

⑤ 套件中共有 6 只硅材料的高频小功率晶体管，其中 BG_1、BG_2、BG_3 通常可采用

3DG201 或 9011 等高频小功率管，其中 BG_1 管子的 β 值应为最小，BG_4 管有时也采用 3DG201 或低频小功率管 9014、9013，BG_4 管的 β 值较前三只管子大些，β 值要求大于 100。BG_6 和 BG_7 一般选用 9013 型或 8050 功放管，两管要配对，要求 β 值大于 100，两管 β 值之间的误差不大于 5%。

⑥ 检波二极管 BG_5 采用 1N4148 型硅二极管，不能用 2AP9 之类的锗管代用。

⑦ 套件中的 8 个电阻一律采用 1/16W 的四环或五环超小型电阻。其中：R_1 和 R_5 的参考电阻值选用 82～91kΩ；R_2 的参考电阻值选用 2.7kΩ；R_3 的参考电阻值选用 120～150kΩ；R_4 的参考电阻值选用 30kΩ；R_6 的参考电阻值选用 100Ω；R_7 的参考电阻值选用 620Ω；R_8 的参考电阻值选用 510Ω。

⑧ 8Ω 扬声器 1 只；带开关的电位器 1 只。

⑨ 耳机 1 套；印刷线路板 1 块；收音机外壳。

⑩ 其他散件还有，耳机插座、磁棒架、频率盘、刻度盘、电位器盘、拎带、正负极片、金属网罩、导线和螺钉若干。

(2) 认识电路原理图上的符号含义，并与实物相对照

① 根据电路原理图划分出收音机的输入级、变频级、中放级、检波级、低放级和功放级。

② 搞清楚各级的工作原理。

③ 识别电路图上的符号含义，对照电路图挑出相应的元器件。

(3) 检测元器件

① 学习用晶体管图示仪或其他检测设备检测各晶体管的 β 值。

② 学习用万用表检测晶体管的管脚极性的方法。

用万用表可以判断三极管的电极、类型及好坏。测量时，一般将万用表置欧姆档"R×100"或"R×1k"档。

1) 判断基极 b 和三极管的类型

电路的连接如图 9-41 所示。

首先假设三极管的某极为"基极"，将黑表笔接在假定的基极上，再将红表笔依次接在另两个电极上，若两次测得的电阻都很大(约为几 kΩ 到几十 kΩ)或者都很小(约为几百 Ω 到几 kΩ)，则对换表笔再重复上述测量，若测得两个电阻都很小或都很大，则可确定假定的基极是正确的，否则假设另一电极为基极，重复上述测试，以确定基极。

当基极确定后，将黑表笔接基极、红表笔分别接其他两极。若测得电阻都很小，则该管为 NPN 型；反之为 PNP 型。

2) 判断集电极 c 和发射极 e

将黑表笔接在假设的集电极上，红表笔接在假设的发射极上，并用手捏住 b 和 c 极，读出表头所示 c、e 间的电阻值，然后将红、黑表笔反接重测。若第一次电阻值比第二次小，说明原假设成立。

3) 电流放大能力 β 值的估测

将万用表置欧姆档"R×1k"，黑、红表笔分别与 NPN 型三极管的集电极、发射极相

接，测量 c、e 间的电阻值。当用一电阻接于 b、c 两管脚间时，阻值示值会减小，即万用表指针右偏。三极管的电流放大能力越大，则万用表指针右偏的角度越大。

③ 学习用万用表检测电容和二极管的极性及好坏

电路的连接如图 9-42 所示。

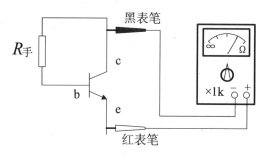 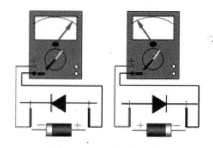

图 9-41　三极管测试电路图　　　　　图 9-42　电路连接图

1) 判断二极管极性

可用指针式万用表，将红表棒插在"＋"、黑表棒插在"－"，将二极管搭接在表棒两端，观察万用表指针的偏转情况。如果指针偏向右边，显示阻值很小，表示二极管与黑表棒连接的为正极，与红表棒连接的为负极。与实物相对照，黑色的一头为正极，白色的一头为负极，也就是说，阻值很小时，与黑表棒搭接的是二极管的黑头，反之，如果显示阻值很大，那么与红表棒搭接的是二极管的正极。

用万用表判断二极管极性的原理：用万用表判断二极管极性的原理如图 9-42 所示。由于电阻档中的电池正极与黑表棒相连，这时黑表棒相当于电池的正极，红表棒与电池的负极相连，相当于电池的负极。因此，当二极管正极与黑表棒连通、负极与红表棒连通时，二极管两端被加上了正向电压，二极管导通，显示阻值很小。

2) 检测电容好坏及极性

注意观察在电解电容侧面有"－"标记，是负极，如果电解电容上没有标明正负极，也可以根据它引脚的长短来判断：长脚为正极，短脚为负极。如图 9-43 所示。

图 9-43　电容正负识别

如果电容的引脚已经剪短，并且电容上没有标明正负极，那么可以用万用表来判断。判断的方法是，正接时漏电流小(阻值大)，反接时漏电流大。如果没有上述现象，说明电容已经损坏。

④ 辨别电阻阻值

取出一只电阻，观察其外部的色环，每条色环的意义见表 9-21。

表 9-21　电阻色环的意义

颜色	Color	第 1 数字	第 2 数字	第 3 数字(5 环电阻)	Multiple 乘数	Error 误差
黑	Black	0	0	0	$10^0=1$	
棕	Browm	1	1	1	$10^1=10$	±1%
红	Red	2	2	2	$10^2=100$	±2%
橙	Orange	3	3	3	$10^3=1000$	
黄	Yellow	4	4	4	$10^4=10000$	
绿	Green	5	5	5	$10^5=100000$	±0.5%
蓝	Blue	6	6	6		±0.25%
紫	Purple	7	7	7		±0.1%
灰	Grey	8	8	8		
白	White	9	9	9		
金	Gold				$10^{-1}=0.1$	±5%
银	Silver	注：第 3 数字只有五色环电阻才有！			$10^{-2}=0.01$	±10%

色环表格左边第 1 条色环表示第一位数字；第 2 个色环表示第 2 个数字；第 3 个色环表示乘数；第 4 个色环也就是离开较远并且较粗的色环，表示误差。将所取电阻对照表格进行读数，比如说：第 1 个色环为绿色，表示 5；第 2 个色环为蓝色，表示 6；第 3 个色环为黑色，表示乘 100；第 4 个色环为红色，那么表示它的阻值是 56×100=56Ω；误差为±2%。对照材料配套清单电阻栏目，逐个检测各电阻阻值。5 环电阻上面的第 3 环请注意其阻值。

⑤ 判别各线圈与输入、输出变压器的好、坏

线圈和变压器的故障通常为开路和短路，变压器还有绕组间短路，其短路还可分为局部短路和严重短路。发生开路、短路和绕组间短路的变压器和线圈就不能用了。如图 9-44 所示。

把万用表拨至×1 或×10 电阻档，可以检测线圈的好、坏。用万用表测量绕组①、②端：若电阻值无穷大，说明该绕组断路(开路)；若电阻值小于实际绕组线圈的电阻值，说明线圈内部有严重短路。局部短路的电感线圈或变压器，由于器件损坏后其线圈电阻值只发生微小变化，万用表电阻档测不出其变化值，因而无法判别出它的好坏。因此，对收音机中的小功率变压器，若出现短路时，只能采用替换的方法来确定其好坏。

(4) 练习焊接工艺，并对元器件引线或引脚进行镀锡处理

① 焊接练习

焊接前一定要注意，烙铁的插头必须插在右手的插座上。烙铁通电前，应将烙铁的电线拉直并检查电线的绝缘层是否有损坏，不能使电线缠在手上。通电后，应将电烙铁插在烙铁架中，并检查烙铁头是否会碰到电线、书包或其他易燃物品。

1) 电烙铁的使用和保养

烙铁加热过程中及加热后，都不能用手触摸烙铁的发热金属部分，以免烫伤或触电。烙铁架上的海棉要事先加水。为了便于使用，烙铁在每次使用后都要进行维修，将烙

铁头上的黑色氧化层锉去，露出铜的本色。在烙铁加热的过程中，要注意观察烙铁头表面的颜色变化。随着颜色的变深，烙铁的温度渐渐升高，这时要及时把焊锡丝点到烙铁头上。焊锡丝在一定温度时熔化，将烙铁头镀锡，以保护烙铁头。镀锡后的烙铁头为白色。如果烙铁头上挂有很多的锡，不易焊接，可在烙铁架中带水的海绵上或者在烙铁架的钢丝上抹去多余的锡，不可在工作台或者其他地方抹去。

2) 在焊接板上练习焊接

焊接练习板是一块焊盘排列整齐的线路板，学生可用一些旧的电子元器件进行练习。把元器件的管脚从焊接练习板的小孔中插入，练习板放在焊接木架上，从右上角开始，排列整齐，进行焊接。如图 9-45 所示。

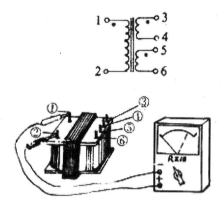

图 9-44　万用表检测线圈的好、坏

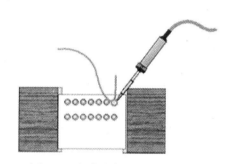

图 9-45　焊接木架

进行焊接练习时，应把握加热时间、送锡多少，不可在一个点加热时间过长，否则会使线路板的焊盘烫坏。注意应尽量排列整齐，以便前后对比，改进不足。

焊接时先将电烙铁在线路板上加热，大约两秒钟后，送焊锡丝，观察焊锡量的多少。不能太多，造成堆焊；也不能太少，造成虚焊。当焊锡熔化，发出光泽时焊接温度最佳，应立即将焊锡丝移开，再将电烙铁移开。为了在加热中使加热面积最大，要将烙铁头的斜面靠在元件引脚上，烙铁头的顶尖抵在线路板的焊盘上。焊点高度一般在2毫米左右，直径应与焊盘相一致，引脚应高出焊点大约 0.5 mm。如图 9-46 所示。

图 9-46　焊点位置

焊点的正确形状如图 9-47 所示。焊点 a 一般焊接比较牢固；焊点 b 为理想状态，一般不易焊出这样的形状；焊点 c 焊锡较多，当焊盘较小时，可能会出现这种情况，但是往往有虚焊的可能；焊点 d、e 焊锡太少；焊点 f 提烙铁时方向不合适，造成焊点形状不规则；焊点 g 烙铁温度不够，焊点呈碎渣状，这种情况多数为虚焊；焊点 h 焊盘与焊点之间有缝隙为虚焊或接触不良；焊点 I 引脚放置歪斜。一般形状不正确的焊点，元件多数没有焊接牢固，一般为虚焊点，应重焊。如图 9-47 所示。

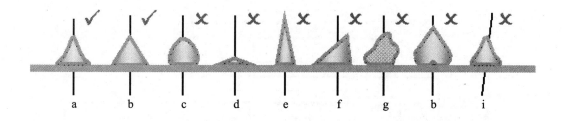

图 9-47　焊点的正确形状

② 清除元件表面的氧化层

元件经过长期存放，会在元件表面形成氧化层，不但使元件难以焊接，而且影响焊接质量，因此当元件表面存在氧化层时，应首先清除元件表面的氧化层。注意用力不能过猛，以免使元件引脚受伤或折断。清除元件表面氧化层的方法，通常可以用左手捏住电阻或其他元件的本体，右手用锯条轻刮元件引脚的表面，左手慢慢地转动，直到表面氧化层全部去除。为了使元器件易于焊接，有时要用尖嘴钳前端的齿口部分将元器件的焊接点锉毛，去除氧化层。

收音机套件中提供的元器件一般放在塑料袋中，比较干燥，相对比较好焊。如果发现不易焊接，就必须先除去氧化层。元件示意图如图 9-48 所示。

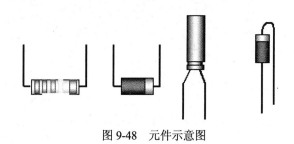

图 9-48　元件示意图

③ 元件引脚的弯制成形

元件焊接有平焊和立焊两种方式，在焊接前需要把元器件的管脚弯制成形。如图 9-48所示。弯制成形可用镊子紧靠电阻的本体，夹紧元件的引脚，使引脚的弯折处距离元件的本体有两毫米以上的间隙。左手夹紧镊子，右手食指将引脚弯成直角。注意：不能用左手捏住元件本体、右手紧贴元件本体进行弯制。如果这样，引脚的根部在弯制过程中容易受力而损坏。元件弯制后引脚之间的距离，应根据线路板孔距而定。引脚修剪后的长度大约为 8mm，如果孔距较小，元件较大，应将引脚往回弯折成形。电容的引脚可以弯成梯形，将电容垂直安装。二极管可以水平安装，当孔距较小时应垂直安装，为了将二极管的引脚弯成美观的圆形，应用螺丝刀辅助弯制：把螺丝刀紧靠二极管引脚的根部，十字交叉，左手捏紧交叉点，右手食指将引脚向下弯，直到两引脚平行。

④ 元器件的插放

六管超外差收音机的印刷电路图如图 9-49 所示。

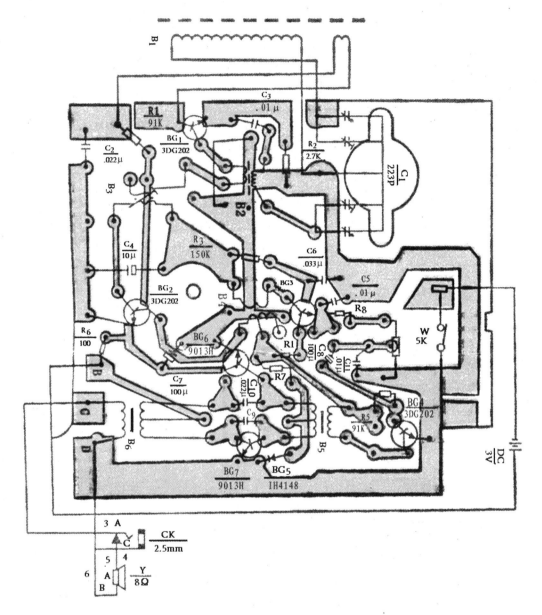

图 9-49　六管超外差收音机的印刷电路图

从印刷电路板的正面(元件安装面)看到的是元件排列图,背面的印刷电路走线图上面标明了各个元件应该安装的孔位。初学者只需按照印刷电路板上标示的符号,将元件对号入座就行。装配焊接的过程中我们应当特别细心,不可有虚焊、错焊、漏焊等错误发生。装配焊接的顺序通常是先焊电阻、电容、二极管、三极管等小元件,再焊中周、双连及变压器等体积较大的元件,最后才装磁性天线、扬声器等。

焊接前应当注意元件的引脚应留下适当的长度,元件离开底板的高度要恰当,不要相互妨碍,要注意美观,比如说,电阻和二极管要么全部卧式安装(平焊),要么全部立式安装(立焊)。

　　将弯制成型的元器件对照图纸插放到线路板上。注意：一定不能插错位置；二极管、晶体管、电解电容一定要注意极性；电阻插放时要求读数方向排列整齐，横排的必须从左向右读，竖排的从下向上读，保证读数一致。保证每个元件焊接高度一致。焊接时，电阻不能离开线路板太远，也不能紧贴线路板焊接，以免影响电阻的散热。

　　焊接时如果线路板未放水平，应重新加热调整。焊接好的印刷板上元器件的排列应保持高度基本相同，其中依中周高度为最高点基准。如图 9-50 所示。

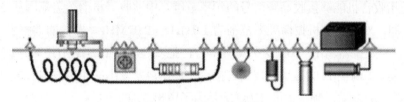

图 9-50　焊接排列示意图

　　比较容易发生的错误是：电阻色环认错，电解电容和二极管等有极性的元件焊反；晶体管的三只脚焊错；中周、振荡线圈弄混；输入变压器 B_6 装反(B_6 的塑料骨架上有凸点的一边为初级)；磁性线圈的线头未经去漆就进行焊接；等等。也有的初学者在装配时元件脚留得过长，导致相邻的元件脚相碰而引起短路故障。上述问题在组装过程中均要加以注意。

　　(5) 调试和验收

　　① 试听

　　如果元器件安装基本无误，就可接通电源试听。打开收音机音量开关，慢慢转动调谐盘，应能听到广播声，否则应按照要求对各项进行检测，找出故障并改正。

　　② 统调

　　收音机如果装配无误，工作点调试正确，一般接通电源后就可以收到当地发射功率比较强的电台。但即便如此，也不能说它工作得就很好了，这时它的灵敏度和选择性都还比较差，还必须把它的各个调谐回路准确地调谐在指定的频率上，这样才能发挥电路的工作效能，使收音机的各项性能指标达到设计要求。对超外差式收音机的各调谐回路进行调整，使之相互协调工作的过程，就称为统调。

　　统调工作要用到高频信号发生器这样的仪器，高频信号发生器像一个小小的电台，可以发出各种不同频率的信号，作为校正各个调谐回路的标准。S2108 型六管机共有四个调谐回路($B_1 \sim B_4$)需要仔细调整，把它们一一调在预定的谐振频率上。调整方法可按下列步骤进行：

　　1) 调整中频

　　打开收音机的电源开关，将音量电位器旋到最大音量，将双连 C_{1A} 部旋进，(即逆时针旋到底)。首先把振荡连 C_{1B} 短路，让本机振荡停止工作，不致对中频调试工作造成干扰。使信号发生器输出 465kHz 的调幅信号，用一根 0.5m 长的导线一端接在信号发生器的高频输出端，另一端靠近收音机的磁性天线，依靠电磁感应作用使高频信号注入收音机。这时在扬声器中应该听到"呜…"的 1kHz 低频叫声。用无感起子(用无磁性的非金属材料制作的起子)微微旋动中周 B_4、B_3 的磁帽，使扬声器中发出的声音最响，调整次序是由后向前，

先调 B_4 后调 B_3。如果扬声器中的叫声太响，可以将电位器适当关小一点，再调中周。因为人的耳朵对响度小的声音比较敏感，只要有一点点变化就能辨别出来；对响度大的声音，人耳的感觉就比较迟钝。所以在调试过程中，只须把音量开到刚刚能听到"呜…"声就可以了。反复调整 B_4、B_3 二至三次，使扬声器中声音最响，中频就调整好了。这步调试工作完毕后，不要忘记去掉 C_{1B} 上的短路线，以便进行下一步调试工作。

2) 调覆盖

覆盖是指收音机能够接收高频信号的频率范围，中波收音机的覆盖范围从 535kHz 到 1605kHz 之间，对应的本机振荡频率范围为 1.0MHz～2.07MHz。覆盖的调整步骤如下：

- 使信号发生器输出 520kHz 的调幅信号，把双连 C_{1A} 全部旋进(逆时针旋到底)，用无感起子调整 T_2 的磁帽，找到谐振点，使扬声器发出的叫声最响，这时是调整频率覆盖的低端，频率值取 520kHz 是为了留出 3%的余量。

- 使信号发生器输出 1650kHz，这里同样留出了 3%的余量。把双连 C_{1A} 全部旋出(顺时针旋到底)，调整 C_{1B} 的微调如图 9-51 所示，使扬声器发出的声音最响，这是在调整频率覆盖的高端。反复调整高端和低端，使频率范围正好能覆盖 535～1605kHz 的中波段。

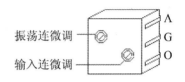

图 9-51　微调 C_{1B} 的示意图

3) 调同步

- 使信号发生器输出 570kHz 的调幅信号，双连先全部旋进，然后缓缓旋出，使扬声器中能听到 1kHz 的低频叫声，仔细地拨动磁性天线线圈的位置，使声音最响。

- 使信号发生器输出 1500kHz 的调幅信号，双连全部旋出后，再缓缓旋进，使扬声器发出 1kHz 的低频叫声，调整双连输入联微调，使声音最响。反复进行高端和低端的同步调整，使两端灵敏度兼顾。

经过以上几个步骤的调整以后，收音机的灵敏度和选择性基本上可以达到规定的技术要求。

③ 不用仪器的调试方法

在业余条件下，不是每一位业余爱好者都有信号发生器这样的仪器，这时可以直接利用电台的信号来调试。

接上电源，打开电源开关，把电位器旋到最大音量，这时在扬声器中可以听到"沙、沙"的噪声。转动双联的拨盘，先收一个强弱适中的电台，以刚好能清晰地听到播音声就行了。调整中周 B_4 和 B_3，使电台的播音声最响，反复调整 2~3 次中频就调好了。这样调出的中频不一定是 465kHz，虽然不符合国家制定的技术标准，但是并不会对收音机的性能造成明显的影响。

转动双联电容，尽可能在中波最低端收一个电台。

同步的调整也和上面相似，先转动双联接收一个低端的电台，拨动磁性天线线圈，改变它在磁棒上的位置，使电台播音声最响；再转动双联接收一个高端的电台，调整双联输入联的微调，使电台播音声最响。以上步骤也反复进行两三次，收音机的调试工作就全部搞好了。不用仪器进行调试工作，只要细心操作也能取得满意的效果。

5. 实训思考题

(1) 例如沈阳地区的爱好者如何可以收到沈阳交通台？

(2) 如果高端的电台收不到，应如何调节以能收到当地的中波电台。

9.7　音频功率放大器设计

1. 实训目的

设计一音频功率放大器，末级采用乙类推挽输出，晶体管采用 C9013、C9012(具体参数查手册)。已知 $V_i=200mv$，$V_{CC}=12v$，要求 $P_0 \geqslant 0.3w$，$A_\Sigma > 70$。

2. 实训仪器

示波器	1 台
信号发生器	1 个
直流信号源	1 台
晶体管测试仪	1 个
万用表	1 块
有效值电压表(后二种也可不用)	1 块

3. 实训电路原理

扩音机是日常生活中的常用设备，其作用是将语言、音乐等经过电声转换装置(如话筒)而得到的弱小音频信号，放大后推动喇叭发声。对扩音机的指标要求主要体现在"量"和"质"上。所谓"量"是指扩音机的扩音能力，由扩音机能输出的最大功率来决定；所谓"质"是指扩音机的扩音效果，如高保真、高低音可调等。本设计只涉及其"量"的问题。即如何将话筒输出的弱小电压信号放大，达到额定输出功率。该部分的框图如图 9-52 所示。

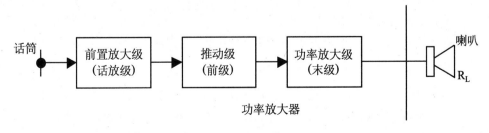

图 9-52　扩音机扩音部分框图

(1) 功率放大器

通常包括功率放大级和推动级，功率放大级的任务使负载获得技术指标中所规定的输出功率，推动级的任务是供给末级输入回路有足够的激励功率，以推动功率放大器工作，当末级输出功率较大时，它也是功率放大器，当末级输出功率较小时，它可以是前置放大器。

(2) 前置放大级

增大末级的输入信号，当末级输出功率较小时，可以不加此级。

(3) 重要技术指标

额定输出功率 P_O：在额定负载 R_L 上的输出功率

$$P_0 = V_0 I_0 = \frac{V_0^2}{R} = I_0^2 \cdot R_L \tag{9-7}$$

$V_O I_O$ 在额定负载 R_L 上输出的有效电压、电流值转换效率 μ：放大器输出给负载的功率与电流源提供的功率之比

$$\eta = \frac{P_0}{P_{CC}} \times 100\% \tag{9-8}$$

$$P_{CC} = I_{CC} \cdot V_{CC} \tag{9-9}$$

I_{CC}、V_{CC} 是直流电源输出的电流、电压值。

(4) 典型电路及工作原理

如图 9-53 所示，是一简单的乙类推挽输出功率放大器(乙类互补对称)的电路。

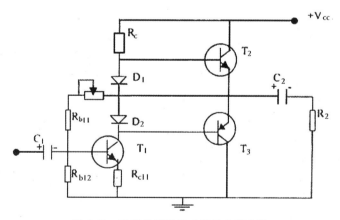

图 9-53　乙类推挽输出功率放大器电路

它包含推动级(T_1、R_{b11}、R_{b12}、R_{e11}、R_{c11} 组成)和放大级，推动级为末级提供了输入幅度大小相等、相位相反的对称激励信号，放大级工作原理如下：两个管子均工作在乙类放大级状态，一个在正半周工作，另一个在负半周工作，两管的输出波形都能加到负载上，则负载上可以获得一个完整波形。

假设输入的正弦信号有足够大的幅度，能驱使工作点沿负载线在截止点与临界饱和点之间移动，则 T_1、T_2 管的工作状态及电流、电压波形如图 9-54 所示。

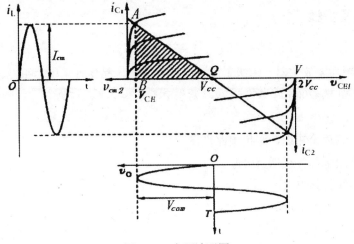

图 9-54　电压波形图

由定义可写出 P_0 的表达式

$$P_0 = I^2{}_L R_L = \frac{1}{2} I^2{}_{CM} R_L = \frac{1}{2} I_{CM} V_{CM} \qquad (9\text{-}10)$$

在输入信号足够大的情况下，$V_{cem}=I_{cm}R_L=V_{CC}\text{-}V_{CE(sal)}$，如果忽略管子的饱和压降 $V_{CE(sal)}$，则输出电压的最大幅值 $V_{cme}=I_{cm}R_L \approx V_{CC}$，这时最大不失真输出功率为

$$P_{om} = \frac{1}{2} I_{CM} \cdot V_{cem} = \frac{1}{2} V^2{}_{cme} / R_L \approx \frac{1}{2} V^2{}_{CC} / R_L \qquad (9\text{-}11)$$

图 9-53 中阴影部分即 ΔABQ 的面积就代表乙类互补对称电路输出功率的大小，称为功率三角形。显然，ΔABQ 的面积愈大，输出功率 P_{om} 也愈大。

输出最大功率时，直流电源提供给电路的总功率为

$$P_{cc} = \frac{1}{2\pi} \int_0^\pi V_{CC} i_{c1} d(wt) + \frac{1}{2\pi} \int_0^\pi V_{EE} i_{c2} d(wt) \qquad (9\text{-}12)$$

$$= \frac{1}{\pi} \int_0^\pi V_{CC} I_{cm} \sin wt d(wt)$$

$$= \frac{2}{\pi} V_{CC} I_{cm} = \frac{2V^2{}_{CC}}{\pi R_L} = \frac{4}{\pi} P_{om}$$

放大器输出最大功率时，效率为

$$\eta m = \frac{P_{om}}{P_{CC}} = \left(\frac{1}{2} \cdot \frac{V^2{}_{CC}}{R_L} \right) / \left(\frac{2}{\pi} \cdot \frac{V^2{}_{CC}}{R_L} \right) = \frac{\pi}{4} = 78.5\% \qquad (9\text{-}13)$$

这个结果是在输入信号足够大、忽略了晶体管饱和压降 $V_{CE(sat)}$ 的情况下得到的，实际效率比这要低，仅能达到 60% 左右。

4. 实训内容及步骤

(1) 内容

设计一音频功率放大器，末级采用乙类推挽输出，晶体管采用 C9013、C9012(具体参数查手册)。已知 $V_i=200mv$，$V_{CC}=12v$，要求 $P_0 \geqslant 0.3w$，$A_\Sigma > 70$。

(2) 步骤

① 预习有关理论知识，画出电路框图。

② 依据框图进行各级增益分配。

③ 确定各级具体电路。

④ 功放级电路参数计算。

⑤ 前置放大级电路参数计算。

⑥ 调试功放级达到设计要求。

⑦ 调试前置放大级达到设计要求。

⑧ 联调，并注意级间阻抗匹配问题。

⑨ 测量 P_0 调试电路达指标要求。

⑩ 测量电路的 μ 值填入表 9-22，并与理论值比较。

表 9-22　电路的 μ 值的测量

测　量　值	V_0	R_0	V_{CC}	I_{CC}	
计　算　值	P_0		P_{CC}		μ

⑪ 采用逐点测量法，测量电路的带宽，填入表 9-22 并画出波特图。

表 9-23　电路带宽测量值

	f_1	f_2	f_3	
信号频率				
放大倍数				

以上测量数据需如实记录，并写在实验报告中，报告中需要对这些数据进行数据分析。

5. 实训思考题

(1) 在图 9-53 中，D_1、D_2 两个二极管的作用是什么？

(2) 在联调过程中，当前级与功放级连接后输出电压很小，可能是哪些因素造成的？应如何调整？

(3) 观察你的波特图，说明带宽对音质有什么影响？采取哪些电路可以提高音质？

第4篇　电子技术课程设计

第10章　电子技术课程设计

第10章　电子技术课程设计

10.1　电子系统设计的基本方法和一般步骤

10.1.1　课程设计的基础知识

电子技术课程设计是电子技术课程的实践性教学环节，包括选择课题、电子电路设计、组装、调试和编写总结报告等教学环节。课程设计的基本目的，是综合运用电子技术课程中所学到的理论知识，去独立完成具有不同功能的单元电路的设计、安装和调试，并通过查阅手册和文献资料，深化学生所学的理论知识，培养综合运用能力，增强学生独立分析与解决问题的能力，进一步熟悉常用电子器件的类型和特性，掌握合理选用的原则，并训练、培养严肃认真的工作作风和科学态度，为以后从事电子电路设计和研制电子产品打下初步基础。

学生应根据题目的技术指标，选择总体方案，设计单元电路，选择元器件，进行计算机仿真优化、硬件装配调试，测试性能指标，制作出实际电子产品，写出总结报告。其基本原则是，制作的电子产品电路简单，工作稳定可靠，能达到所要求的性能指标，成本低、功耗低，便于生产、测试和维修。

10.1.2　电子电路的设计方法

在设计一个电子电路系统时，首先必须明确系统的设计任务，对系统的设计任务进行具体分析，充分了解系统的性能、指标、内容及要求，明确系统应完成的任务。然后，对方案中的各部分进行单元电路的设计、参数计算和器件选择。最后，将各部分组合，给出完整的系统电路图。

1. 明确系统的设计任务要求

对系统的设计任务进行具体分析，根据技术指标的要求，弄清系统所要求的功能和性能指标。

2. 总体方案选择

(1) 课题分析

按照系统要求，把系统要完成的任务分配给若干个单元电路，从而得到系统框图。每个方框即是一个单元电路。按系统指标要求，规划出各单元电路要完成的任务，确定输出与输入的关系，决定每一个单元电路的结构。为完成总任务，由系统框图到单元电路的具体结构应具有多套方案，最后经过比较和论证，选定性价比指标最高的方案。

(2) 单元电路的设计、参数计算和器件选择

根据系统指标和功能框图，明确任务，进行各单元电路的设计、参数计算和元器件选择。

① 单元电路设计

单元电路是整体的构成部分，提高整体设计水平需提高各个单元电路的设计水平。每个单元电路设计前，都需明确本单元电路的任务，详细拟定出单元电路的性能指标，注意各单元电路之间的相互配合和前后级之间的关系，尽量简化电路结构。注意各部分输入信号、输出信号和控制信号的关系。

② 参数计算

进行参数计算时，需理解电路的工作原理，正确利用计算公式，满足设计要求。不仅要求元器件的工作电流、电压、频率和功耗等参数应能满足电路指标的要求，其极限参数必须留有足够裕量，一般应大于额定值的 1.5 倍，且要求电阻和电容的参数应选计算值附近的标称值。

③ 器件选择

元器件的品种规格十分繁多，需要尽可能多地熟悉元器件的型号、指标及价格。通常用的元器件包括阻容元件、分立元件及集成电路等。阻容元件种类很多，设计时要根据电路的要求选择性能和参数合适的阻容元件，并要注意功耗、容量、频率和耐压范围是否满足要求。分立元件包括二极管、晶体三极管、场效应管、光电二极管、晶闸管，等等。选择的器件种类不同，注意事项也不同。例如选择晶体三极管时，首先注意选择 NPN 型还是 PNP 型管，是高频管还是低频管，是大功率管还是小功率管，并注意管子的参数是否满足电路设计指标的要求。而集成电路的选用，不仅要在功能和特性上要实现设计方案，而且要满足功耗、电压、速度、价格等多方面的要求。

④ 电路图的绘制

各单元电路确定以后，可进行总体电路图的绘制。总体电路图是重要的设计文件。电路图通常是在系统框图、单元电路设计、参数计算和器件选择的基础上绘制的，它不仅是电路安装和电路板制作的主要依据，还是维修时不可缺少的文件。

绘制电路图时要注意以下几点：

首先，应注意布局合理、排列均匀、图面清晰、便于看图、有利于对图的理解和阅读。注意信号的流向。一般从输入端或者信号源画起，由左至右或者由上至下地按照信号的流向依次画出各单元电路，而反馈通路的信号流向则与此相反。绘图时应尽可能地把总电路画在一张图纸上。若电路结构复杂，则把主电路画在同一张图纸上，而把一些比较独立或次要的部分画在另外的图纸上，但应用符号清楚地标记电路之间的连接关系。

其次，注意采用国家规定图形符号，图中应加适当的标注。图形符号表示器件的项目或概念，电路图中的中、大规模集成电路器件，一般用方框表示，在方框中标出它的型号，在方框的边线两侧标出每根线的功能名称和管脚号。除中、大规模器件外，其余元器件符号应当标准化。

最后，应注意所有的连接线需清晰工整，最好为直线，并且交叉和折弯应最少。通常连接线可以水平布置或垂直布置，互相连通的交叉线，应在交叉处用圆点表示。根据需要，可以在连接线上加注信号名或其他标记，表示其功能或其去向。器件的电源、地线可用符号表示。

10.1.3　电子电路的组装、调试

电子电路设计好后，便可进行组装、调试。安装与调试过程按照先局部、后整机的原则，把系统划分为若干个功能块，根据信号的流向逐块装调，使各功能块达到各自技术指标的要求，然后把它们连接起来进行统调和系统测试。

1. 电子电路的组装

首先根据实验板或实验箱为设计者提供的使用面积和各元器件体积大小，画出一张简单的装配图，以确定各元器件的实际位置，这对于后面的布线和调试工作是十分重要的。电子技术课程设计中的组装电路，通常采用焊接和在面包板上插接两种方式。

(1) 插接方式

为了提高元器件的重复利用率，往往在面包板上插接电路。把元器件按装配图指示的位置插入面包板上，然后进行接线。在接线时，应首先连接各集成块的电源线和地线，然后插入外围电路各器件，最后完成各集成块之间的信号连线。在组装过程中，集成电路的插接应认清方向，不要倒插，所有集成电路的插接方向要保持一致且注意管脚不能弯曲。根据电路图的各部分功能确定元器件在实验箱的插接板上的位置，并按信号的流向将元器件顺序地连接，以易于调试。而导线直径应和插接板的插孔直径相一致，过粗会损坏插孔，过细则与插孔接触不良。通常采用 0.60mm 的单股硬导线。根据布线的要求剪好导线，剥去导线两头的绝缘皮，然后把导线两头弯成直角。根据不同用途，导线可以选用不同的颜色。一般习惯是，正电源用红线，负电源用蓝线，地线用黑线，信号线用黄色线等。连接用的导线要求紧贴在插接板上，避免接触不良。连线不允许跨接在集成电路上，一般从集成电路周围通过，尽量做到横平竖直，这样便于查线和更换器件。组装电路时注意，电路之间要共地。正确的组装方法和合理的布局，不仅使电路整齐美观，而且能提高电路工作的可靠性，便于检查和排除故障。插接方式最大的缺点就是插孔经多次使用，容易造成接触不良。

(2) 焊接方式

用焊接方式组装电路的主要工作是在印刷电路板上焊接元器件。焊接质量取决于四个条件：焊接工具、焊料、焊剂、焊接技术。

① 焊接工具与材料

电烙铁是焊接的主要工具之一。电烙铁有各种不同的功率，要根据不同的焊接对象选择不同功率的电烙铁。焊接 TTL 集成电路和半导体元器件一般可选用 25W 的，焊盘面积较大时可选用 45W 或功率更大的。焊接 CMOS 电路一般选用 20W 内热式电烙铁，且外壳要具有良好的接地线。焊锡是最为常用的焊料，它是一种铅锡合金。市场上出售的焊锡有

两种：一种是将焊锡做成管状，管内填有松香，称松香焊锡丝，使用这种焊锡丝时，可以不加助焊剂，使用比较方便；另一种是无松香的焊锡丝，焊接时要加助焊剂，以改善焊接质量。

② 焊接工艺

对焊接的质量要求为焊接牢靠、无虚焊，焊点的大小适中、圆滑。焊接前，必须净化焊点和焊件表面，可用酒精擦洗、刀刮或砂纸磨，露出光亮金属后再醮上焊剂，镀上锡，将被焊的金属表面加热到焊锡熔化的温度。

③ 焊接过程

把烙铁头放在焊件上，待焊件的温度达到焊锡熔化的温度时，使焊锡丝接触焊件。当适量的焊锡丝熔化后，立即移开焊锡丝，再移开烙铁。整个过程只需几秒钟。

2. 电子电路的调试

在电路接通电源之前，对照电子电路原理图和布线图反复检查，检查电路各部分接线是否正确，检查电源、地线、信号线、元器件引脚之间有无短路，器件有无接错。尽量排除接线上的错误，忘记电源线和地线是初学者很容易出现的错误，但是若将集成块的电源线和地线接反，则会造成器件永久性损坏，所以在查线时要特别注意。查线可借助于万用表进行。确定接线没有错误后接通电源，进行电路的调试。观察电路中各部分器件有无异常现象。如果出现异常现象，则应立即关断电源，待排除故障后方可重新通电。常见的调试方法为：检查电路能否正常复位，信号是否送到，电路的状态转换和输出是否正常，等等。

模拟系统最常见的故障是系统自激，即把输入端对地短路，用示波器观察各功能块的输出端，有幅度很大、频率很高的电压波形，这说明系统产生了自激振荡，如不采取措施，很快会导致组件过热而损坏。数字系统安装调试中常见的故障有三种：接错线、漏接线和逻辑设计错误。电子电路调试方法分为两种：分块调试法和整体调试法。

(1) 分块调试

在调试单元电路时，应明确各个单元的调试要求，按调试要求测试每个模块的性能指标和观察波形。调试顺序按信号的流向分步进行，逐步扩大调试范围，为最后的整体联调创造条件。电路调试包括静态和动态调试，通过调试掌握必要的数据、波形，然后对电路进行分析、判断、排除故障，完成调试要求。此方法问题出现的范围小，可及时发现，易于解决。

(2) 整体调试

在分块调试结束后，可进行整机的整体调试。整体调试时，应观察各单元电路连接后各级之间的信号关系，主要观察动态结果，检查电路的性能和参数，分析测量的数据和波形是否符合设计要求，对发现的故障和问题及时采取处理措施。需要注意的是，若一个电路中包括模拟电路、数字电路、微机系统等不同单元，由于它们对输入信号要求各不相同，应分别调试。

(3) 故障排除法

电路故障的排除有很多，比较常见的有故障点跟踪测试法、对分法、分割测试法、对比法、替代法、静态测试法及动态测试法，等等。

故障点跟踪测试法，即通过对某一预知特征点的观察，来确定电路工作是否正常，如发现该点的信号特征与预期结果不符，则向前一级查找，直到找到故障源。这种方法如能熟练地应用，可迅速找到故障点。

对分法即把有故障的电路分为两部分，先检测这两部分中究竟是哪部分有故障，然后再对有故障的部分对分检测，一直到找出故障为止。采用"对分法"可减少调试工作量。

分割测试法即对于一些有反馈的环形电路(如振荡器、稳压器等电路)，它们各级的工作情况互相有牵连，这时可采取分割环路的方法，将反馈环去掉，然后逐级检查，可更快地查出故障部分。对自激振荡现象也可以用此法检查。

对比法即将有问题的电路的状态、参数与相同的正常电路进行逐项对比。此方法可以较快地从异常的参数中分析出故障。

替代法即让已调试好的单元电路代替有故障或有疑问的相同单元电路(注意共地)，这样可以很快判断故障部位。有时元器件的故障不很明显，如电容器漏电、电阻变质、晶体管和集成电路性能下降等，这时用相同规格的优质元器件逐一替代实验，就可以具体地判断故障点，加快查找故障点的速度，提高调试效率。

故障部位找到后，要确定是哪一个或哪几个元件有问题，最常用的就是静态测试法和动态测试法。静态测试是用万用表测试电阻值、电容器漏电，电路是否断路或短路，晶体管和集成电路的各引脚电压是否正常等。这种测试是在电路不加信号时进行的，所以叫静态测试。通过这种测试，可发现元器件的故障。

动态测试法即当静态测试还不能发现故障原因时，可以采用动态测试法。测试时在电路输入端加上适当的信号再测试元器件的工作情况，观察电路的工作状况，分析、判别故障原因。组装电路要认真细心，要有严谨的科学作风。安装电路要注意布局合理，调试电路要注意正确使用测量仪器，系统各部分要"共地"，调试过程中不断跟踪和记录观察的现象、测量的数据和波形。通过组装调试电路，发现问题，解决问题，提高设计水平，圆满地完成设计任务。

10.2　模拟电子技术课程设计

10.2.1　逻辑信号电子测试仪

1. 设计任务和要求

设计一个逻辑信号电子测试仪。能够测试测量范围在 0.8V~3.5V 间的电平信号，并用音响表示。根据技术指标，通过分析计算确定电路形式和元器件参数，工作电源为 5V，输入电阻大于 20kΩ，并利用 Multisim 软件进行仿真。

2. 设计思路与原理框图

逻辑信号电子测试仪可以通过声音来表示被测信号的逻辑状态，根据扬声器发出不同频率响声来判断信号高低。逻辑信号电子测试仪是将被测信号输入到电路中，产生不同的高低电平信号，将其送入音响产生电路，输出信号即为频率不同矩形脉冲信号，通过扬声器发出不同的响声，这样可以容易地判断出逻辑电平的高低。在本设计中，高、低电平分别用 1kHz 和 800kHz 的音频来表示。

图 10-1 表示为逻辑信号电子测试仪的原理框图，由三部分电路组成，分别是输入电路、逻辑信号识别电路和音响产生电路。U_i 为逻辑信号电平，经输入和逻辑识别电路后，输出为不同高低信号，在经音响产生电路后，输出为不同周期的矩形脉冲信号，不同周期即不同频率的信号经扬声器后发出不同频率的声音，以此区分出高低电平。

图 10-1　逻辑信号电子测试仪的原理框图

3. 电路设计与参数计算

图 10-2 为整体设计电路图，由输入及逻辑信号识别电路、音响信号产生电路及音响驱动电路构成。

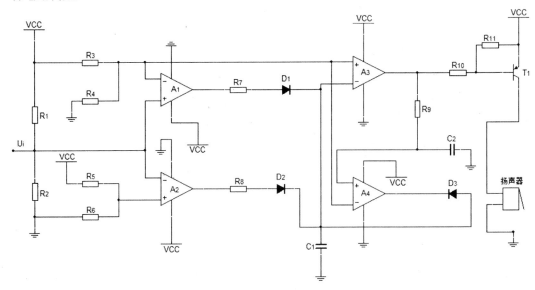

图 10-2　逻辑信号电子测试仪的整体电路图

(1) 输入及逻辑信号识别单元的设计

① 电路设计

其电路设计如图 10-3 所示。

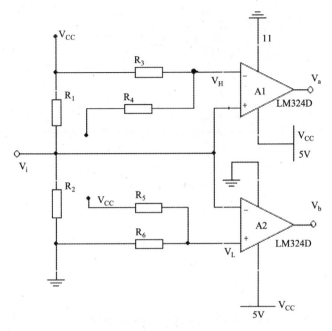

图 10-3 输入及逻辑信号识别电路

为保证输入悬空时的无信号状态，输入端设置输入电阻 R_1、R_2，由 A、A_2 组成的双相比较器可对输入的逻辑电平信号 V_i 进行检测识别。当比较器同相输入端电压大于反相输入端时，比较器输出为高电平，反之输出为低电平。其中，A_1 的反相输入端为高电平阈值电位参考端，其电位由 R_3、R_4 两电阻分压后决定。同相输入端为低电平阈值电位参考端，其电位由 R_5、R_6 两电阻分压后决定。

② 参数计算

根据要求，当输入电阻大于 20kΩ 且输入悬空时，V_i 选取 0.8V~3.5V 中间的数值，选择 $V_i = 1.5V$，由于 V_i 是由 R_1、R_2 分压所得，则

$$V_i = \frac{R_2}{R_1 + R_2} V_{cc} = 1.5V \tag{10-1}$$

又因为

$$R_i = \frac{R_1 R_2}{R_1 + R_2} \geq 20\text{k}\Omega$$

因此可得

$$R_1 = 71\text{k}\Omega，\quad R_2 = 27.6\text{k}\Omega$$

可选取

$$R_1 = 80\text{k}\Omega，\quad R_2 = 30\text{k}\Omega$$

$$V_L = \frac{R_6}{R_5 + R_6} V_{CC} = 0.8V \tag{10-2}$$

$$V_H = \frac{R_4}{R_3 + R_4} V_{CC} = 3.5V \tag{10-3}$$

选取标称值

$$R_3 = 30k\Omega, \quad R_5 = 68k\Omega$$

则

$$R_4 = 68k\Omega, \quad R_6 = 13k\Omega$$

(2) 音响信号产生电路

① 电路工作原理

音响信号产生电路如图 10-4 所示，是由两个比较器组成的，由于前面逻辑比较器判断输出电压分为三种情况，所以此电路可分为三种情况进行讨论。

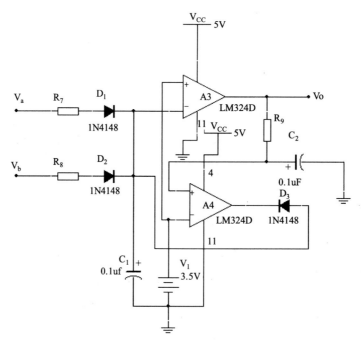

图 10-4　音响信号产生电路

1) 当 $V_a = V_b = 0V$ 时

开始时，C_1 两端电压为零，且 V_a 和 V_b 两端输入端均为低电平，二极管 D_1 和 D_2 截止，电容 C_1 没有充电回路，A_3 同相端为 3.5V 高于反相端，Vo 输出为高电平。Vo 通过 R_9 为电容 C_2 充点，达到稳态时电容 C_2 的电平为高电平，A_4 的同相端为 5V 大于反相端电平 3.5V，输出为高电平，由于有 D_3 的存在，电路稳态不受影响，输出保持为高电平不变。

2) 当 V_a=5V，V_b=0V 时

二极管 D_1 导通，C_1 通过 R7 放电，V_{c1} 两端电压按指数上升，A_3 同相端大于反相端电平，在 V_{c1} 未达 3.5V 前，A_3 输出为高电平。在 V_{c1} 达 3.5v 后，A_3 反相端大于同相端，A_3 输出由 5V 跳变为 0V，使 C_2 通过 R_9 和 A_3 的电阻 R_{03} 放电，V_{c2} 由 5V 下降。当下降到小于 A_4 反相端电平时，A_4 输出电压跳变为 0v，D_3 导通，C_1 通过 D_3 和 A_4 的输出电阻放电。由于 A_4 电阻很小，所以 V_{c1} 迅速下降为 0V 左右，这时 A_3 反相端电压小于同相端电压，A_3 输出电压又跳到 5V，C_1 再一次充电。如此循环，A_3 输出电为矩形脉冲信号。

3) 当 V_a=0v，V_b=5v 时

此工作过程与上一过程相同，唯一区别在于 D_2 导通时，V_b 高电平通过 R_8 向 C_1 充电，所以 C_1 的充电时间常数改变了，使 V_o 的周期发生相应的改变。

② 电路参数计算

t_1 期间电容 C_1 充电，电容端电压表达式为：$V_{c1}(t)=5(1-e^{-\frac{t}{\tau_1}})$

t_2 期间电容 C_2 放电，电容端电压表达式为：$V_{c2}(t)=5e^{\frac{t}{\tau_2}}$

Vo 的周期 $T=t_1+t_2$

$t_1=-\tau_1\ln0.3=1.2\tau_1$

$t_2=-\tau_2\ln0.7=0.36\tau_2$

选取　　$C_1=C_2$=0.1uf

因为　　$R_2=R_9C_2$=0.5ms

所以　　R_9=5kΩ

按要求用 f=1kHz 的音响表示高电平。

被测信号为高电平时　f=1kHz

$T=t_1+t_2$=1/f=1.2τ_1+0.36τ_2=1ms

τ_2=0.5ms　　τ_1=0.6ms

所以　$R_7=R_1/C_1$=6kΩ

选取　R_7=6kΩ

被测信号为低电平时　f=0.8kHz

按要求用 f=0.8kHz 的音响表示低电平。

$T=t_1+t_2$=1/f=1.2τ_1+0.36τ_2=1.25ms

τ_1=0.625ms　　　τ_2=0.5ms

所以　$R_8=\tau_1/C$=0.625m/0.1u=6.25kΩ

选取　R_8=6kΩ

(3) 音响驱动电路

音响驱动电路如图 10-5 所示，此电路由 R_{10}、R_{11}、三极管和蜂鸣器组成。通过前面的分析可知，被测信号通过前面的电路后变成周期不同的矩形脉冲信号。不同的脉冲信号经

过蜂鸣器发出了不同频率的响声，以此来区分高、低电平。由于音响负载电压较低且功率较小，而三极管耐压要求不高，所以选 9010 作为驱动管。选择 R_{10}=5kΩ，R_{11}=10kΩ 的电阻，频率为 1000Hz 的蜂鸣器。

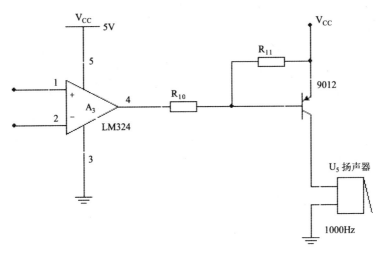

图 10-5　音响驱动电路

4. 仿真结果与分析

仿真结果如图 10-6 所示。

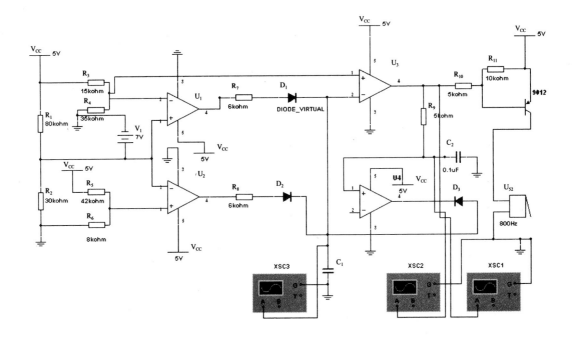

图 10-6　整体仿真电路图

(1) 当输入大于 3.5V 时(5V)

V_{c1} 波形、V_{c2} 波形如图 10-7(a)、(b)所示。矩形波形如图 10-7(c)所示。

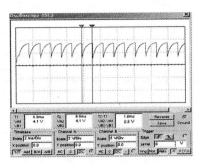

(a) V_{c1} 波形的仿真波形

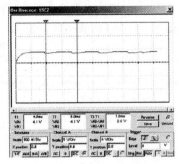

(b) V_{c2} 波形的仿真波形

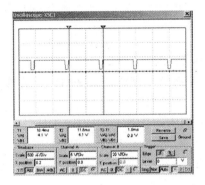

(c) 矩形仿真波形

图 10-7　V_{c1}、V_{c2}、矩形的仿真波形

当输入逻辑信号的电平大于 3.5V 时，音响发声，V_{c1}、V_{c2}、V_o 有波形，并且 V_o 的输出波形为矩形脉冲信号，周期均为 1ms。V_A 的电压约为 4.1V 左右；V_B 约为 0.8mV 左右；V_o 约为 4.1V 左右。

(2) 当输入小于 0.8V 时(0.6V)

V_{c1} 波形、V_{c2} 波形及矩形波形如图 10-8 所示。

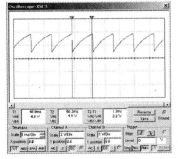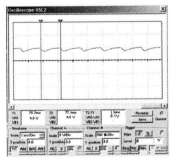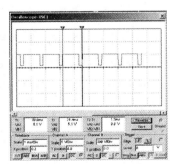

图 10-8　V_{c1}、V_{c2} 波形图、矩形波形图

当输入逻辑信号的电平小于 0.8V 时，音响发声，V_{c1}、V_{c2}、V_o 有波形，并且 V_o 的输

出波形为矩形脉冲信号，周期均为 1.2ms 左右。V_A 的电压约为 0.8mV 左右；V_B 约为 4.1V 左右；V_o 约为 4.1V 左右。

(3) 当输入电压在 0.8 与 3.5 之间时(2V)

V_{c1} 的波形、V_{c2} 的波形及矩形波形如图 10-9 所示。

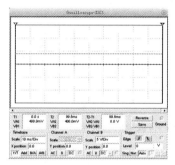 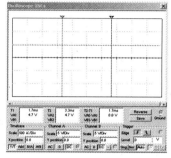 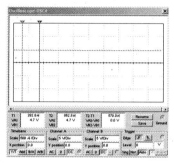

图 10-9　V_{c1}、V_{c2} 的波形及矩形波形

当输入逻辑信号的电平大于 0.8V 小于 3.5V 时，音响不发声，V_{c1}、V_{c2}、V_o 波形为一条直线。V_A 的电压约为 0.8mV 左右；V_B 约为 0.8mV 左右；V_o 约为 4.1V 左右。

5. 元器件选择

计算机	1 台
Multisim 软件	1 套
二极管 IN4148	1 个
运放器 LM324	1 片
三极管 9012	1 个

10.2.2　电表电路

1. 设计任务和要求

设计一个模拟集成万用表。技术要求指标如下：

直流电压测量范围：$(0\sim15V)\pm5\%$

直流电流测量范围：$(0\sim10mA)\pm5\%$

交流电压测量范围及频率范围：有效值$(0\sim5V)\pm5\%$；50Hz~1kHz

交流电流测量范围：有效值$(0\sim10mA)\pm5\%$

欧姆表测程：$0\sim1k\Omega$

2. 设计思路

万用表又称为多用表，可以用来测量直流电压、直流电流、交流电压、交流电流及电阻等参数。它是电气技术人员在测试和维修中最常用的仪表之一。

普通的模式电表中最常见的是以磁电式电流表(又称表头)作为指示器，它具有灵敏度高、准确度高、刻度线性以及受外磁场和温度影响小等优点，但其性能还不能达到较为理想的程度。某些测量电路中，要求电压表有很高的内阻，而电流表的内阻却很低，直流电压表需要测量微小的电压、电流等。将集成运放与磁电式电流表结合，可构成内阻大于 10MΩ/V 的电压表和内阻小于 1Ω 的微安表等性能优良的电子测量仪器。

3. 电路设计及参数计算

(1) 直流电压表的设计

① 电路设计

将表头接在运放的输出端，被测直流电压 U_x 接于反相输入端，构成反相输入式直流电压表；把被测信号 U_x 接于同相端，则构成如图 10-10 所示的同相输入式直流电压表，图 (a)是原理电路，图(b)是扩大量程的实际电路。

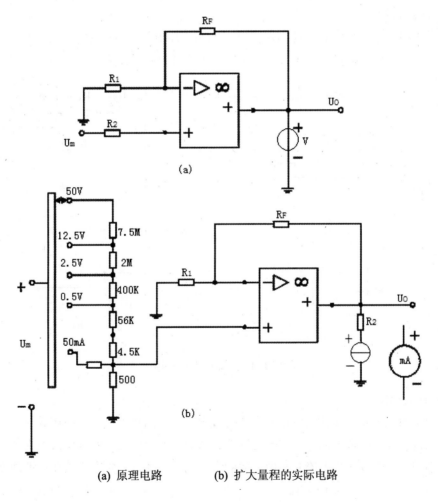

(a) 原理电路　　　　(b) 扩大量程的实际电路

图 10-10　同相输入式直流电压表测量电路

② 参数计算

下面分析 10-10(b)所示电路的工作原理。在放大器的输出端，接有量程为 150mV 的电压表，它由 200μA 表头和 750Ω 的电阻(包括表头内阻)串联而成。当输入电压 U_x=50mV 时，输出

$$Uo = (1 + \frac{R_F}{R_1})Ux = (1 + \frac{25}{5}) \times 25mV = 150mV \tag{10-4}$$

电压表达到满量程。由电阻分压器来扩大量程，分压后的各电压在同相输入端的值 U_+ 均不超过 25mV。显然，由于同相输入方式的运放输入电阻非常大，所以此电路可看作是内阻无穷大的直流电压表，它几乎不从被测电路吸收电流。

反相输入式电压表与同相输入式电压表的差别在于，它的放大倍数为 $-\frac{R_F}{R_1}$，表头在输出端的极性应与图 10-10 相反，而且输入电阻不能达到很大。

(2) 直流电流表测量电路的设计

① 电路设计

如图 10-11 所示，为直流电压测量电路。直流电压测量电路只需在直流电流测量电路的基础上串联一些电阻即可，这样可以共用一些电阻并共用一个表头，以节省原料。

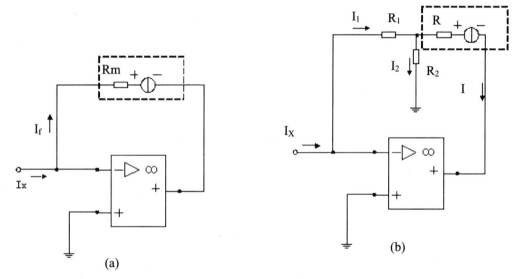

图 10-11　直流电压测量电路

② 参数计算

直流电流表测量的实质是将直流电流换成电压。仿照直流电压表的构成原理，电流表是把表头接在运放的输出端，通过改变反馈电阻即可改变电流表的量程。由于电流表希望内阻越小越好，所以被测电流 I_x 常由运放的反相输入端加入。将表头接在反馈回路的直流电流表，其原理电路如图 10-11(a)所示。电阻 R_M 为表头内阻，表头流过的电流就是被测电流，即

$$I_f = I_x$$

且与表头内阻 R_M 无关。电流表的内阻很小，约为

$$R_i = \frac{R_M}{1 + A_{uo}} \tag{10-5}$$

其中 A_{UO} 为运放的开环电压放大倍数。

图 10-11(b)为高灵敏度直流电流表电路。由虚短原则 $U_- = U_+$，推导得表头流过的电流与被测电流的关系为

$$I = (1 + \frac{R_1}{R_2})I_x \tag{10-6}$$

可见，被测电流 I_x 小于流过表头的电流 I，所以提高了电流表的灵敏度。利用运放和 $100\mu A$ 的表头构成的直流电流表，适当选取参数，可达到量程为 $10\mu A$、内阻小于 1Ω 的高精度，这是普通微安表所达不到的。

(3) 交流电压测量电路的设计

精密半波整流交流电压表电路如图 10-12 所示，它由精密半波整流电路和分压电阻构成。因为被测电压为交流，所以接在运放输出端的是交流电压表。

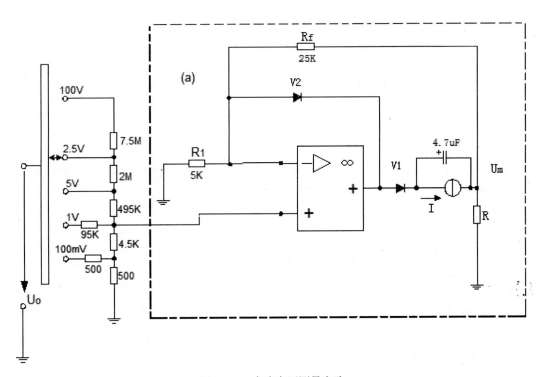

图 10-12　交流电压测量电路

图 10-12 点画线框内部分即为精密半波整流电路，它相当于量程为 50mV、内阻接近无穷大的交流电压表。当同相输入端电压的有效值为 $U_+ = 50mV$ 时，流过微安表的电流平均值 I 为 $200\mu A$。输出电压为半波整流电压，其平均值为

$$\mathrm{Uo} = 0.45(1 + \frac{R_F}{R_1})U+ = 0.45(1 + \frac{R_F}{R_1})K_i U_x \qquad (10\text{-}7)$$

其中，U_x 为被测交流电压有效值，K_i 为不同量程的分压系数。图中流过微安表的电流 I 是被测交流电压经整流而形成的，与 U_x 成正比，所以测量 I 即是测量 U_x。由于 I 为直流，故交流电压表的刻度是均匀的。

(4) 交流电流表

将图 10-12 的精密全波整流电路稍加改动，即可构成如图 10-13 所示的交流电流表。

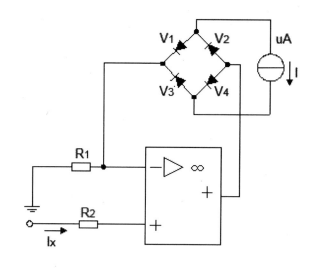

图 10-13　交流电流表原理电路

图 10-13 中微安表头是经过整流桥接入反馈电路的，所以流过表头的为全波整流电流，它指示的是电流的平均值 I，若被测电流为正弦电流，则

$$I = 0.9I_x$$

其中，I_x 为被测电流有效值。上式说明，微安表的指示只取决于 I_x，而与微安表内阻及二极管的非线性无关，因此其刻度也是均匀的，具有较高的测量精度。

若要测量较大电流，则需扩大电流表的量程，图 10-14 即为一个多量程的交流电流表。测量的实质是将被测电流经已知电阻转换成电压，再利用电压表进行测量。

(5) 电阻测量电路的设计

① 电路设计

普通万用表的欧姆档有测量精度不高的问题：当被测电阻 R_x 与该档的等效内阻(即中值电阻)R_Z 比较接近时，测量值较准确；但当 $R_x \gg R_Z$ 时，只能大致估计 R_x 的阻值，因为刻度不均匀。利用运放构成的欧姆表，可使测量电阻的精度大大提高，并可获得线性刻度。由反相比例接法的运放及其外围电路构成的欧姆表如图 10-15 所示。

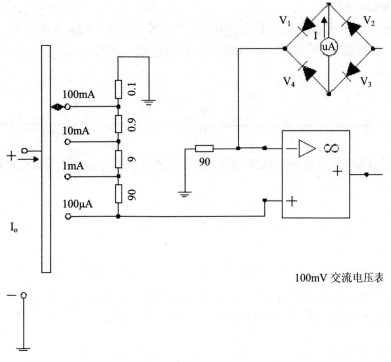

图 10-14　交流电流表实际测量电路

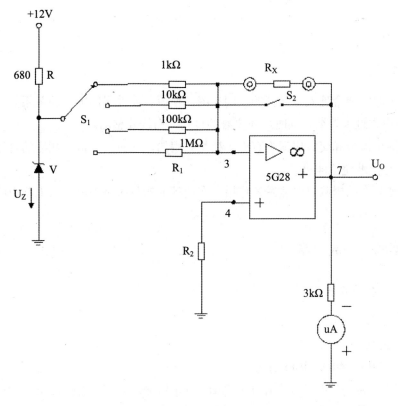

图 10-15　电阻测量电路

② 参数计算

被测电阻 R_x 作为运放的负反馈电阻，接在输出端和反相输入端之间。输入信号电压 U_z 固定，取自稳压管。不同阻值的输入电阻 R_1 组成不同的电阻量程。当 U_z 和 R 已知时，有输出电压

$$Uo = -\frac{R_x}{R_1}Uz \qquad (10\text{-}8)$$

上式表明，Uo 与被测电阻 R_x 成正比，由线性欧姆刻度的电压表可读出电阻 R_x 的阻值

$$R_x = -\frac{U_o}{U_z}R_1 \qquad (10\text{-}9)$$

式中 $U_o < 0$。

欧姆表的刻度程线性是由于它测量的实质是将电阻转换成直流电压，再用电压表测量，所以此电路亦称欧姆-电压转换器。由于输入端失调引起的不平衡，可用开关 S_2 对运放进行调零来调整，以提高测量精度。

4. 元器件选择

模拟运算放大器	若干
整流二极管	若干
磁电式电压表	一个(50μA 或 100μA)
电阻、电容	若干

5. 注意事项

(1) 整合时，要合理安排元件的空间布图，使得各元件之间的拓扑关系简单明了，以免把图分布得太过于繁杂。同时，还要兼顾直观，布线要整洁。

(2) 直流电流表和交流电流表有许多档是共用的，这时，只需把相应的直流档直接接过来，再进行半波整流即可。

(3) 电池只在欧姆测量时才发挥作用，在测其他的量时是不能接入电路中的，设计时要注意。

10.2.3 集成音响放大器

1. 设计内容及要求

设计一集成音响放大器，具体技术指标要求如下：

(1) 输出功率：$P_o \leq 1W$ (额定功率)；

(2) 频率响应：40Hz~10kHz；

(3) 音调控制特性 1kHz 处增益为 0dB，100Hz 和 10kHz 处有±12dB 的调节范围，$A_{\mu L} = A_{\mu H} \geq +20$dB；

(4) 负载阻抗 $R_L = 8\Omega$；

(5) 输入阻抗 $R_i \gg 20\Omega$。

2. 设计思路及原理框图

音响放大电路设计由三部分组成：混合前置放大模块、音调输出控制模块、功率放大模块。混合前置放大模块的作用，是将磁带放音机输出的音乐信号混合放大。音调输出控制模块主要是控制、调节音响放大器的幅频特性。功率放大模块作用是给音响放大的负载 R_L(扬声器)提供一定的输出功率。其整体框架图，如图 10-16 所示。

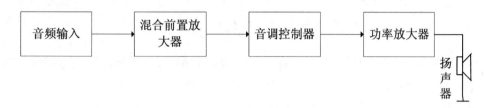

图 10-16　原理框图

3. 电路设计及参数计算

(1) 混合前置放大器的设计

① 电路设计

混合前置放大器的作用是：将磁带放音机输出的音乐信号与电子混响后的声音信号混合放大；对输入功率放大器的各种音源信号进行加工处理，或放大，或衰减，使其和功率放大器的输入灵敏度相匹配，使功率放大器充分发挥其放大和保真的功能；进行阻抗变换，使各种音源信号的输出阻抗能与功率放大的输入阻抗相匹配，实现信号的高效传输。其电路如图 10-17 所示。

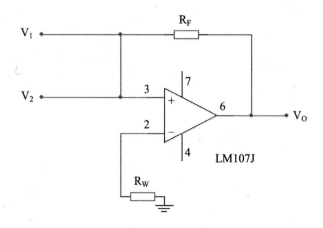

图 10-17　混合前置放大器

这是一个反相加法器电路，输出与输入电压间的关系为

$$V_o = \left(\frac{R_F}{R_1} V_1 + \frac{R_F}{R_2} V_2 \right) \tag{10-10}$$

式中，V_1 为话筒放大器输出电压；V_2 为放音机输出电压。音响放大器的性能主要由音调控制器与功率放大器决定。

② 参数计算

混合前置放大器电路由运放 N_2 组成，为反相输入加法器电路。

$$U_{02} = -[(\frac{R_{22}}{R_{21}})U_{01} + (\frac{R_{22}}{R_{23}})U_{i2}] \tag{10-11}$$

根据增益分配，混合级输出电压 $U_{O2} \geqslant 37.5mV$，而话筒放大器输出 U_{O1} 已达到 U_{O2} 的要求。即 $U_{O1} = A_{u1} \times U_{i1} = (7.8 \times 0.5)mV = 39mV$，所以取 $R_{21} = R_{22} = 39 \text{k}\Omega$。

录音机插孔输出的信号 U_{i2} 一般为 $100mA$，已远大于 U_{O1} 要求，要对 U_{i2} 进行适当衰减，否则会产生限幅失真(截顶失真)。取 R_{23} 为 $100\text{k}\Omega$，为使音量可调，电位器 RP_{21} 取 $10\text{k}\Omega$。

(2) 音调控制器的设计

① 电路设计

音调控制器是控制、调节音响放大器输出频率高低的电路，音调控制器只对低音频或高音频进行提升或衰减，中音频增益保持不变，音调控制器由低通滤波器和高通滤波器共同组成。其电路图如图 10-18 所示。

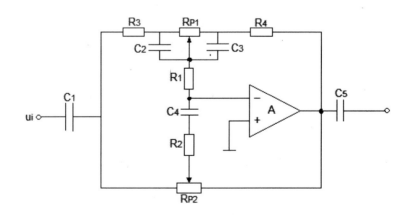

图 10-18　音响控制电路

② 参数计算

根据题意，100Hz 和 10kHz 处有 $\pm 12dB$ 调节范围，即 $f_{Lx} = 100Hz, x = 12dB$，可得

$$f_{L2} = f_{Lx} \times 2^{\frac{x}{6}} = 100Hz \times 2^{\frac{12}{6}} = 400Hz \tag{10-12}$$

则

$$f_{L1} = \frac{f_{L2}}{10} = 40Hz \tag{10-13}$$

$$f_{L1} = \frac{f_{L2}}{10} = 40Hz \qquad x = 12dB$$

$$f_{H1} = \frac{f_{Lx}}{2^{\frac{x}{6}}} = \frac{10Hz}{2^{\frac{12}{6}}} = 2.5kHz$$

则

$$f_{H2} = 10f_{H1} = 25kHz$$

·因此

$$A_{uL} = \frac{RP_{31} + R_{32}}{R_{31}} \ge 20dB \tag{10-14}$$

RP_{31}、R_{32}、R_{31}不能取值太大，否则运放漂移电流影响不能忽略不计，同时也不能太小，否则流过电流将超出运放输出能力，一般取几千欧至几百千欧。取 RP_{31}=470kΩ，$R_{31} = R_{32}$=47kΩ，取值正确与否可以代入式(10-14)进行验算。

$$A_{uL} = \frac{RP_{31} + R_{32}}{R_{31}} = \frac{470 + 47}{47} = 11(20.8dB)$$

满足设计要求。

$$f_{L1} = \frac{1}{2\pi RP_{31} C_{32}} \tag{10-15}$$

$$C_{32} = \frac{1}{2\pi RP_{31} f_{L1}} = 0.008 \mu F$$

取标称值$0.01\mu F$，$C_{31} = C_{32} = 0.01\mu F$
可得

$$R_a = R_b = R_c = 3R_1 = 3R_2 = 3R_4$$
$$R_{34} = R_{31} = R_{32} = 47k\Omega$$
$$R_a = 3R_4 = 141k\Omega$$

因此，

$$A_{\mu H} = \frac{(R_a + R_3)}{R_3} \ge 10$$

$$R_3 \approx \frac{R_a}{10} = 14.1\text{k}\Omega$$

取标称值 $R_3 = 13\text{k}\Omega$。

$$f_{H2} = \frac{1}{2\pi R_{33} C_{33}} \tag{10-16}$$

$$C_{33} = \frac{1}{2\pi R_{33} f_{H2}} = 490\,pF$$

取标称值 $C_{33} = 510\,pF$。

RP_{32} 与 RP_{31} 等值取 $470\text{k}\Omega$，级间耦合与隔直电容 $C_{24} = C_{41}$，取 $10\,\mu F$。

(3) 集成功率放大器

TDA 2030A 是一块性能十分优良的功率放大集成电路，其主要特点是上升速率高、瞬态互调失真小、价廉质优，使用方便。

对仅有一组电源的中、小型录音机的音响系统，可采用单电源连接方式，如图 10-19 所示。由于采用单电源供电，故同相输入端用阻值相同的 R_1、R_2 组成分压电路，使 K 点电位为 $U_{cc}/2$，经 R_3 加至同相输入端。在静态时，同相输入端、反相输入端和输出端皆为 $U_{cc}/2$。

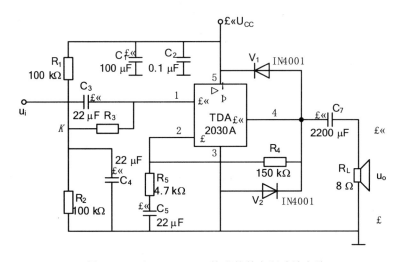

图 10-19　由 TDA2030A 构成的单电源功放电路

(4) 功率放大器参数的计算

查阅手册，可选择功放外围元器件值。

功放外围元器件值为：

$C_1 = 100\mu F$，$C_2 = 0.1\mu F$，$C_3 = 22\mu F$，$C_4 = 22\mu F$，$C_5 = 22\mu F$，$C_7 = 2200\mu F$，$R_1 = 100\text{k}\Omega$

$R_2 = 100\text{k}\Omega$，$R_3 = 100\text{k}\Omega$，$R_4 = 150\text{k}\Omega$，$R_5 = 4.7\text{k}\Omega$

4. 元器件选择

电子混响延时模块	1 块
集成功放块	1 块
8Ω 负载电阻	1 个
8Ω 负载扬声器	1 个
集成运放 LM324	1 块
LM1702 型直流稳压电源	1 台
LM1602 型低频信号发生器	1 台
YB4324 型双踪示波器	1 台
LM2193 型晶体管毫伏表	1 台
MF47 型万用表	1 块

5. 电路安装与调试

(1) 元器件的安装

安装前应将各级进行合理布局，安装一级调试一级，安装两级要进行联调，直到整机安装调试完成。

(2) 电路调试技术

电路的调试过程一般是先分级调试，再级联调试，最后整机调试与性能测试。静态调试时，将输入端对地短接，用万用表测该级输出对地的直流电压即静态工作点。动态调试是指输入端接入规定的信号，用示波器观测该级输出波形，并测量各项性能指标是否满足设计要求。

10.2.4　简易镍氢电池自动恒流充电器

1. 设计内容及要求

利用稳压源及比较器来设计一个镍氢电池充电器的电路，技术指标要求如下：

(1) 电源电路输出最大功率为 5W。

(2) 当单节电池电压大于 1.19V 时停止充电，并指示充电完成。

(3) 设计充电电流 210mA，能同时充两节电池。

2. 设计思路及原理框图

首先要求电路中要有信号源，与用变压器、整流桥、一个电容和稳压源的连接使输入电路的电压基本稳定，然后用控制与比较电路控制充电与充满电后的断电。三极管和比较器的结合完成了控制电路，用两个电容来使电路可以充电。最后显示电路的任务由两个发二极管组成。红灯亮时显示正在充电，绿灯亮时，说明充电已经完成。该镍氢电池充电器电路由电源电路、电池电压检测电路、控制电路和充电电路和显示电路组成。其原路框图如图 10-20 所示。

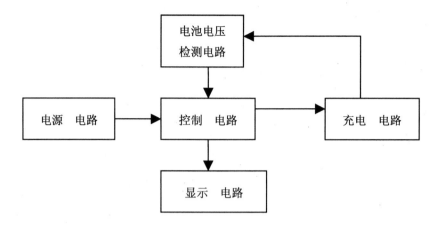

图 10-20　镍氢电池充电器原理方框图

3. 电路设计及参数计算

(1) 电源电路

如图 10-21 所示，电源电路由集成稳压电源组成，输入电压为 220V、频率为 50Hz，使电源电路输出功率为 5W，此稳压电源整流部分利用二极管的单向导电性将交流电转变为正半周信号，这一脉动信号经过平滑滤波输出后变为接近直流的电压输出，经过电容和 LM317 之后，基本保持了输出电压的稳定。经变压器后的输出电压为 6.929V；经整流桥后输出的电压为 15.552V；经稳压源后的输出电压为 6.795V。符合电源设计标准。

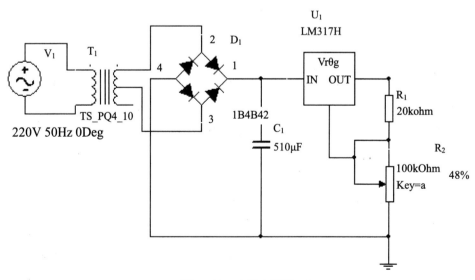

图 10-21　电源电路图

(2) 控制电路

如图 10-22 所示，控制电路由晶体三极管控制：当电压没有充满时，三极管处于导通状态，电池充电；当电压充满时，三极管截止，停止充电。所以，达到了控制的目的。

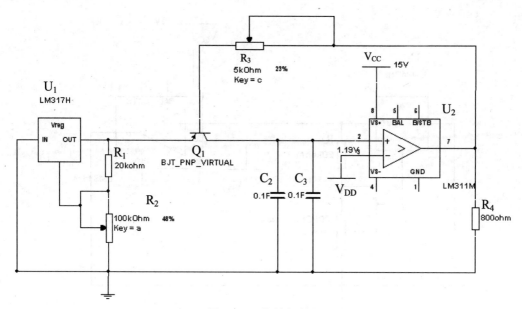

图 10-22 控制电路图

(3) 充电电路

如图 10-23 所示，充电电路由电容充当，当经过稳压源有电压输入时，电容开始工作。选择适当的电容阻值，使充电时间适当。

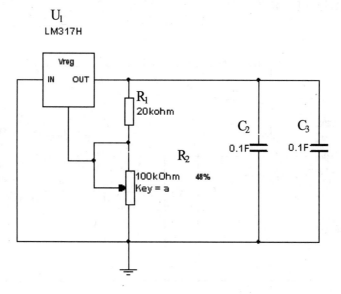

图 10-23 充电电路图

(4) 电压检测电路

如图 10-24 所示，电池电压检测电路主要由电压比较器组成，充电电压充满时与所要求电压 1.19V 比较，经过比较器，当电压没有达到 1.19V 时，比较器输出的是低电平，达到 1.19V 时，输出高电平。

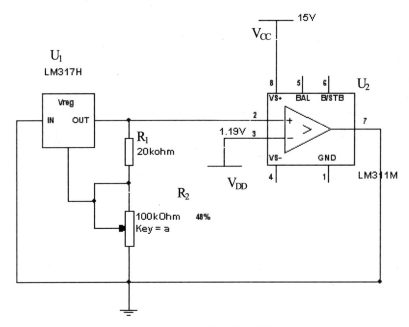

图 10-24 电压检测电路图

(5) 显示电路

如图 10-25 所示，显示电路由两个发光二极管组成。当电池充电时，LED_2 亮，LED_1 灭；当电池充满时，LED_2 灭，LED_1 亮。

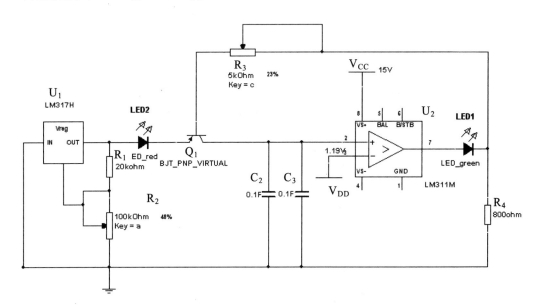

图 10-25 显示电路图

4. 电路仿真结果

充电时，性能测试方法和数据图从左到右表的示数是一一对应的。

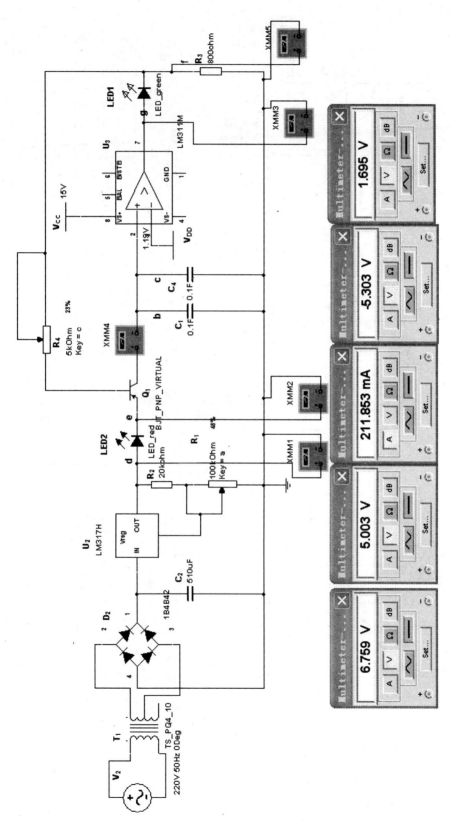

图 10-26　性能测试方法和数据图

充电完成时，性能测试方法和数据图从左到右表的示数是一一对应的。

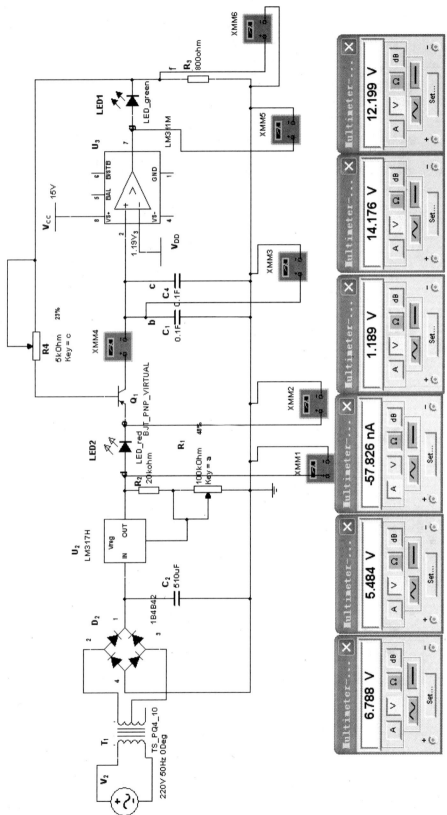

图 10-27 性能测试方法和数据图

充电时：I_a=210mA；V_d=6.760V；V_e=5.004V；V_f=1.695V；V_g=-5.303V。

充电结束时：V_d=6.788V；V_e=5.486V；V_f=12.199V；V_g=14.176V；V_c=V_d=1.189V。

5. 元器件选择

220V/50Hz 信号源	1 台
TS-PQ4-10 型变压器	1 台
1B4B42 型整流桥	1 个
510μF 电容	1 个
0.1F 电容	2 个
发光二极管	2 个
5kΩ 滑动变阻器	1 个
100kΩ 滑动变阻器	1 个
800Ω 电阻	1 个
20kΩ 电阻	1 个
三极管	1 个
LM311M 型比较器	1 个
LM317H 型稳压源	1 个

10.2.5 函数信号发生器

1. 设计内容及要求

设计方波-三角波-正弦波函数信号发生器，其技术指标如下：
(1) 设计、组装、调试函数发生器。
(2) 输出波形：正弦波、方波、三角波；
(3) 频率范围 ：在 10~10 000Hz 范围内可调；
(4) 输出电压：方波 U_{P-P}≤24V，三角波 U_{P-P}=8V，正弦波 U_{P-P}>1V；

2. 设计思路及原理框图

函数发生器一般是指能自动产生正弦波、三角波、方波及锯齿波、阶梯波等电压波形的电路或仪器。根据用途不同，可产生三种或多种波形的函数发生器，使用的器件可以是分立器件(如低频信号函数发生器 S101 全部采用晶体管)，也可以采用集成电路(如单片函数发生器模块 8038)。其原理框图如图 10-28 所示。

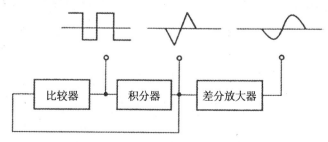

图 10-28 函数信号发生器原理框图

3. 电路设计及参数计算

(1) 方波发生电路的工作原理

此电路由反相输入的滞回比较器和 RC 电路组成。RC 回路既作为延迟环节，又作为反馈网络，通过 RC 充、放电实现输出状态的自动转换。设某一时刻输出电压 U_o=+Uz，则同相输入端电位 U_p=+U_T。Uo 通过 R_3 对电容 C 正向充电。反相输入端电位 n 随时间 t 的增长而逐渐增高，当 t 趋于无穷时，U_n 趋于+Uz；但是，一旦 U_n=+U_t，再稍增大，U_o 从+Uz 跃变为-Uz，与此同时 U_p 从+U_t 跃变为-U_t。随后，U_o 又通过 R_3 对电容 C 反向充电。U_n 随时间逐渐增长而减低，当 t 趋于无穷大时，U_n 趋于-Uz；而当 U_n=-U_t，再减小，U_o 就从-Uz 跃变为+Uz，U_p 从-U_t 跃变为+U_t，电容又开始正相充电。上述过程周而复始，电路产生了自激振荡。

(2) 方波-三角波转换电路的设计

方波-三角波转换电路如图 10-29 所示，其工作原理如下：若 a 点断开，运算发大器 A_1 与 R_1、R_2 及 R_3、R_{P1} 组成电压比较器，C_1 为加速电容，可加速比较器的翻转。运放的反相端接基准电压，即 U_-=0，同相输入端接输入电压 U_{ia}，R_1 称为平衡电阻。比较器的输出 U_{o1} 的高电平等于正电源电压+V_{cc}，低电平等于负电源电压-V_{ee}(|+V_{cc}|=|-V_{ee}|)，当比较器的 U_+=U_-=0 时，比较器翻转，输出 U_{o1} 从高电平跳到低电平-V_{ee}，或者从低电平 V_{ee} 跳到高电平 V_{cc}。设 U_{o1}=+V_{cc}，则

$$U_+ = \frac{R_2}{R_2 + R_3 + RP_1}(+V_{CC}) + \frac{R_3 + RP_1}{R_2 + R_3 + RP_1}U_{ia} = 0 \tag{10-17}$$

将上式整理，得比较器翻转的下门限单位 U_{ia-} 为

$$U_{ia^-} = \frac{-R_2}{R_3 + RP_1}(+V_{CC}) = \frac{-R_2}{R_3 + RP_1}V_{CC} \tag{10-18}$$

若 U_{o1}=-V_{ee}，则比较器翻转的上门限电位 U_{ia+} 为

$$U_{ia^+} = \frac{-R_2}{R_3 + RP_1}(-V_{EE}) = \frac{R_2}{R_3 + RP_1}V_{CC} \tag{10-19}$$

比较器的门限宽度

$$U_H = U_{ia^+} - U_{ia^-} = 2\frac{R_2}{R_3 + RP_1}I_{CC} \tag{10-20}$$

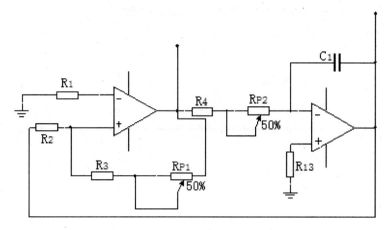

图 10-29　方波-三角波产生电路

a 点断开后，运放 A_2 与 R_4、R_{P2}、C_2 及 R_5 组成反相积分器，其输入信号为方波 U_{o1}，则积分器的输出 U_{o2} 为

$$U_{O2} = \frac{-1}{(R_4 + RP_2)C_2} \int U_{O1} dt \qquad (10\text{-}21)$$

$U_{O1} = +V_{CC}$ 时，

$$U_{O2} = \frac{-(+V_{CC})}{(R_4 + RP_2)C_2} t = \frac{-V_{CC}}{(R_4 + RP_2)C_2} t$$

$U_{O1} = -V_{EE}$ 时，

$$U_{O2} = \frac{-(-V_{EE})}{(R_4 + RP_2)C_2} t = \frac{V_{CC}}{(R_4 + RP_2)C_2} t$$

可见积分器的输入为方波时，输出是一个上升速度与下降速度相等的三角波。

a 点闭合，即比较器与积分器首尾相连，形成闭环电路，则自动产生方波-三角波。三角波的幅度为

$$U_{O2m} = \frac{R_2}{R_3 + RP_1} V_{CC} \qquad (10\text{-}22)$$

方波-三角波的频率 f 为

$$f = \frac{R_3 + RP_1}{4R_2(R_4 + RP_2)C_2}$$

$$\pm U_T = \pm \frac{R_2}{R_3 + R_{p1}} U_{o2m} \qquad\qquad T = \frac{4R_2(R_4 + R_{p2})C_1}{R_3 + R_{p1}}$$

由以上公式可得比较器的电压传输特性，如图 10-30 所示。

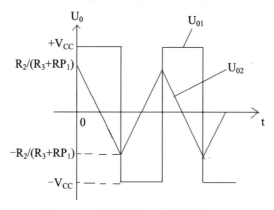

图 10-30　比较器的电压传输特性

(3) 三角波-正弦波的变换电路

主要由差动放大电路来完成。差动放大器具有工作点稳定、输入阻抗高、抗干扰能力较强等优点。特别是作为直流放大器，可以有效地抑制零点漂移，因此可将频率很低的三角波变换成正弦波。波形变换的原理是利用差动放大器传输特性曲线的非线性。分析表明，传输特性曲线的表达式为

$$I_{C2} = aI_{E2} = \frac{aI_0}{1 + e^{U_{id}/U_T}} \tag{10-23}$$

$$I_{C1} = aI_{E1} = \frac{aI_0}{1 + e^{-U_{id}/U_T}} \tag{10-24}$$

式中

$a = I_C / I_E \approx 1$

I_0——差动放大器的恒定电流；

U_T——温度的电压当量，当室温为 25℃ 时，$U_T \approx 26\text{mV}$。

如果 U_{id} 为三角波，设表达式为

$$U_{id} = \begin{cases} \dfrac{4U_m}{T}\left(t - \dfrac{T}{4}\right) \\ \dfrac{-4U_m}{T}\left(t - \dfrac{3T}{4}\right) \end{cases} \tag{10-25}$$

式中 U_m——三角波的幅度；

T——三角波的周期。

为使输出波形更接近正弦波，传输特性曲线越对称，线性区越窄越好；三角波的幅度

U_m应正好使晶体管接近饱和区或截止区。

图 10-31 为实现三角波-正弦波变换的电路。其中 RP_1 调节三角波的幅度，RP_2 调整电路的对称性，其并联电阻 RE_2 用来减小差动放大器的线性区。电容 C_1、C_2、C_3 为隔直电容；C_4 为滤波电容，以滤除谐波分量，改善输出波形。

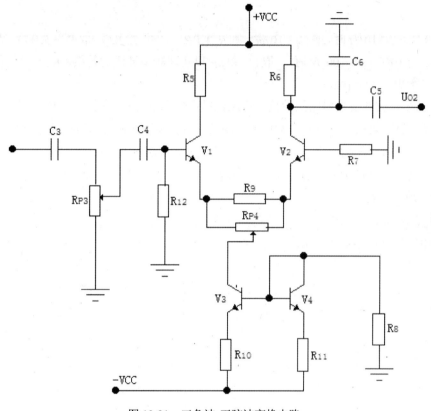

图 10-31　三角波-正弦波变换电路

(4) 电路的参数选择及计算

比较器 A_1 与积分器 A_2 的元件计算如下。

得

$$U_{O2m} = \frac{R_2}{R_3 + RP_1} V_{CC} \tag{10-26}$$

即

$$\frac{R_2}{R_3 + RP_1} = \frac{U_{O2m}}{V_{CC}} = \frac{4}{12} = \frac{1}{3}$$

取 $R_2 = 10\text{k}\Omega$，则 $R_3 + RP_1 = 30\text{k}\Omega$，取 $R_3 = 20\text{k}\Omega$，RP_1 为 $47\text{k}\Omega$ 的电位器。取平衡电阻

$$R_1 = \frac{R_2}{R_3 + RP_1} \approx 10\text{k}\Omega$$

$$f = \frac{R_3 + RP_1}{4R_2(R_4 + RP_2)C_2} \tag{10-27}$$

即

$$R_4 + RP_1 = \frac{R_3 + RP_1}{4R_2 + C_2}$$

当 $1Hz \leqslant f \leqslant 10Hz$ 时，取 $C_2 = 10\mu F$，则 $R_4 + RP_2 = (75 - 7.5)k\Omega$，取 $R_4 = 5.1k\Omega$，为 $100K\Omega$ 电位器。当 $10Hz \leqslant f \leqslant 100Hz$ 时，取 $C_2 = 1\mu F$ 以实现频率波段的转换，R_4 及 RP_2 的取值不变。取平衡电阻 $R_5 = 10k\Omega$。

三角波-正弦波变换电路的参数选择原则是：隔直电容 C_3、C_4、C_5 要取得较大，因为输出频率很低，取 $C_3 = C_4 = C_5 = 470\mu F$，滤波电容 C_6 视输出的波形而定，若含高次谐波成分较多，C_6 可取得较小，C_6 一般为几十皮法至 0.1 微法。$RE_2 = 100$ 欧与 $RP_4 = 100$ 欧姆相并联，以减小差动放大器的线性区。差动放大器的静态工作点可通过观测传输特性曲线、调整 RP_4 及电阻 R*确定。

(5) 总电路图

总电路图如图 10-32 所示。

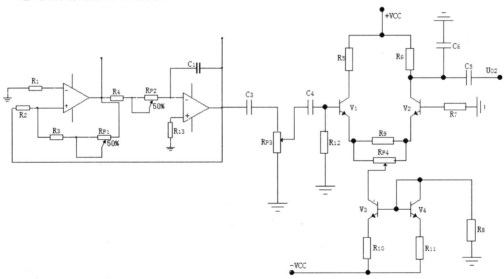

图 10-32 三角波-方波-正弦波函数发生器的实验电路

4. 电路仿真结果

(1) 仿真波形

如图 10-33 所示。

(2) 实验结果

方波-三角波发生电路的实验结果

C=0.01μf　　f_{min}=4138Hz　　f_{max}=8333Hz

C=0.1μf　　f_{min}=198Hz　　f_{max}=1800Hz

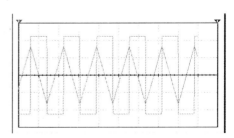

图 10-33 方波-三角波发生电路的仿真波形

C=1μf　　　　f_{min}=28Hz　　　f_{max}=207Hz

三角波-正弦波转换电路的实验结果

R=15kΩ

V_{c1}=V_{c2}=5.530V

V_{c3}= −0.6218V

V_{c4}= −10.307V

I_{c1}=I_{c2}= 0.6813mA

模拟仿真(R*= 13kΩ)

V_{c1}=V_{c2}=4.358V

V_{c3}= −0.831V

V_{c4}= −9.028V

I_{c1}=I_{c2}=0.5368mA

5. 元器件选择

Multisim 软件	1 套
LM1702 型直流稳压电源	1 台
LM1602 型低频信号发生器	1 台
YB4324 型双踪示波器	1 台
LM2193 型晶体管毫伏表	1 台
MF47 型万用表	1 块

10.3　数字电子技术课程设计

10.3.1　住院部病房呼叫系统

1. 设计任务和要求

设计一个分优先级的呼叫系统。通过优先编码器 74148 对模拟病房号编码，再通过译码显像管显示最高优先级的病房号。当有病房呼叫时，信号通过逻辑门低电平触发由 555 构成的单稳态触发器，发出 5 秒钟的呼叫声。由呼叫信号控制晶闸管，控制对应病房报警灯的关亮。以上按复位键 R 可复位。整个系统可拆分成三个模块：5 秒呼叫模块、呼叫显示模块、优先显示模块，这些可完成本设计的基本功能。对于附加功能，还需添加"存储处理模块"与优先显示模块等配合来实现。

2. 设计思路与原理框图

病房呼叫系统的逻辑方框图如图 10-34 所示。它由模拟开关、优先编码器、寄存器、数码管、逻辑门、信号灯、单稳态触发器、蜂鸣器组成。模拟病房号通过优先编码器显示优先级最高的病床号，并且通过寄存器储存起来，按 R 键将全部复位。

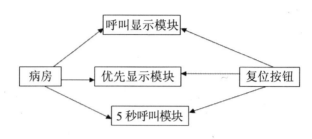

图 10-34　病床呼叫系统的逻辑方框图

(1) 5 秒呼叫模块

利用 555 集成时基电路组成脉冲启动型单稳态电路，产生定长时间的振荡信号以驱动蜂鸣器呼叫，配以相应参数的阻容器件，可将振荡时间准确的控制在要求的 5 秒钟。

(2) 呼叫显示模块

因为病房中的呼叫开关 1~5 都是可自动弹起的按扭开关，其提供的信号不稳定，所以设计中只能利用呼叫时的一个脉冲信号，才能保证呼叫的及时、准确。利用晶闸管的开关特性，使晶闸管与信号灯串联在电源上，使用呼叫信号控制相应的信号灯串联晶闸管。当有病房呼叫信号来时，晶闸管导通使对应的小灯点亮报警，直到人为复位清零。

(3) 优先显示模块

使用优先编码器采集输入信号，并优先输出高优先级信号，再通过可控 D 触发器进行锁存，再送入译码显示块中显示。

3. 电路设计与参数计算

当有病床呼叫时，信号通过单稳态触发，使蜂鸣器响 5 秒钟。数码管显示优先级高的病房号，等待人员处理。

其具体的实现原理图如图 10-35 所示。

各模块功能分析与实现：

(1) 病房输入信号经优先编码器、寄存器和数码管显示优先级最高的病房号；在没有信号输入的时候显示管显示为 0；当医护人员接收到信号后，按下 RESET 复位键时显示管被清零。

(2) 病房输入信号经模块(信号灯)将所有呼叫的病房输入信号在输出端(灯 1~灯 5)上显示出来。

(3) 病房输入信号经与非门、由 555 构成的单稳态触发器后接蜂鸣器，当输入端有一个低电平时，蜂鸣器将发出 5 秒的呼叫声。

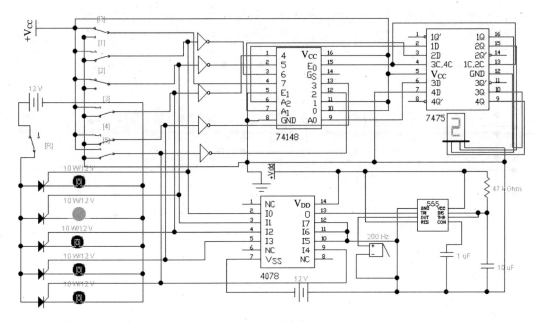

图 10-35 病床呼叫系统的电路原理图

① 555 单触发呼叫电路

此电路由模拟开关、或非门集成芯片 4078、由 555 构成的单稳态触发器和蜂鸣器组成。模拟开关初始状态为全低电平。将模拟开关的所有输入端经反相器、与非门后，接入 555 的触发输入 2 端，再由 555 的输出端 3 接蜂鸣器。

此电路的工作原理为：当无病房呼叫时，模拟开关全为低电平输入给逻辑门，之后输入 555 的 2 端口时依旧是高电平。由于 555 构成的单稳态触发器是低电平触发，且无触发时输出低电平，所以此时蜂鸣器无声音。只要有病房呼叫时，555 的 2 端将接入低电平，触发器被触发，进入暂稳态状态中。其输出端 3 输出 5 秒的高电平，则蜂鸣器呼叫 5 秒钟。

呼叫时间 5 秒即为单稳态的暂态时间，由 555 构成的单稳态的暂态(即输出高电平时间)公式算得。

$$T_h = RCLn3 = 454 \times 10^3 \times 10 \times 10^{-6} \times 1.1 = 5 \text{ s}$$

这里取 470kΩ 的标称电阻。

信号灯呼叫系统原理图如图 10-36(a)所示。

将直流电源与复位开关、报警灯以及晶闸管正向连接，利用模拟开关控制晶闸管的打开，用复位开关控制晶闸管的断开，以达到利用呼叫的不稳定信号，触发出稳定的报警输出，直到人为处理。

信号灯显示电路原理图如图 10-36(b)所示。

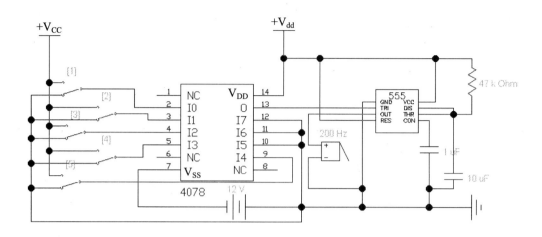

(a) 信号灯呼叫系统原理图

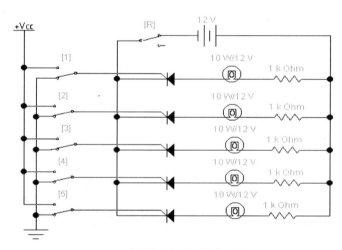

(b) 信号灯显示电路原理图

图 10-36　信号灯显示、呼叫系统原理图

　　当无呼叫时，呼叫开关都处在低电平，尽管晶闸管的两端加上了足够的正向电压，但由于 G 端无触发信号而不能导通，所以小灯不亮。

　　当有呼叫时，相应的模拟开关会接通高电平，这时晶闸管两端有足够的正向压降且有足够的触发电压，满足导通的条件，所以小灯发光，报警。

　　② 优先显示电路

　　优先显示电路如图 10-37 所示，此电路由模拟开关、优先编码器 74148、D 触发器 7475、数码管等组成。模拟开关初始状态为全高电平。将模拟开关的所有输入端接与门和与非门后，接入 74148 的 7 输入端。74148 的 6~2 输入端对应模拟开关的 1~5 输入端。74148 的 1~0 输入端接高电平。

　　将 74148 的输出 GS 接移位寄存器 74194 的 D 输入端；输出 $A_2 \sim A_0$ 依次接入 74194 的 C~A 输入端。74194 的清零端接复位开关 RESET，且初始状态位高电平。同样将模拟开关的所有输入端接与门和与非门后，接入 74194 的 S_0 和 S_1。74194 的输出 $Q_D \sim Q_A$ 依次接入数码管的 D~A 输入端。

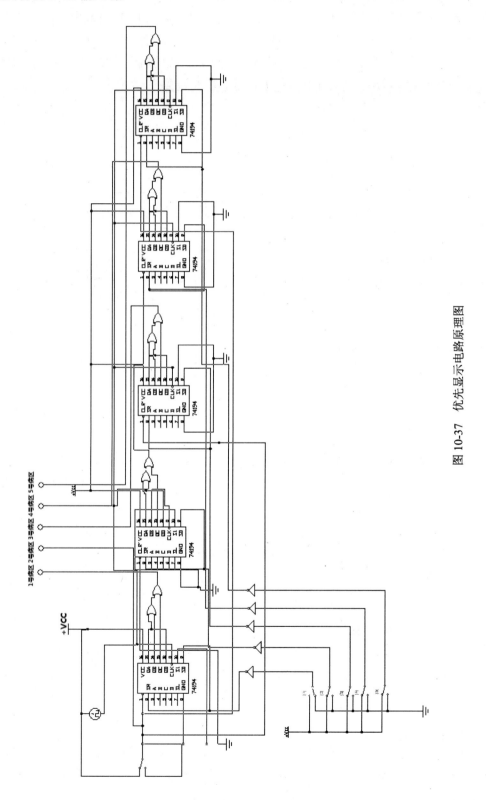

图 10-37　优先显示电路原理图

病房呼叫信号储存处理电路如图 10-38 所示。其工作原理为：当无病房呼叫时，优先编码器 74148 的 7 输入端为低电平，E_0 输出为低电平，则 7475 的使能端 1C~4C 也为低电平，7475 处于保持状态，数码管显示零。当有病房呼叫时，74148 的 E_0 为高电平，则 1C~4C 皆为高电平，7475 处于触发状态；当呼叫信号结束后，E_0 又会翻转回低电平，使得 7475 回到保持状态，从而保存了呼叫信息。74148 对优先级最高的病房号编码后，经过 74194 保存，输入数码管，数码管将显示相应的病房号。按 R 键复位。

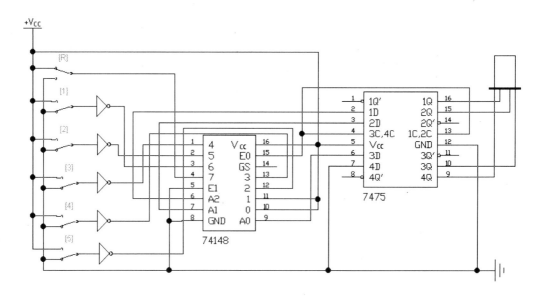

图 10-38　病房呼叫信号储存处理电路

10.3.2　八路彩灯显示系统的设计

1. 设计任务和要求

设计一个由光控制的八路循环彩灯。

(1) 在有光的条件下，八路彩灯没有输出显示。

(2) 当没有光的条件下，八路彩灯有输出显示。

(3) 彩灯的闪烁按一定的规则变化，可通过输入电压调节彩灯闪烁的规律。

2. 设计思路与原理框图

由光实现控制的八路彩灯循环控制电路，彩灯由发光二极管模拟代替。该电路在有光照的条件下，没有电源输入，555 振荡电路不工作，电路也没有输出，彩灯不会亮；当没有光照的条件，555 开始工作，计数器开始计数，译码器有输出，彩灯自然会循环亮。其原理框图如图 10-39 所示。

计数器 74LS90 作为 555 的计数器，74LS138 是 3 线-8 线译码器，具有 3 个地址输入端 A_2、A_1、A_0 和 3 个选通端 S_1、S_2、S_3，以及 8 个译码器输出端 $Y_0 \sim Y_1$。用 555 定时器组

成多谐振荡器，输出频率为 f=101Hz。

　　通过光敏电阻来控制继电器的通断，因为循环彩灯对频率的要求不高，只要能产生高低电平就可以了，且脉冲信号的频率可调，所以采用 555 定时器组成的振荡器，其输出的脉冲作为下一级的时钟信号，用 74LS90 芯片来计数和 74LS138 芯片译码器组成 8 级模拟电平检测显示器。74LS90 和 74LS138 比较容易买到，价格比较便宜，且原理较简单、易懂。

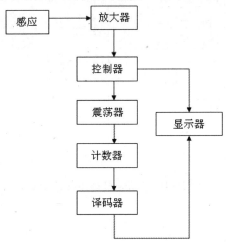

图 10-39　光控八路彩灯循环电路系统框图

3. 电路设计与参数计算

(1) 控制电路的设计

　　图 10-40 为控制电路的电路图，它采用 9014 三极管和一个热敏电阻、继电器组成控制电路，通过对继电器的断开和闭合的控制，达到对循环电路的控制，实现彩灯循环控制的目的。

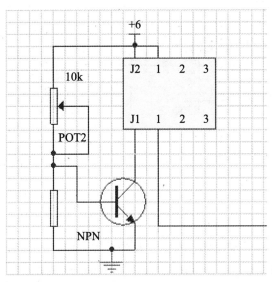

图 10-40　控制电路

(2) 八路彩灯循环显示电路的设计

八路彩灯循环显示电路图如图 10-41 所示，通过 555 振荡电路输出的脉冲来触发计数器，每来一个脉冲，计数器就计数一次，从而控制发光二极管的亮与灭。

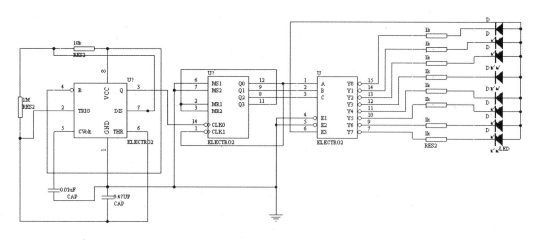

图 10-41　八路彩灯循环显示电路

(3) 总体电路图

总电路图如图 10-42 所示。

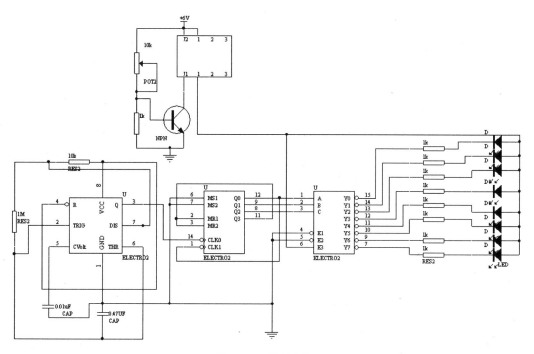

图 10-42　整体电路

该电路先由光敏电阻、继电器、9014 三极管组成光控制电路。电路的光敏电阻受到光的照射，光敏电阻呈低阻状态，使 9014 三极管的基极电位降低，处于截止状态，继电器 K 不吸合，灯不亮；当光敏电阻不受到光照条件，光敏电阻的阻值逐渐变大，9014 三极管的基极电位上升，当上升到一定程度后，9014 三极管导通，继电器 K 吸合，电路有输出，灯亮。74LS90 计数器的时钟由 555 振荡电路提供，改变 555 的振荡频率可改变计数器的计数快慢，即可控制彩灯的闪烁快慢，计数器输出信号输入至 74LS138 译码器，由 74LS138 译码，才计数器输出不同的计数结果，即可控制 74LS138 译码器译码得到 8 种不同的输出信号，以控制彩灯的循环变化。显然，不同的计数器与译码器电路，得到的是不同的彩灯循环控制结果。若译码器不变，在计数器的控制端输入不同的控制信号，进行不同的计数，则在输出端可见不同的彩灯循环输出。

4. 元器件选择

LM1702 型直流稳压电源	1 台
LM1602 型低频信号发生器	1 台
YB4324 型双踪示波器	1 台
LM2193 型晶体管毫伏表	1 台
MF47 型万用表	1 块
74LS138	1 片
74LS90	1 片

10.3.3　交通灯

1. 设计任务和要求

设计一个十字路口交通信号灯控制器。其要求如下：

(1) 用红、绿、黄三色发光二极管作信号灯。

(2) 当主干道允许通行亮绿灯时，支干道亮红灯，而支干道允许亮绿灯时，主干道亮红灯。

(3) 主支干道交替允许通行，主干道每次放行 30s、支干道 20s。设计 30s 和 20s 计时显示电路。

(4) 在每次由亮绿灯变成亮红灯的转换过程中间，要亮 5s 的黄灯作为过渡，以使行驶中的车辆有时间停到禁止线以外，设置 5s 计时显示电路。

2. 设计思路与原理框图

交通控制系统的基本功能是避免交通事故的发生。要实现该基本功能，交通控制系统至少应包括以下几方面：时钟产生电路，时钟信号处理电路，等待时间电路，等待时间和交通信号灯显示电路。实现上述任务的控制器整体结构如图 10-43 所示。

3. 交通灯设计

(1) 状态控制器设计

根据设计要求，各信号灯的工作顺序流程如图 10-44 所示。

信号灯四种不同的状态分别用 S_0(主绿灯亮，支红灯亮)、S_1(主黄灯亮，支红灯闪烁)、

S₂(主红灯亮，支绿灯亮)、S₃(主红灯闪烁，支黄灯亮)表示，其状态编码及状态转换图如图10-45 所示。

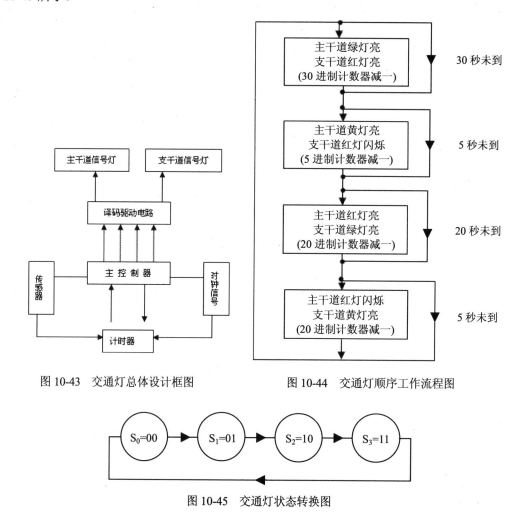

图 10-43　交通灯总体设计框图　　　　　　　图 10-44　交通灯顺序工作流程图

图 10-45　交通灯状态转换图

显然，这是一个二位二进制计数器。可采用中规模集成计数器 **CD4029** 构成状态控制器，电路如图 10-46 所示。

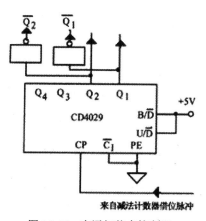

图 10-46　交通灯状态控制器

(2) 状态译码器

主、支干道上，红、黄、绿信号灯的状态主要取决于状态控制器的输出状态，其关系见表 10-1。对于信号灯的状态，"1"表示灯亮，"0"表示灯灭。

表 10-1　信号灯信号真值表

状态控制器输出		主干道信号灯			支干道信号灯		
Q_2	Q_1	R	Y	G	r	y	g
0	0	0	0	1	1	0	0
0	1	0	1	0	1	0	0
1	0	1	0	0	0	0	1
1	1	1	0	0	0	1	0

状态译码器的电路组成如图 10-47 所示。根据设计任务要求，当黄灯亮时，红灯应按 1Hz 的频率闪烁。从状态译码器真值表中看出，黄灯亮时，Q_1 必为高电平，而红灯点亮信号与 Q_1 无关。现利用信号去控制一个三态门电路 74LS245(或模拟开关)；当 Q_1 为高电平时，将秒信号脉冲引到驱动红灯的与非门的输入端，使红灯在黄灯亮其间闪烁；反之将其隔离，红灯信号不受黄灯信号的影响。

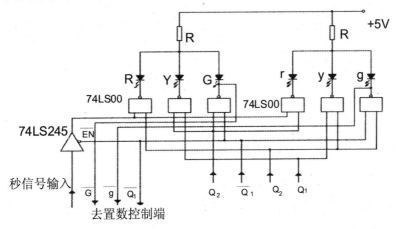

图 10-47　交通灯状态显示电路

(3) 定时系统

根据设计要求，交通灯控制系统要有一个能自动装入不同定时时间的定时器，以完成 30 秒、20 秒、5 秒的定时任务。该定时器由两片 CD4029 构成的二位十进制、可预置的减法计数器完成；时间状态由两片 74LS47 和两只 LED 数码管对减法计数器进行译码显示；预置到减法计数器的时间常数，通过三片 8 路双向三态门 74LS245 来完成。三片 74LS245 的输入数据，分别接入 30、20、5 三个不同的数字。任一输入数据到减法计数器的置入，由状态译码器的输出信号控制不同 74LS245 的选通信号来实现。例如，当状态控制器在 S_1 ($Q_2Q_1=01$)或在 S3($Q_2Q_1=11$)时，要求减法计数器按初值 5 开始计数，故采用 S_1、S_2 为逻辑变量而形成的控制信号 Q_1，去控制 74LS245 的选通信号。由于 74LS245 选通信号要求低电平有效，故 Q_1 经一级反相器后输出，接相应 74LS245 的选通信号。同理，输入数据接 30 的三态门 74LS245 的选通信号，接主干道绿灯信号 G；输入数据接 20 的三态门 74LS245 的选通信号，接支干道绿灯信号 g。所设计的定时系统见图 10-48 所示。

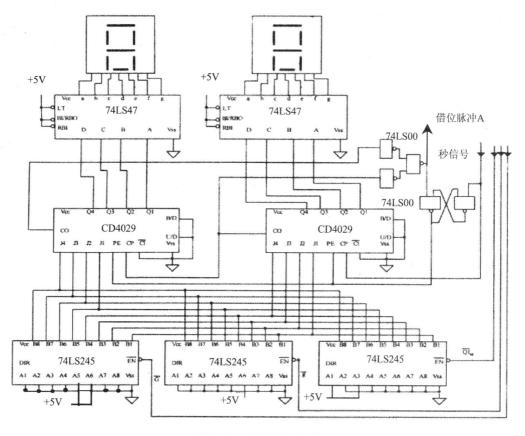

图 10-48　交通灯定时电路

(4) 秒信号产生器

产生秒信号的电路有多种形式，图 10-49 是利用 555 定时器组成的秒信号发生器。因为该电路输出脉冲的周期为：$T \approx 0.7(R_1 + 2R_2) \cdot C$，若 T=1s，令 C=10μF，$R_1$=39kΩ，则 $R_2 \approx 51$kΩ。取一固定电阻47kΩ与一个 5kΩ 的电位器相串联，代替电阻 R_2。在调试电路时，调节电位器 RP，使输出脉冲周期为 1s。

4. 元器件选择

NE555　　　　　　　　　1 个

74LS00　　　　　　　　　4 个

74LS47　　　　　　　　　2 个

CD4029　　　　　　　　　3 个

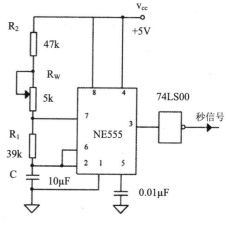

图 10-49　555 定时器组成的秒信号发生器

74LS245	4 个
47kΩ 电阻	1 个
39kΩ 电阻	1 个
220Ω 电阻	2 个
5kΩ 电位器	1 个
10μF 电解电容	1 个
0.01μF 固定电容	1 个
发光二极管(红、黄、绿)	各 2 个
共阳数码管	2 个

5. 电路的组装和调试

在接线以前，先根据原理图上所用的集成块和连接，进行合理布局，尽量使接线距离短、接线方便，且美观可靠，对照芯片引脚图的引脚接线，也可先在原理图上标上引脚号。导线要先拉直，每根线量好长度后，再剪断，剥好线头，根据走线位置折好后插入面包板，要求导线的走线方向为"横平、竖直"，避免出现故障、接触不良。新集成块引脚的方向偏向两边，要预先调整好方向，对准面包板的金属孔，再小心插入。导线的剥线长度与面包板的厚度相适应(比板的厚度稍短)。导线的裸线部分不要露在板的上面，以防短路，但是绝缘部分绝对不能插入金属片内。导线要插入金属孔中央。按照原理图接线时，首先要确保可靠的电源和接地。注意芯片的控制输入引脚必须正确接好，不可以悬空，输出引脚不用时可以悬空。检查故障时，除测试输入、输出信号外，要注意电源、接地和控制引脚是否接好。要注意芯片引脚上的信号与面包板上插座上信号是否一致(集成块引脚与面包板经常出现接触不良的现象)。接线时，要对各个功能模块进行单个测试。需要设计一些临时电路用于测试，但是在各个功能模块相连时，必须把临时接线拆除。

10.3.4　比赛秒表

1. 设计任务和要求

设计一个比赛秒表。

(1) 具有时钟秒表系统功能，要求有显示功能，用 4 个数码管分别显示秒和百分秒。

(2) 具有 3 种功能状态：系统时间运行状态，系统时间置零状态，时钟正常显示状态，通过输入控制信号可以使系统在这 3 个状态之间切换，使数码管显示相应状态的时间。

(3) 开启时间设定、关闭时间设定，可通过控制信号中的时间调节来设置。在秒设置方面，每按一下，秒就会自动加 1，采用 60 进制计数，当计数到 59 时又会恢复为 00；在百分秒设置方面，每按一下，百分秒就会自动加 1，采用 100 进制计数，当计数到 99 时，向上进位并恢复 00。系统时间可以采用单独的置零信号，将数码管显示时间直接恢复到 00.00 状态。

2. 设计思路

数字秒表主要由分频器、计数模块、功能控制模块、势能控制模块和显示输出模块组成，其各个模块设计可用 VHDL 语言描述。

3. 比赛秒表的设计与程序实现

(1) 分频模块

开发板提供的系统时钟为 50MHz，通过分频模块 3 次分频，将系统的时钟信号分为 100Hz 和 1 000Hz，分别提供给计数模块和势能控制模块作为时钟控制信号。该模块部分 VHDL 源程序如下：

```
LIBRARY IEEE;
USE IEEE.STD_LOGIC_1164.ALL;
USE IEEE.STD_LOGIC_UNSIGNED.ALL;
ENTITY CB10 IS
  PORT( CLK: IN STD_LOGIC;
        CO : OUT STD_LOGIC);
END CB10;
ARCHITECTURE ART OF CB10 IS
  SIGNAL COUNT:STD_LOGIC_VECTOR (3 DOWNTO 0);
  BEGIN
PROCESS(CLK)
BEGIN
    IF RISING_EDGE(CLK)THEN
     IF COUNT="1001"THEN
        COUNT<="0000";
        CO<='1';
     ELSE
        COUNT<=COUNT+1;
        CO<='0';
     END IF;
    END IF;
  END PROCESS;
END ART;
```

(2) 计数模块

计时模块执行计时功能，计时方法是对标准时钟脉冲计数。它是由 4 个十进制计数器和 2 个六进制计数器构成的，其中毫秒位、十毫秒位、秒位和分位采用十进制计数器，十秒位和十分位采用六进制计数器。该模块部分 VHDL 源程序如下：

① 十进制计数器

```
LIBRARY IEEE;
USE IEEE.STD_LOGIC_1164.ALL;
USE IEEE.STD_LOGIC_UNSIGNED.ALL;
ENTITY CDU10 IS
  PORT( CLK:IN STD_LOGIC;
        CLR,EN:IN STD_LOGIC;
        CN :OUT STD_LOGIC;
```

```
        COUNT10:OUT STD_LOGIC_VECTOR(3 DOWNTO 0));
END CDU10;
..............................
..............................
END IF;
END IF;
END PROCESS;
END ART;
```

② 六进制计数器

```
LIBRARY IEEE;
USE IEEE.STD_LOGIC_1164.ALL;
USE IEEE.STD_LOGIC_UNSIGNED.ALL;
ENTITY CDU6 IS
  ..............................
  ..............................
END IF;
END IF;
END PROCESS;
END ART;
```

③ 计数器

```
LIBRARY IEEE;
USE IEEE.STD_LOGIC_1164.ALL;
USE IEEE.STD_LOGIC_UNSIGNED.ALL;
ENTITY COUNT IS
  ..............................
  ..............................
END ART;
```

(3) 显示控制模块

选用的开发板在 4 位数码管输入方面只提供 1 个数据接口，用来动态显示 4 位数据。在数据输入信号方面，要做到和势能控制信号同频率输出，才能保证数码显示不会出错或显示移位。该模块部分 VHDL 源程序如下：

① 数据选择器

```
LIBRARY IEEE;
USE IEEE.STD_LOGIC_1164.ALL;
USE IEEE.STD_LOGIC_UNSIGNED.ALL;
ENTITY MULX IS
  PORT( CLK,CLR,EN:IN STD_LOGIC;
      S_1MS:IN STD_LOGIC_VECTOR(3 DOWNTO 0);
      S_10MS:IN STD_LOGIC_VECTOR(3 DOWNTO 0);
      S_100MS:IN STD_LOGIC_VECTOR(3 DOWNTO 0);
      S_1S:IN STD_LOGIC_VECTOR(3 DOWNTO 0);
      S_10S:IN STD_LOGIC_VECTOR(3 DOWNTO 0);
      M_1MIN:IN STD_LOGIC_VECTOR(3 DOWNTO 0);
      M_10MIN:IN STD_LOGIC_VECTOR(3 DOWNTO 0);
      HOUR:IN STD_LOGIC_VECTOR(3 DOWNTO 0);
```

```
        OUTBCD:OUT STD_LOGIC_VECTOR(3 DOWNTO 0);
        SEG:OUT STD_LOGIC_VECTOR(7 DOWNTO 0));

END MULX;
ARCHITECTURE ART OF MULX IS
SIGNAL COUNT:STD_LOGIC_VECTOR(3 DOWNTO 0);
.................................
.................................
END CASE;
END IF;
END PROCESS;
END ART;
```

② BCD 七段译码器

```
LIBRARY IEEE;
USE IEEE.STD_LOGIC_1164.ALL;
USE IEEE.STD_LOGIC_UNSIGNED.ALL;
ENTITY BCD7 IS
  PORT(
        BCD:IN STD_LOGIC_VECTOR(3 DOWNTO 0);
        LED:OUT STD_LOGIC_VECTOR(6 DOWNTO 0));

END BCD7;
ARCHITECTURE ART OF BCD7 IS
BEGIN
LED<="1111110"WHEN BCD ="0000" ELSE
"0110000"WHEN BCD ="0001" ELSE
"1101101"WHEN BCD ="0010" ELSE
"1111001"WHEN BCD ="0011" ELSE
"0110011"WHEN BCD ="0100" ELSE
"1011011"WHEN BCD ="0101" ELSE
"1011111"WHEN BCD ="0110" ELSE
"1110000"WHEN BCD ="0111" ELSE
"1111111"WHEN BCD ="1000" ELSE
"1111011"WHEN BCD ="1001" ELSE
"0000000";
END ART;
```

计时模块的作用是针对计时过程进行控制。计时控制模块可完成秒表的启动、停止和复位。部分源程序如下：

```
LIBRARY IEEE;
USE IEEE.STD_LOGIC_1164.ALL;
USE IEEE.STD_LOGIC_UNSIGNED.ALL;
ENTITY CTRL IS
  PORT( CLR,CLK,SP:IN STD_LOGIC;
        EN :OUT STD_LOGIC);
........................
........................
COM:PROCESS(SP,CURRENT_STATE)
 BEGIN
```

```
END IF;
END PROCESS;
END BEHAVE;
```

4. 元器件选择

EP1C6Q240　FPGA 芯片　　　　　1 片
VHDL 和 Quartms II 软件　　　各 1 套

5. 电路的仿真和调试

各部分模块完成后，用 Quartms II 对程序编译、仿真。本系统采用的 FPGA 芯片为 Altera 公司的 EP1C6Q240，用 VHDL 和 Quartms II 软件工具开发。设计输入完成后，进行整体的编译和逻辑仿真，然后进行转换、延时仿真生成配置文件。最后下载至 FPGA 器件，完成结果功能配置，实现其硬件功能。

10.3.5　智力竞赛抢答器

1. 设计任务和要求

(1) 抢答器同时供 8 名选手或 8 个代表队比赛，分别用 8 个按钮 $S_0 \sim S_7$ 表示。

(2) 设置一个系统清除和抢答控制开关 S，该开关由主持人控制。

(3) 抢答器具有锁存与显示功能。即选手按动按钮，锁存相应的编号，并在 LED 数码管上显示(也可设置报警电路让扬声器发出声响提示)。选手抢答实行优先锁存，优先抢答选手的编号一直保持到主持人将系统清除为止。

(4) 抢答器具有定时抢答功能，且一次抢答的时间由主持人设定(如 30 秒)。当主持人启动"开始"键后，定时器进行减计时(若加报警电路，扬声器同时发出短暂的声响，声响持续的时间 0.5 秒左右)。

(5) 参赛选手在设定的时间内进行抢答，则抢答有效，定时器停止工作，显示器上显示选手的编号和抢答的时间，并保持到主持人将系统清除为止。

(6) 如果定时时间已到，无人抢答，则本次抢答无效，系统报警并禁止抢答，定时显示器上显示 00。

2. 设计思路与原理框图

接通电源后，主持人将开关拨到"清除"状态，抢答器处于禁止状态，编号显示器灭灯，定时器显示设定时间；主持人将开关置于开始状态，宣布"开始"抢答器工作。定时器倒计时，扬声器给出声响提示。选手在定时时间内抢答时，抢答器完成优先判断、编号锁存、编号显示、扬声器提示等工作。当一轮抢答之后，抢答器完成定时器停止、禁止二次抢答、定时器显示剩余时间等工作。如果再次抢答，必须由主持人再次操作"清除"和"开始"状态开关。其原理框图如图 10-50 所示。

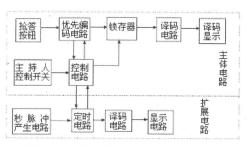

图 10-50　智力竞赛抢答器的原理框图

3. 电路设计与实现

(1) 抢答器电路的设计

如图 10-51 所示，该电路完成两个功能：

① 分辨出选手按键的先后，并锁存优先抢答者的编号，与此同时，译码显示电路显示优先抢答者的编号。

② 禁止其他选手按键操作无效。

其工作过程如下：开关 S 置于"清除"端时，RS 触发器的输出端均为 0，4 个触发器输出置 0，使 74LS148 的控制端为 0，使之处于工作状态。当开关 S 置于"开始"时，抢答器处于等待工作状态，当有选手将按键按下时(如按下 S_5)，74LS148 的输出经 RS 锁存后，1Q=1，74LS48 处于工作状态，4Q3Q2Q=101，经译码显示为"5"。此外，1Q=1，使 74LS148=2，处于禁止状态，封锁其他按键的输入。当按键按下时，74LS148 的输出端为 1，此时由于1Q 仍为 1，使 74LS148 的控制端为 1，所以 74LS148 仍处于禁止状态，保证了抢答者的优先性。如有再次抢答，需由主持人将 S 开关重新置于"清除"端，然后再进行下一轮抢答。74LS148 为 8 线-3 线优先编码器，表 10-2 为其功能表。

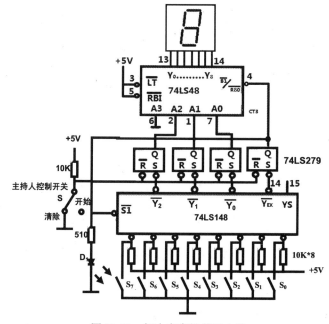

图 10-51　智力竞赛抢答器电路

表 10-2 74LS148 功能真值表

输　入									输　出				
$\overline{ST}$	$\overline{IN_0}$	$\overline{IN_1}$	$\overline{IN_2}$	$\overline{IN_3}$	$\overline{IN_4}$	$\overline{IN_5}$	$\overline{IN_6}$	$\overline{IN_7}$	$\overline{Y_2}$	$\overline{Y_1}$	$\overline{Y_0}$	$\overline{Y_{EX}}$	$\overline{Y_S}$
1	×	×	×	×	×	×	×	×	1	1	1	1	1
0	1	1	1	1	1	1	1	1	1	1	1	1	0
0	×	×	×	×	×	×	×	0	0	0	0	0	1
0	×	×	×	×	×	×	0	1	0	0	1	0	1
0	×	×	×	×	×	0	1	1	0	1	0	0	1
0	×	×	×	×	0	1	1	1	0	1	1	0	1
0	×	×	×	0	1	1	1	1	1	0	0	0	1
0	×	×	0	1	1	1	1	1	1	0	1	0	1
0	×	0	1	1	1	1	1	1	1	1	0	0	1
0	0	1	1	1	1	1	1	1	1	1	1	0	1

表 10-3 为七段显示译码器 74LS48 的逻辑功能表。其中：a～g 为译码输出端。另外，它还有 3 个控制端：试灯输入端 LT、灭零输入端 RBI、特殊控制端 BI/RBO。其功能为：

① 正常译码显示。LT=1，BI/RBO=1 时，对输入为十进制数 1～15 的二进制码(0001～1111)进行译码，产生对应的七段显示码。

② 灭零。当输入 RBI =0 ，而输入为 0 的二进制码 0000 时，则译码器的 a～g 输出全 0，使显示器全灭；只有当 RBI =1 时，才产生 0 的七段显示码。所以 RBI 称为灭零输入端。

③ 试灯。当 LT=0 时，无论输入怎样，a～g 输出全 1，数码管七段全亮。由此可以检测显示器七个发光段的好坏。LT 称为试灯输入端。

④ 特殊控制端 BI/RBO。BI/RBO 可以作输入端，也可以作输出端。

作输入使用时，如果 BI=0 时，不管其他输入端为何值，a～g 均输出 0，显示器全灭，因此 BI 称为灭灯输入端。

输出端使用时，受控于 RBI。当 RBI=0，输入为 0 的二进制码 0000 时，RBO=0，用以指示该片正处于灭零状态。所以，RBO 又称为灭零输出端。

将 BI/RBO 和 RBI 配合使用，可以实现多位数显示时的"无效 0 消隐"功能。

在多位十进制数码显示时，整数前和小数后的 0 是无意义的，称为"无效 0"。

(2) 定时电路的设计

由节目主持人根据抢答题的难易程度，设定一次抢答的时间，通过预置时间电路对计数器进行预置，计数器的时钟脉冲由秒脉冲电路提供。可预置时间的电路选用十进制同步加减计数器 74LS192 进行设计，具体电路如图 10-52 所示。

(3) 报警电路的设计

由 555 定时器和三极管构成的报警电路如图 10-53 所示。其中 555 构成多谐振荡器，振荡频率 $f_o=1.43/[R_1+2R_2]C]$，其输出信号经三极管推动扬声器。PR 为控制信号，当 PR 为高电平时，多谐振荡器工作，反之，电路停振。

表 10-3　74LS48 逻辑功能表

功能输入	输入						输入/输出	输出							显示字形
	LT	RBI	A_3	A_2	A_1	A_0	BI/RBO	a	b	c	d	e	f	g	
0	1	1	0	0	0	0	1	1	1	1	1	1	1	0	⊡
1	1	×	0	0	0	1	1	0	1	1	0	0	0	0	⌐
2	1	×	0	0	1	0	1	1	1	0	1	1	0	1	⊐
3	1	×	0	0	1	1	1	1	1	1	1	0	0	1	⊐
4	1	×	0	1	0	0	1	0	1	1	0	0	1	1	⊔
5	1	×	0	1	0	1	1	1	0	1	1	0	1	1	⊑
6	1	×	0	1	1	0	1	0	0	1	1	1	1	1	⊑
7	1	×	0	1	1	1	1	1	1	1	0	0	0	0	⌐
8	1	×	1	0	0	0	1	1	1	1	1	1	1	1	⊟
9	1	×	1	0	0	1	1	1	1	1	0	0	1	1	⊒
10	1	×	1	0	1	0	1	0	0	0	1	1	0	1	⊏
11	1	×	1	0	1	1	1	0	0	1	1	0	0	1	⊐
12	1	×	1	1	0	0	1	0	1	0	0	0	1	1	⊔
13	1	×	1	1	0	1	1	1	0	0	1	0	1	1	⊑
14	1	×	1	1	1	0	1	0	0	0	1	1	1	1	⊏
15	1	×	1	1	1	1	1	0	0	0	0	0	0	0	
灭灯	×	×	×	×	×	×	0	0	0	0	0	0	0	0	
灭零	1	0	0	0	0	0	0	0	0	0	0	0	0	0	
试灯	0	×	×	×	×	×	1	1	1	1	1	1	1	1	⊟

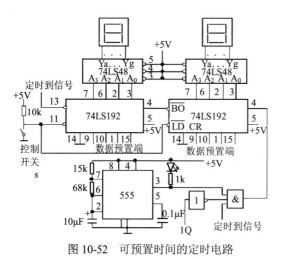

图 10-52　可预置时间的定时电路

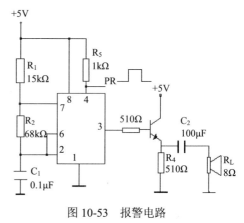

图 10-53　报警电路

4. 元器件选择

多功能板	1 片
74LS148(8 线-3 线优先编码器)	1 片

74LS279(4 位锁存器)	1 片
74LS48(4 线-7 段译码器)	1 片
74LS192(十进制加/减计数器)	2 片
74LS00(4-2 输入与非门)	1 片
NE555(555 定时器)	2 个
5V 稳压电源	1 个
LED 二极管	1 个
7 段数码管	3 个
电阻、电容、导线、焊锡、松香	若干
铬铁	1 个
镊子	1 个

5. 电路的组装和调试

按照电路进行整机安装与调试。

(1) 调试控制功能，通过控制开关测试音响电路、计时显示电路功能及系统清除功能。

(2) 将控制开关置于开始位置，任意按动按钮，以调试数据采集、锁存和音响提示功能，以及选手在定时时间到时，音响报警功能和外按键无效性功能。

10.4　电子技术综合性电路的设计与制作

10.4.1　声光控延时自熄节电开关的研制

1. 设计任务和要求

设计一个简易声光控延时照明灯电路。

设计要求：

(1) 要求电路能够通过照明灯开关对光线强弱的感应和通过照明灯开关对声强的感应设置两级开关，控制照明灯的亮灭。

(2) 要求电路能够实现有光线时灭、无光线有声时亮，并且照明灯点亮一段后自动关断。

(3) 要求电路如果在照明灯点亮期间又有新的声源出现，照明灯应重新开启。

(4) 根据上述要求选定设计方案，画出系统框图，写出详细的设计过程。

(5) 利用 EDA 软件设计出一套完整的设计电路图，并列出所有的元件清单。

2. 设计思路与原理框图

该声光控延时自熄节电开关电路原理方框图如图 10-54 所示，由话筒、声音放大、倍压整流、光控、电子开关、延时和交流开关组成。

(1) 声音放大电路：当 MIC 获取到声音信号后，其会转换成电信号，由于后面步骤需采用此信号控制电子开关，所以必须加放大器以放大该信号。为了获得较高的灵敏度，VT_1 的 β 值选用大于 100。话筒 MIC 也需选用灵敏度较高的。同时，需要注意的是，R_3 不宜过小，否则电路容易产生间歇振荡。

(2) 整流电路：C_2、VD_1 和 VD_2、C_3 构成倍压整流电路。将声音信号变成直流控制电压。

(3) 光敏电路：核心元件为光敏电阻，其通过检测光线变化程度自动改变阻值进而改变电压信号的大小。

(4) 电子开关：当电压信号达到一定值时，电子开关打开。当电压信号小于此值时，电子开关关闭，其主要作用是控制延时电路中的电容充、放电时长。

(5) 延时电路与交流开关：由于需要灯泡持续点亮时间并不是很长，所以考虑用一个电容控制开关的状态即可。夜晚无光时，当电子开关打开时，C_4 连通，即开始充电，当电子开关关闭后，C_4 开始放电。

R_8、C_5 和单向可控 MCR、$VD_5 \sim VD_8$ 组成延时与交流开关。C_4 通过 R_8 把直流触发电压加到 MCR 控制端，MCR 导通，灯泡点亮。

采用可控硅作为开关元件，属无触点开关元件，因此使用寿命长。

灯泡发光时间长短由 C_4、R_8 的参数决定。

(6) 电源电路：电路如图 10-54 所示，220V 交流电通过灯丝，经过 VD_5-VD_8 整流后，R_9，R_{10}，VD_4 降压。C_6 为滤波电容，VW 为稳压值 12~15V 的稳压二极管，保证 C_6 上电压不超过 15V 直流电压。此部分电路提供稳定的工作电压。

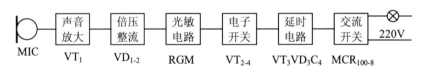

图 10-54　声光控延时自熄节电开关

3. 电路设计与实现

根据设计思路与大概电路的总结，总电路图如图 10-55 所示。

当此电路周围有声音信号时，MIC 将声音信号接收后经 VT_1 放大，再经整流电路转变为电压信号。当有光照照在光敏电阻 RGM 上时，其阻值变小，对直流控制电压衰减很大，导致 VT_2、VT_3 和 R_7、VD_3 组成的电子开关截止。而 C_4 中无电荷，使单向可控硅 MCR 处于截止状态，灯泡不亮。

当有声音信号传入而又无光照射在光敏电阻 RGM 时，RGM 阻值很大，对直流控制电压衰减很小。VT_2、VT_3 和 R_7、VD_3 组成的电子开关导通，使 C_4 充电。由于充满电时间很迅速，C_4 充满电荷后通过 R_8 把直流触发电压加到 MCR 控制端，MCR 导通，灯泡点亮。当 C_4 中电荷放至零时，MCR 回复截止状态，灯熄灭。

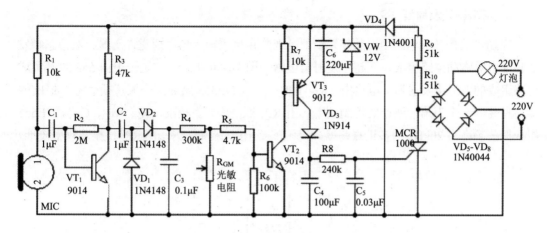

图 10-55　声光控照明节电开关电路原理图

4. 元器件选择

元件	型号或参数	元件	型号或参数
VT$_1$	9014(NPN)	R$_1$	10kΩ
VT$_2$	9014(NPN)	R$_2$	2MΩ
VT$_3$	9012(PNP)	R$_3$	47kΩ
VD$_1$	IN 4148	R$_4$	300kΩ
VD$_2$	IN 4148	R$_5$	4.7kΩ
VD$_3$	IN 4148	R$_6$	100kΩ
VD$_4$	IN 4001	R$_7$	10kΩ
VD$_{5\sim8}$	IN 4004	R$_8$	240kΩ
VW	稳压管	R$_{9\sim10}$	51kΩ
MCR	100-8	RGM	光敏电阻
BZ	＜100W	Mic	
C$_1$	1μF	C$_4$	100μF
C$_2$	1μF	C$_5$	0.03μF
C$_3$	0.1μF	C$_6$	220μF

10.4.2　亚超声遥控开关

1. 设计任务和要求

设计一个亚超声遥控开关电路。

(1) 采用的声控频率为 18~20Hz。

(2) 利用压电陶瓷片作为发射、接收声传感器。

2. 电路设计及原理

亚超声遥控开关电路由亚超声发射器、亚超声接收放大器、通道译码器、双稳态触发器和继电器驱动电路组成，亚超声发射器电路如图 10-56 所示，它是一个由 555 时基集成电路组成的双通道发射器。电路中，R_1、RP_1、C_1 与 NE555 组成一个振荡频率为 18kHz 的多谐振荡器，作为第一通道的控制频率，由 RP_1 将振荡频率校准。R_1、RP_2、C_1 与 NE555 组成振荡频率为 20kHz 的多谐振荡器，作为第二通道的控制频率，由 RP_2 将振荡频率校准。

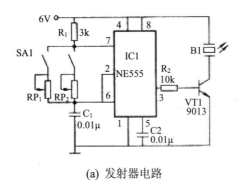

(a) 发射器电路

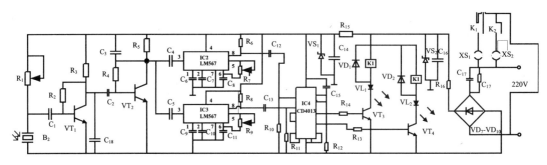

(b) 接收放大电路

图 10-56　亚超声遥控开关电路

亚超声接收放大器电路如图 10-56 所示，该电路由压电陶瓷片组成亚超声接收头，它能将接收到的亚超声信号转换为脉冲电信号，经过电压放大器放大后向外输出。

VT_1、VT_2 组成两级电压放大器，仍采用电压并联负反馈式放大电路，该电路有较高的放大倍数。经电压放大后的信号，由 C_4 和 C_5 分别耦合至通道译码器 IC_2 和 IC_3。

通道译码器 IC_2、IC_3 采用 LM567。在 IC_2 中，由 R_7 和 C_8 组成压控振荡器的外接阻容元件，将振荡频率调节在 18kHz。在 IC_3 中，由 R_9 和 C_n 组成压控振荡器的外接阻容元件，将振荡频率调节在 20kHz。当接收器接收到第一通道的 18kHz 的发射信号后，译码器 IC_2 的 8 脚输出低电平；当接收器收到第二通道的 20kHz 的发射信号后，译码器的 8 脚输出低电平。

C_{12} 与 R_{10}，C_{13} 与 R_{11} 组成两个微分电路，将 IC_2、IC_3 输出的译码信号变为触发双稳态电路翻转的脉冲信号。由于在遥控发射器的操作中，按下发射键的时间很短，因此译码器的 8 脚输出的译码信号一般为宽度不同的负向脉冲，通过微分电路处理后，就可变为触发双稳态电路翻转的尖脉冲。

两个双稳态触发器由 CD4013 双 D 触发器组成。置 1 端 S 接地，置零端 R 可接阻容复位电路。2 个双稳态触发器分别受译码器 IC_2 和 10 的控制，当 IC_2 输出的译码信号经微分电路微分后，再加至第一双稳态触发器的 CP_1 端后，触发器发生翻转；在触发器翻转、使 1 脚输出高电平时，通过 R_{14} 使继电器驱动管 VT_3 导通，继电器 K_1 通电吸合，接通第一被控电路电源；当触发器翻转、使 1 脚输出低电平时，VT_3 截止，继电器 K_1 释放，断开被控电路电源。

IC_3 输出的译码信号经微分电路微分后，再加至第二双稳态触发器的 CP_2 端，触发器同样翻转，通过 VT_4 和继电器 K_2 接通或断开被控电路的电源。

在接通各路继电器时，通过发光管 VL_1 和 VL_2 分别发出接通指示信号。

本设计电源电路直接由交流 220V 电源通过电容降压、桥式整流后提供。直流电源分两级：第一级由桥式整流后经限流电阻器 R_{16} 限流、稳压管 VS_2 稳压，变为 12V 电源，供继电器及驱动电路用；第二级由 12V 电源经限流电阻器 R_{15} 限流、稳压管 VS_1 稳压，变为 6V 电源，供前级电路使用。

3. 元器件选择

LM1702 型直流稳压电源	1 台
LM1602 型低频信号发生器	1 台
YB4324 型双踪示波器	1 台
LM2193 型晶体管毫伏表	1 台
MF47 型万用表	1 块
NE555 时基集成芯片	1 片
LM567 通道译码器	1 个
CD4013 双 D 触发器	1 个
压电陶瓷片声传感器	1 个

4. 电路的组装和调试

IC_1 可选用 NE555、LM555 或其他型号的 555 时基集成电路；IC_2、IC_3 选用 LM567 通道译码器；IC_4 选用 CD4013 双 D 触发器。

B_1、B_2 宜选用 Φ10mm 的压电陶瓷片声传感器，如 FT-10-20AT 等型号。直径大的压电陶瓷片由于谐振频率低，不能适应电路需要。K_1、K_2 选用工作电压为 12V 的小型继电器。

降压电容器 C_{17} 选用金属化纸介质电容器，耐电压值应大于 400V。其他元器件均无特殊要求。

10.4.3　生产线自动装箱设备监控器

1. 设计任务和要求

设计一个生产线自动装箱设备监控器。

(1) 要求对生产线上自动装箱操作进行监测，实现自动装箱控制。

(2) 对灌装饮料装箱，每箱 24 个。

(3) 计数器对装箱饮料罐数进行计数，装满停止饮料运送。

2. 电路设计及原理

生产线自动装箱设备监控器采用中规模集成电路计数器和数值比较器进行设计。74LS160 是一个具有异步清零、同步置数、可以保持状态不变的十进制上升沿计数器。74LS185 为 TTL 二进制-BCD 代码转换器。

按照图 10-57 所示电路接线，构成自动装箱设备监控器。数值比较器将计数器的数值随时与预置的数进行比较，当预置的数和计数值相等时，产生信号 G 使计数器保持状态不变，并且停止运送饮料的设备工作。拨码盘可以改变预置数值的大小。拨码器输出用逻辑开关代替(A，B，C，D，E，F 接逻辑开关)，光电转换接实验箱单脉冲输出，非门输出 G(即停止饮料运送信号)接发光二极管，运送饮料启动信号接逻辑开关。

先将逻辑开关 K 置"0"，计数器清零，将 FEDCBA 置为 100100(8421BCD 码)后，再将 K 置"1"，光电转换输入端输入单脉冲，观察输入几个脉冲后，发光二极管的亮、灭情况。

再次将计数器复位后，改变 FEDCBA 的数值，观察输入单脉冲数和置数相等时，二极管的亮、灭情况。

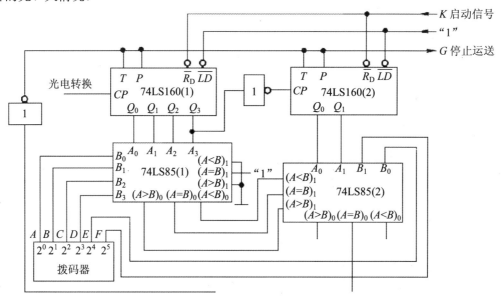

图 10-57　生产线自动装箱设备监控器工作原理图

3. 设计内容及步骤

(1) 分析计数和数值比较两部分的功能，说明自动装箱设备监控器的工作原理。

(2) 总结简单数字系统的设计方法。

(3) 画出集成电路的设计接线图。

(4) 分析图 10-58 电路的工作原理，说明为什么必须预置"补码"。

(5) 比较两个电路的特点；总结数字系统设计原则。

(6) 写出系统调试及功能测试报告，包括电路的功能、优缺点、改进意见、测试中遇到的问题及解决的方法，调试及测试的收获和体会等。

4. 元器件选择

LM1702 型直流稳压电源	1 台
LM1602 型低频信号发生器	1 台
YB4324 型双踪示波器	1 台
LM2193 型晶体管毫伏表	1 台
MF47 型万用表	1 块
74LS160 芯片	2 片
74LS85 芯片	2 片

5. 电路的组装和调试

如果在设计过程中状态不稳定，分析其原因，将集成电路不使用的多余输入端按引脚逻辑功能分别接高、低电平，再观察结果。在调试过程中，也可将两个十进制计数器 74LS160 的输出端 Q 接数码显示管，用来监视计数器的情况。

10.4.4　硬件优先排队电路

1. 设计任务和要求

设计一硬件优先排队电路。

(1) 能够实现在计算机中当有多个中断源同时申请中断时，优先权高的先申请中断。

(2) 若 CPU 正在处理中断时，能中断此服务程序，转去处理比它级别高的中断服务。

2. 电路设计及原理

74LS148 为二进制优先编码器。优先编码器常用于优先中断系统和键盘编码。与普通编码器不同，优先编码器允许多个输入信号同时有效，但它只按其中优先级别最高的有效输入信号编码，对级别较低的输入信号不予理睬。

图 10-58(a)中，小圆圈表示低电平有效，各引出端功能如下：

7~0 为状态信号输入端，低电平有效，7 的优先级别最高，0 的级别最低；

C、B、A 为代码(反码)输出端，C 为最高位；

E_1 为使能(允许)输入端，低电平有效。当 $E_1=0$ 时，电路允许编码；当 $E_1=1$ 时，电路禁止编码，输出 C、B、A 均为高电平；E_0 和 CS 为使能输出端和优先标志输出端，主要用于级联和扩展。

74LS85 为二进制数并行比较器，只要两数最高位不等，就可以确定两数大小，以下各位(包括级联输入)可以为任意值；高位相等，需要比较低位的情况；若 A、B 两数的各位均相等，输出状态则取决于级联输入端的状态。因此，当没有更低位参与比较时，芯片的级联输入端(a＞b)(a＝b)(a＜b＝应该接 010，以便在 A、B 两数相等时，产生 A＝B 的比较结果输出。这一点在使用时必须注意。

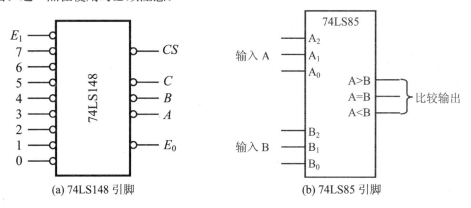

(a) 74LS148 引脚　　　　　　　　　(b) 74LS85 引脚

图 10-58　芯片引脚图

如图 10-58(b)所示，74LS85 设有 8 个中断源，当有任意一个或多个中断请求时，经过优先编码器对优先权高的中断请求进行编码(111~000)输出。

正在进行中断处理的外设的优先权编码已寄存在优先权寄存器中。将这个信号和优先编码器的输出送到比较器中进行比较。当 A≤B 时，比较器输出低电平，与门 1 封锁，不能向 CPU 发中断请求；当 A＞B 时，比较器输出高电平，打开与门，将中断请求信号送至 CPU。CPU 中断正在进行的中断服务，转去响应更高级的中断。

当 CPU 没有进行中断处理时，寄存器输出优先权失效信号(高电平)，使与门 2 打开。8 个中断源中，优先权高的中断源的中断请求能够发给 CPU。

按图 10-59 电路连接线路，8 个中断源 $\bar{I}_7 \sim \bar{I}_0$ 接逻辑开关，优先寄存器输出 $D_2 \sim D_0$ 和优先权失效信号 C 接逻辑开关，INTR 接发光二极管。四位数值比较器 74LS85 未使用的多余输入端(包括扩展输入端)，按引脚功能分别接高、低电平；否则，状态不稳定。

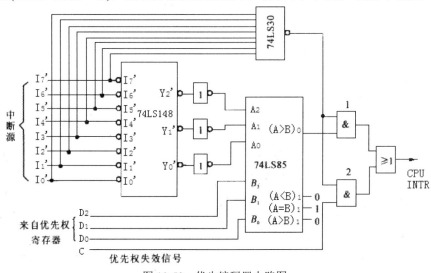

图 10-59　优先编码器电路图

3. 设计内容及步骤

(1) 进行综合分析，说明硬件优先排队电路的工作原理。

(2) 总结采用数字集成电路组成一个硬件电路的方法。

(3) 总结简单数字系统设计、调试的方法。

(4) 画出集成电路设计接线图。

(5) 写出系统调试及功能测试报告，包括电路功能、优缺点、电路的改进意见、调试中出现的问题、解决方法、调试及测试的收获和体会等。

4. 元器件选择

LM1702 型直流稳压电源	1 台
LM1602 型低频信号发生器	1 台
YB4324 型双踪示波器	1 台
LM2193 型晶体管毫伏表	1 台
MF47 型万用表	1 块
74LS1148 芯片	1 片
74LS85 芯片	1 片

10.4.5　比赛计分显示系统

1. 设计任务和要求

本设计要求设计一个比赛计分显示系统。

(1) 显示器 1 显示每队 24 秒进攻时间，要求使用 32.768kHz 晶振产生 1 秒时基。

(2) 显示器 2 显示每节比赛时间 12 分钟，精确到秒，采用倒计时方式。

(3) 进球、犯规、罚球、暂停等有停表功能，停表后可以重新计时。

(4) 进攻方 7 秒未过半场，5 秒未发出球，有报警功能。

(5) 每节结束有声音报警功能。

(6) 有加时赛 5 分钟计时功能，也要求有倒计时。

2. 设计思路与原理框图

如图 10-60 所示，本电路主要有 5 个模块构成：秒脉冲发生器、计数器、译码显示电路、控制电路和报警电路。控制电路直接控制计数器启动计数、暂停/连续计数、译码显示电路的显示等功能。当控制电路的置数开关闭合时，在数码管上显示数字 24，每当一个秒脉冲信号输入到计数器时，数码管上的数字就会自动减 1，当计时器递减到零时，报警电路发出光电报警与蜂鸣信号。

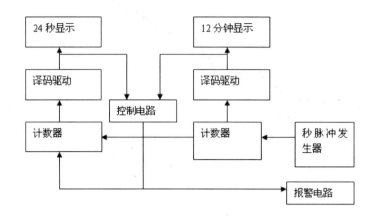

图 10-60　比赛计分显示系统的原理框图

比赛计分显示系统的主要功能包括：12 分钟倒计时、进攻方 24 秒倒计时计时暂停、重新开启和结束警报提示。

1 秒时基产生器：这部分利用 32.768kHz 需要通过分频器，最终产生 1Hz 的电信号，驱动整个电路的运作。这一模块主要是利用 CD4060 和 CD4027 的锁存和分频功能来实现。

12 分钟倒计时模块：这部分电路完成 12 分钟倒计时的功能，比赛准备开始时，屏幕上显示 12∶00 字样。当比赛开始时，倒计时从 12∶00 开始逐秒递减到 00∶00。这一模块主要利用双向计数器 74LS192 的减计数功能来实现。

攻方 24 秒倒计时模块：这部分电路与 12 分钟倒计时功能类似。当比赛准备开始时，屏幕上显示 24 秒字样；当比赛开始后，倒计时从 24 逐秒倒数到 00。这一模块主要也是利用双向计数器 74LS192 来实现。

节数记次模块：四个 LED 分别表示四场节次，根据比赛场次的转换，用适当的方法使这四个 LED 依次自动指示四场节次。

警报提示模块：当两个计数器中任一个计时到零时，BO 端出现低电平。通过二极管，发光二极管亮，起到报警作用。

总体电路说明：

倒计时功能主要是利用 74LS192 计数芯片来实现，同时利用反馈和置数实现进制的转换，以适合分和秒的不同需要。由于该系统特殊的需要，到各计时器到零时，通过停止控制电路使计数器停止计数并用 LED 发出警报。而节次计数是通过 12 分钟的重置来实现的。

3. 电路工作原理及设计

主体电路：即倒计时部分。包括 12 分钟和 24 秒倒计时。12 分钟倒计时的基本原理：比赛处于准备开始阶段，扳动启动开关 G 使倒计时计数器相应的置数或清零端有效，显示设定的时间 12∶00，当主裁判抛起球，比赛开始，扳动 G，倒数计时器开始工作(相应的置数、清零端无效)，计时器逐秒进行倒计显示。当有球员犯规，裁判吹哨，整个计时系统的倒计时暂停，这个功能通过暂停开关 S 截断时钟脉冲的传输来实现。当倒数计时器计数到零时，选取"00∶00"这个状态，通过组合逻辑电路给出截断信号，让其与时钟脉冲在与非门中将时钟脉冲截断，从而计时器在计数到零时停住。24 秒计数芯片的置数端和 12 分的置数、清零端共用一个开关，比赛开始后，24 秒的置数端也无效，24 秒的倒数计时器与 12 分的倒数计时器同时开始进行倒计时，逐秒倒计到零。同样也是选取"00"这个状态，通过组合逻辑电路给出截断信号，让该信号与时钟脉冲在与非门中将时钟截断，使计时器在计数到零时停住。

　　节次电路：用四个 D 触发器和适当的组合逻辑电路搭成四位的移位寄存器，四个 LED 分别接在这四个 D 触发器的输出 Q 上，12 分钟重置时，电路自动移位指示节次。

　　警报提示：为了给出警报提示，可在计数器的输出端用一个普通二极管和 LED 二极管。当计数为 0 时，Q_0 输出为 0，LED 灯亮起。

　　(1) 秒脉冲发生器的设计

　　秒脉冲信号发生器是数字钟的核心。它的稳定度及频率的精确度决定了数字钟计时的准确程度，可选用晶振的频率为 32768Hz 的脉冲经过整形、分步获得 1Hz 的秒脉冲。如图 10-61 所示。输出端正好可得到 1Hz 的标准脉冲。

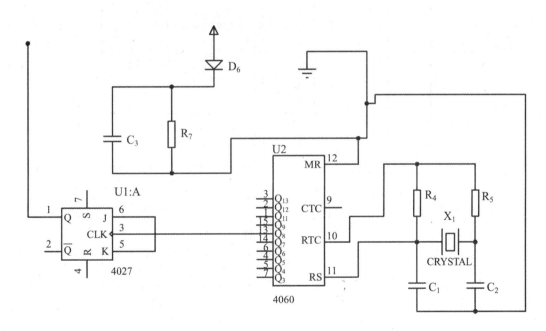

图 10-61　秒脉冲发生器

　　(2) 秒、分倒计数器的设计

　　① 24 秒倒计时电路

　　计数器的倒计时功能。用两片 74LS192 分别做个位(低位)和十位(高位)的倒计时计数器，由于本系统只需要从开始时的"24"倒计到"00"，然后停止，所以可以直接运用十进制的 74LS192 进行减计数。

　　因为预置的数不是"00"，所以选用置数端 LOAD 来进行预置数。低位的借位输出信号用作高位的时钟脉冲。

　　24 秒倒计时电路如图 10-62 所示。

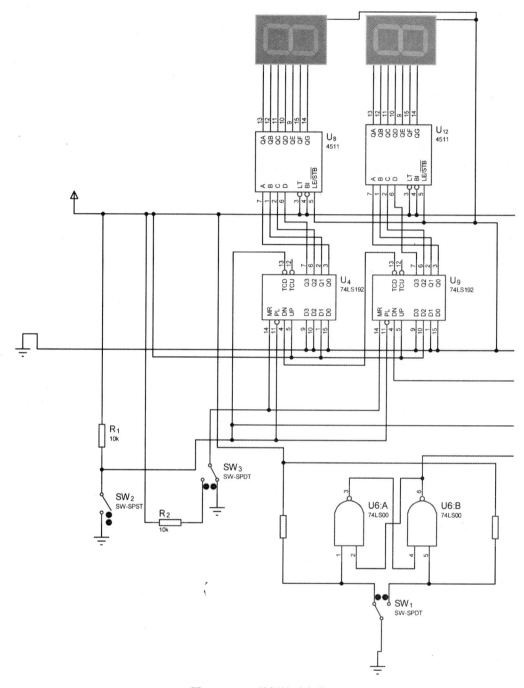

图 10-62 24 秒倒计时电路

② 12 分钟倒计时电路设计

1) 12 分钟倒计时秒部分。运用两片可逆计数器 74LS192 来构成 60 进制的减计数器。

这个计数器的低位即个位，不需要搭接任何反馈电路，而直接运用 74LS192 芯片的减计数功能。时钟脉冲接到 down 端，置数、清零端无效，即可以实现十进制的倒计时计数功能。而最低位的计数变化应当与时钟脉冲的变化同步。所以，原则上应当将时钟脉冲直接引到 74LS192 计数器的减计数时钟脉冲输入端 down。

该计数器的高位即十位，与低位的计数进制不相同。由于时间的分和秒都是 60 进制，所以这里的计数芯片 74LS192 必须接成六进制的计数器。直接从 Q_D 引出高电平信号，通过非门作用后形成低电平反馈信号，送入 74LS192 芯片的置数端 LOAD，使之实现置数动作。

置数时，输出的数是与输入的数是一样的，所以设置的数是 5(二进制 0101)，这样，当计数器从 0 变到 9 时，由于进行了异步置数，9 就在瞬间变成了 5，计数输出的结果就变为 0→5→4→3→2→1→0，实现了六进制的功能。

2) 12 分钟倒计时分部分。也是运用两片可逆计数器 74LS192 来构成减计数器。在两片计数器的连接上，把低位的借位信号作为高位的时钟脉冲进行连接。而低位计数器的时钟脉冲则是用秒部分高位计数器的借位输出信号来充当的。运用以上两个计数器组合，就在低位计数器从 0 变到 9 或从 0 变到 5 的瞬间，在它的借位输出端出现一个电平的上升脉冲沿，从而使高位的计数器倒计一个数，实现倒计时功能。

12 分钟倒计时电路如图 10-63 所示。

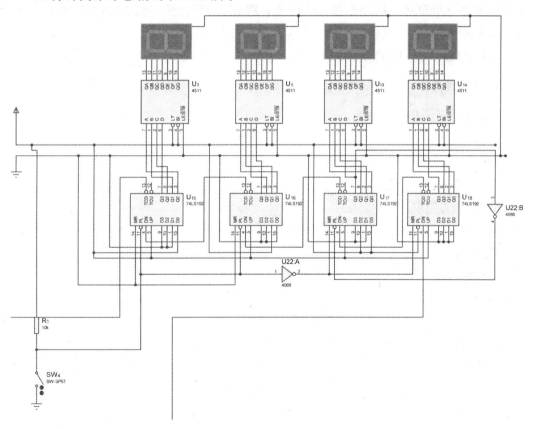

图 10-63　12 分钟倒计时电路

(3) 译码器和显示器的设计

译码电路的功能是将"秒"、"分"计数器的输出代码进行翻译，变成相应的数字。节次控制电路图如图 10-64 所示。

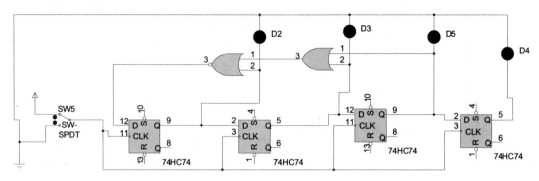

图 10-64　节次控制电路

将这四个 D 触发器依次命名为 D_1、D_2、D_3、D_4。四个 D 触发器级联，前一个输出送入下一个输入，用一个共同的时钟脉冲，形成同步动作。为了保证每次输出只有一位是高电平，用或门把 Q_2、Q_3 进行或运算后，送入或非门与 Q_1 进行运算后送回 D_1。

当电源刚接通、开关 G 没有接地，整个计时系统没有进行工作，Q_1、Q_4 为低电平(0000状态)，D=1，四个 LED 都不亮。合上 G，接高电平，这样，当 G 接通时产生一个电平的上升沿跳变，$Q_1=D_1=1$；1000 状态，LED_1 亮，指示第一节比赛。电路进入循环状态，倒计时电路重置一次，该电路状态转换一次，实现节次自动指示。

总设计(总电路图)如图 10-65 所示。

4. 元器件选择

LM1702 型直流稳压电源		1 台
LM1602 型低频信号发生器		1 台
YB4324 型双踪示波器		1 台
LM2193 型晶体管毫伏表		1 台
MF47 型万用表		1 块
4LS192	十进制减计时器	6 个
CD4511	译码器	6 个
七段数码显示器	共阴极	6 个
74LS00	四路二输入与非门	1 个
发光二极管	普通	5 个
CD4060	14 位二进制串行计数器	1 个
CC4023	3 输入与非门	1 个
CC4027	双上升沿 JK 触发器	1 个
CC4069	六反相器	1 个
32768Hz 的晶振	产生脉冲	1 个
74HC74	D 触发器	4 个
电容	15pf	2 个
电容	0.1μf	1 个

电阻	10kΩ	5 个
电阻	10MΩ	1 个
开关	普通	2 个
开关	单刀双匝	2 个
导线	连接	若干

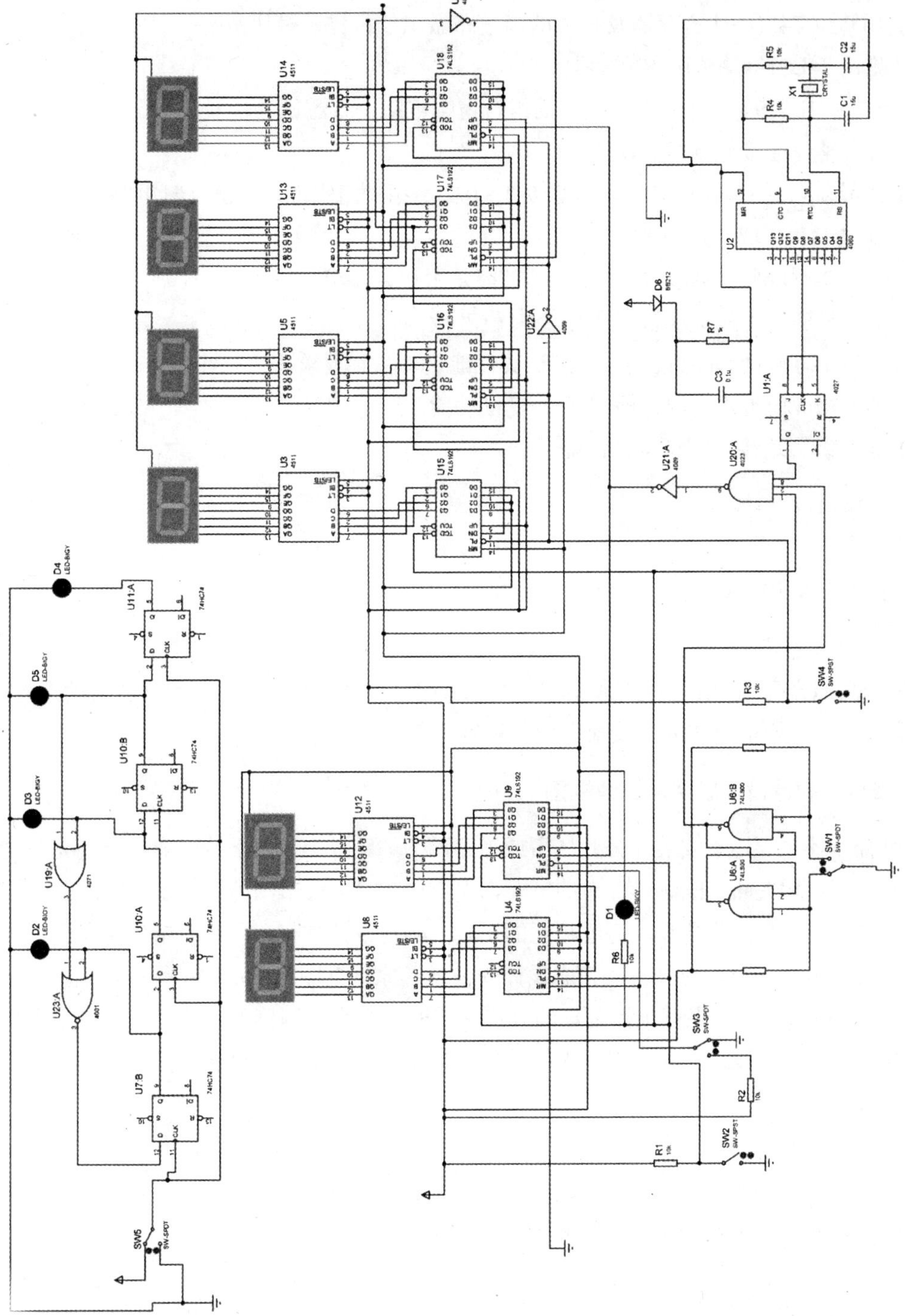

图 10-65 总电路图

5. 电路的组装和调试

(1) 按照电路板的规格，设定好各集成芯片的排放位置、测试各芯片是否与面板接触良好。

(2) 用 D 触发器 74LS74 连接出节次控制模块：

① 测试 74LS74，相应的门电路模块 74LS02、74LS32 的性能。

② 将两片 74LS74 做成循环移位寄存器，测试其性能是否达到要求。

(3) 用移位 74LS194 寄存器及相关的门电路做出警报提示模块：

① 测试 74LS194 和门电路的好坏。

② 连接 74LS194 外部门电路组成的组合逻辑电路，并测试其功能。

③ 进行整体连接并测试其功能。

(4) 用异步可逆双时钟 BCD 计数器 74LS192 及相关门实现定时倒计时电路：

① 测试 74LS192 和门电路的好坏。

② 先连 24 秒倒计时模块，并测试其性能是否达到要求

③ 加入相应门电路实现暂停和停止/复位功能。

④ 连接 12 分钟倒计时模块，并测试其性能是否达到要求。

⑤ 加入相应门电路实现暂停和停止/复位功能。

(5) 整体综合连接，测试整体性能。

10.4.6　路灯控制器

1. 设计任务和要求

设计一路灯控制器，

(1) 当日照光亮到一定程度时使灯自动熄灭，而日照光暗到一定程度时又能自动点亮。

(2) 开启和关断的日照光照度根据用户进行调节。

2. 路灯控制器设计思路及原理框图

路灯控制器主要用于安装在公共场所或道路两旁的路灯上，通常希望随日照光亮度的变化而自动开启和关断，既满足行人的需要，更重要的是能够节约能源。了解常用路灯控制的各种方法及各自的优缺点，通过相互的比较，确定设计方案，并对所用传感器进行选型，同时进行电路的设计与分析，完成设计任务。其原理框图如图 10-66 所示。

(1) 若采用日照光的亮度来控制灯的开启和关断，必须检测日照光的亮度。可采用光敏三极管、光敏二极管或光敏电阻等光敏元件作传感器得到信号，再通过信号鉴幅，取得上限和下限门槛值，用以实现对路灯的开启和关断控制。

(2) 若将路灯开启的启动脉冲信号作计时起点，控制一个计数器对标准时基信号作计数，则可计算出路灯的开启时间，使计数器中总是保留着最后一次的开启时间。

(3) 路灯的驱动电路可用继电器或晶闸管电路。

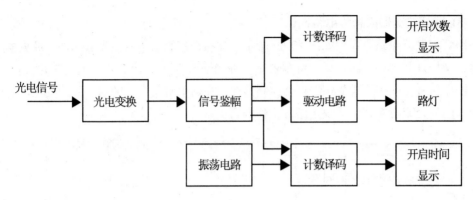

图 10-66　路灯控制器原理框图

3. 路灯控制器电路的设计

(1) 光敏电阻调光电路

当周围光线变弱时，引起光敏电阻的阻值增加，使加在电容上的电压上升，达到增大照明灯两端电压的目的。反之，若周围的光线变亮，则光敏电阻阻值下降，照明灯两端电压也同时下降，使灯光变暗，从而实现对灯光亮度的控制。其电路图如图 10-67 所示。

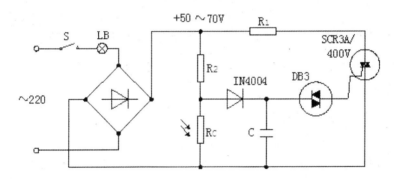

图 10-67　光敏电阻调光电路

(2) 光敏电阻式光控开关

以光敏电阻为核心元件的带继电器控制输出的光控开关电路有多种形式，其工作原理是：光照下降到设置值时，由于光敏电阻阻值上升激发导通，激励电流使继电器工作，常开触点闭合，常闭触点段开，实现对外电路的控制。其电路图如图 10-68 所示。

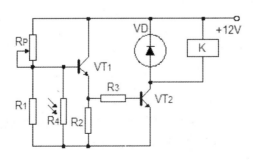

图 10-68　光敏电阻式光控开关电路

(3) 路灯控制器的总体电路设计

路灯控制器电路原理图如图 10-69 所示，此路灯控制器主要由光敏元件、放大器、继电器、受控灯和电源电路组成。继电器是一种当输入量(电、磁、声、光、热)达到一定值时，输出量将发生跳跃式变化的自动控制器件。在这个电路中，随着光照的变化，继电器会相应的吸合或者断开，即决定路灯工作与否。

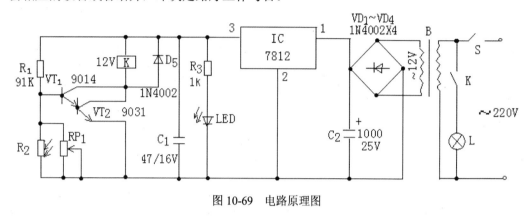

图 10-69 电路原理图

白天，光照强度强，光敏电阻 R_2 呈现低阻状态，V_{T1} 基极电位降低，V_{T1} 和 V_{T2} 处于截止状态，继电器 K 不吸合，灯 L 不亮。当夜幕降临时，光照强度弱，光敏电阻 R_2 阻值逐渐变大，V_{T1} 基极电阻上升，当上升到一定程度后，V_{T1} 导通，V_{T2} 随之导通，继电器 K 吸合，灯 L 点亮。

4. 元器件选择

LM1702 型直流稳压电源	1 台
LM1602 型低频信号发生器	1 台
YB4324 型双踪示波器	1 台
LM2193 型晶体管毫伏表	1 台
MF47 型万用表	1 块
IC7812 稳压芯片	1 片
1N4002 整流二极管	若干
发光二极管	自选
光敏电阻	自选
电阻、电容、导线	若干

5. 电路的组装和调试

进行整体连接并测试其功能。在本系统的设计中，由于光敏电阻的电阻值变化是连续的，因此在靠近临界点时，容易造成不稳定。提高系统在光线临界状态的稳定性，可用运放电路来完成处理，则可将运放接成电压比较器的方式，这样可以完成较为精确的起控。若采用分立元件来处理，可以采用稳压管来稳定工作点，只有当分压大于稳压管的击穿电压时，电路才能起控。

10.4.7　出租车自动计费器

1. 设计任务和要求

出租车自动计费器是根据客户用车的实际情况而自动显示用车费用的数字仪表。仪表根据用车起价和行车里程计费 2 项求得客户用车的总费用，通过数码管自动显示。

(1) 设计一个自动计费器，具有起价、行车里程计费部分。用 4 位数码管显示总的金额，最大值为 99.99 元。

(2) 起价、起价里程和每公里价格可通过功能键设置，起步价为 8 元。

(3) 行车里程单价(*.**元/km)、起价(*.**元)均能通过 BCD 码盘输入。

(4) 初始值显示 "00.00"，通过按键启动/停止、清零显示内容，有等候时间，暂停后可继续计价。

2. 设计思路与原理框图

原理框图如图 10-70 所示，框图中表示起价数据，直接预置到计数器中作为初始状态。行车里程脉冲信号进入计数器，由计数器对脉冲数进行计数，即可求得总的用车费用。

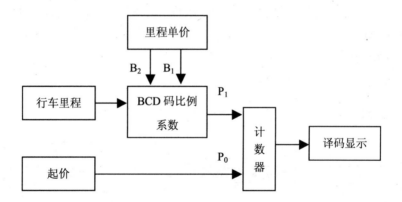

图 10-70　出租车自动计费器的原理框图

3. 出租车计价器的设计

(1) 计价单元设计

实际过程中，在出租车转轴上加装传感器，以获得 "行驶里程信号"。设汽车每走 10 米发一个脉冲，到 1 公里时，发 100 个脉冲，所以里程计数分为两部分：

10 米计数器：要设计一个模 100 的计数器，计满后是 1 公里。

公里计数器：用十进制计数方式，每位计数器对应一位译码显示。

实现过程中如果要方便的显示单价、里程及总价格，则需要将该电路拓展，设计如图 10-71 所示。

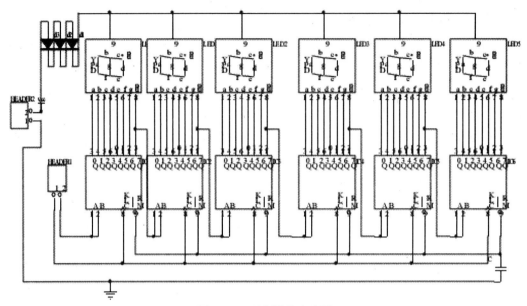

图 10-71　里程计数电路图

在出租车不走的时候,按下 S_1,可以实现数据的分屏显示;车在行走的时候只有总金额和单价显示,当到达目的地的时候,客户要求查看总里程的时候,就可以按下 S_1 切换到里程和单价显示屏,供客户查询。

(2) 模拟乘法器的设计

模拟乘法器的原理如图 10-72 所示。

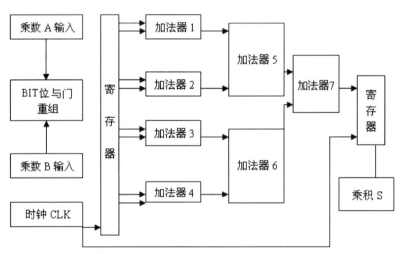

图 10-72　模拟乘法器的原理框图

模拟乘法器的功能是输出等于两个输入信号的乘积。模拟乘法器除做乘法运算外,还可以做成除法电路、调制和解调电路。模拟乘法器是对两个模拟信号(电压或电流)实现相乘功能的有源非线性器件。其主要功能是实现两个互不相关信号相乘,即输出信号与两输入信号相乘积成正比。它有两个输入端口,即 X 和 Y 输入端口。乘法器两个输入信号的极性不同,其输出信号的极性也不同。选用模拟乘法器 J690 可以实现所需的功能。

(3) 加法器的设计

以单位元的加法器来说，有两种基本的类型：半加器和全加器。

半加器有两个输入和输出，输入可以标志为 A、B 或 X、Y，输出通常标志为 S 和进位 C。A 和 B 经 XOR 运算后即为 S，经 AND 运算后即为 C。

全加器引入了进位值的输入，以计算较大的数。为区分全加器的两个进位线，在输入端的记作 C_i 或 C_{in}，在输出端的则记作 C_o 或 C_{out}。

(4) 数据显示单元的设计

采用的主要元件为四片同步计数芯片 74LS160D 及四个七段显示译码器。

① 动态灭零输入 RBI

当 LT=1、RBI=0 且输入代码 DCBA=0000 时，各段输出 a～g 均为低电平，与 BCD 码相应的字形 0 熄灭，故称"灭零"。利用 LT=1 与 RBI=0 可以实现某一位的"消隐"。此时 BI/RBO 是输出端，且 RBO=0。

② 动态灭零输出 RBO

BI/RBO 作为输出使用时，受控于 LT 和 RBI。当 LT=1 且 RBI=0、输入代码 DCBA=0000时，RBO=0；若 LT=0 或者 LT=1 且 RBI=1，则 RBO=1。该端主要用于显示多位数字时，多个译码器之间的连接。

对输入代码 0000，译码条件是：LT 和 RBI 同时等于 1，而对其他输入代码，则仅要求 LT=1，此时，译码器各段 a～g 输出的电平是由输入 BCD 码决定的，并且满足显示字形的要求。

4. 元器件选择

同步计数芯片 74LS160D	4 个
七段译码器	4 个
与非门	3 个
电源、导线	若干

10.4.8　洗衣机控制器

1. 设计任务和要求

普通洗衣机的主要控制电路是一个定时器，它按照一定的洗涤程序控制电机作正向和反向转动。设计要求如下。

(1) 洗衣机转动模式有三种，分别为强力、标准和轻柔。

强力：正转 4s，停止 2s，反转 4s；

标准：正转 3s，停止 2s，反转 3s；

轻柔：正转 2s，停止 1s，反转 2s；

(2) 洗衣时间可选择 5 分钟、10 分钟、15 分钟、20 分钟。

(3) 洗完后进行两次漂洗，每次 5 分钟。

(4) 漂洗结束后进行脱水。

(5) 自动排水。

(6) 洗衣结束后发出警报。

(7) 可用数字显示洗衣机的全部工作时间。

2. 设计思路与原理框图

对于自动控制，使用单片机是最简单的，但是对于普通的洗衣机控制，使用一般器件也可完成。洗衣机控制电路主要采用 CMOS 和 TTL 集成器件，如计数器、锁存器、与门、非门、555 定时器等构成洗衣机控制电路。

洗衣机的洗衣流程如下：

加水—(定时)洗衣—排水加水—漂洗—排水加水—漂洗—排水—脱水—排水—警报并停机。电路设计框图如图 10-73 所示。

3. 电路工作原理及设计

(1) 多谐振荡器的设计

多谐振荡器是一种自激振荡器，产生振荡信号，用于计时。在许多场合，对多谐振荡器的频率稳定性要求严格，一般采用石英晶体振荡器。但是由于洗衣机对时间的精确度要求不是很高，所以采用 555 定时器接成的 1Hz 多谐振荡器。电路如图 10-74 所示。

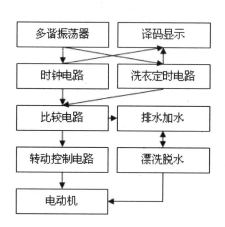

图 10-73　洗衣机控制器原理框图

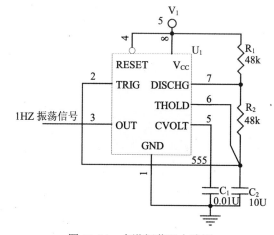

图 10-74　多谐振荡器电路图

首先利用 555 定时器接成施密特触发器，然后接成多谐振荡器。周期为 1 秒，输出 1Hz 的信号。

(2) 时钟电路

时钟电路采用计数器对输入的 1Hz 振荡信号进行计数，从而实现计时。用十进制计数器接成两个 60 进制计数器，分别用于计秒和计分。因为整个洗衣时间不会超过 1 小时，所以不用计时。其电路图如图 10-75 所示。

十进制计数器有很多种，如 74LS90、74LS290、74160 等。74LS90 是二-五-十进制异步计数器。若以 CKA 为输入端、Q_A 为输出端，即得到二进制计数器。若以 CKB 为输入端，Q_B、Q_C、Q_D 为输出端，即构成五进制计数器。若将 CKB 与 Q_A 相连，同时以 CKA 为输入端，则得到十进制计数器。此外，还有两个置 0 端 R_0、两个置 9 端 R9，以便于在工作是根据需要将计数器预先置成 0000 或 1001 的状态。

使用两个 74LS90 构成 60 进制计数器，如图 10-75 所示。图中 U_2 是个位，为十进制，按 74LS90 的十进制接法即可。U_3 是十位，为六进制。十进制和二进制变换表如表 10-4 所示。

表 10-4　十进制-二进制转换表

十　进　制	二　进　制
0	0000
1	0001
2	0010
3	0011
4	0100
5	0101
6	0110
7	0111
8	1000
9	1001

由表 10-4 可以看出，6 的二进制为 0110，即 $Q_B=Q_C=1$，所以把 Q_B、Q_C 分别接到置零端 $R_0(1)$ 和 $R_0(2)$。当输出为 6 时，自动置零。置 9 端 R_9 和 U_2 的置零端则接地。最后把两个 60 进制计数器接起来，就可以构成分、秒时钟系统。接法是把秒计数器的十位进位信号通过反相器接到分计数器的输入端 CKA。要通过反向器是因为输入端是下降沿触发。

(3) 洗衣定时电路

洗衣定时电路是用来控制加入洗涤剂所洗的时间，不算漂洗、脱水、排水、加水的时间。这里设置为 5 分钟、10 分钟、15 分钟、20 分钟四档供用户选择，按键使用触摸式。如图 10-76 所示，把 74LS90 接成五进制计数器。CKB 接入按键 S_1 的信号计数。然后通过门电路控制发光二极管进行显示。计数信号可以保持，与时钟电路进行比较用来控制洗衣机。

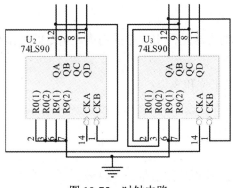

图 10-75　时钟电路

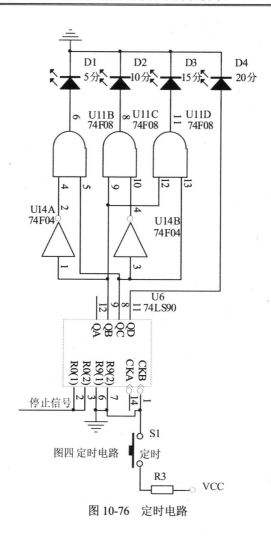

图 10-76　定时电路

(4) 比较电路

采用数据比较器，对时钟电路和定时电路进行比较。难点是定时电路采用的是五进制，其数据对应为(定时输出-十进制-二进制)

001-5 - 00000101，

010-10-00010000，

011-15-00010101，

00-20-00100000。

要进行比较，最简单的方法是采用一般的门电路把定时输出转换成二进制，但是这样会十分复杂。

定时输出 1 位＝二进制 1 位和 3 位；

定时输出 2 位＝二进制 5 位；

定时输出 3 位＝二进制 6 位；

二进制其他位＝0。

通过以上规律对定时信号和时钟信号进行比较，画出电路图，如图 10-77 所示。

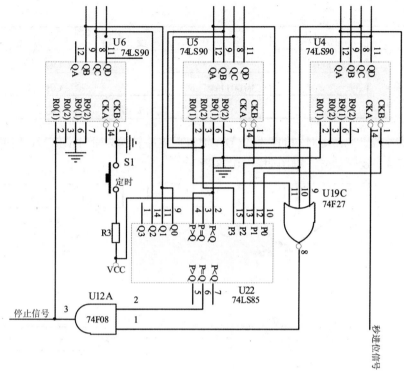

图 10-77　比较电路

(5) 电动机控制电路

洗衣模式分为三种

强力：正转 4s，停止 2s，反转 4s；

标准：正转 3s，停止 2s，反转 3s；

轻柔：正转 2s，停止 1s，反转 2s；

分别用十进制、八进制和五进制计数器控制。74LS90 的十进制和五进制的接法前面已经说过。八进制则只需把 QD 接到两个置零端 R_0，因为输出为 8(1000) 时，QD 第一次取 1，此时，置零自动跳到 0000。再通过门电路使个计数器在某些时间输出为信号，以控制电动机，其工作状态如表 10-5 所示。

表 10-5　控制电机工作状态表

	正　转	停　止	反　转	标志信号
强　力	0s(0000)			QD 下降沿
		6s(0110)		QA+QB'+QC 下降沿
			4s(0100)	QC 出现上升沿
标　准	8s(0000)			QD 上升沿
		5s(0101)		QA+QB+QC' 上升沿
			3s(0010)	QA+QB'+QC 上升沿

(续表)

	正　转	停　止	反　转	标 志 信 号
	5s(0000)			QD 下降沿
轻　柔		3s(0011)		QB+QC'+QD 上升沿
			2s(0010)	QC 上升沿

标志信号是出现指定时间的特殊信号，通过门电路转换为上升沿信号，转换为正转信号、停止信号、反转信号。框图如图 10-78 所示。

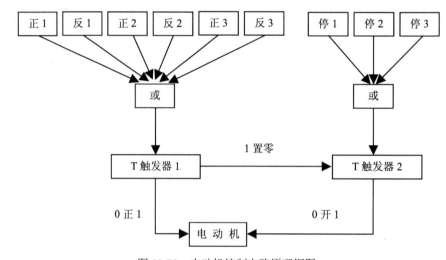

图 10-78　电动机控制电路原理框图

图 10-78 中采用 1、2、3 分别表示三种模式的输出信号。用一个 0、1 分别控制正转和反转，用另一个 0、1 控制开始和停止。

当洗衣机运行时，触发器 1 为 0，触发器 2 为 0，电动机开启并正转。一段时间后，停止信号使触发器 1 仍然为 0，触发器 2 变为 1，电动机停止。再过一段时间，触发器 1 收到反转信号变为 1，使触发器 2 置零，电动机开启并反转。再过一段时间，正转信号是触发器 1 变为 0，触发器 2 仍然为 0……如此循环，直到定时停止信号输入。其电路图如图 10-79 所示。触发器采用 74LS109×2。

图 10-79 中 T 触发器是使用 JK 触发器接成，触发器选用 74LS109×2。由于有三种模式，所以需要进行选择，采用计数器 74LS90 构成三进制计数器，记录触摸键信号。方法是先接成五进制计数器，再把 QB、QC 分别接到两个置零端，当计数器取 11 时置零。用 00 表示轻柔，01 为标准，10 为强力。它通过与门，分别控制 1Hz 振荡信号的通断，以达到控制三种模式计数器的运行。当图中 U_{11} 为 00 时，U_{23} 接到振荡信号，运行，U_{25}、U_{27} 接不到；当 U_{11} 为 01、10 时类似。

另外脱水时电动机必须只往一个方向连续旋转，所以输入脱水信号可使之接正反转的 T 触发器 1 始终置零，电动机始终正转。

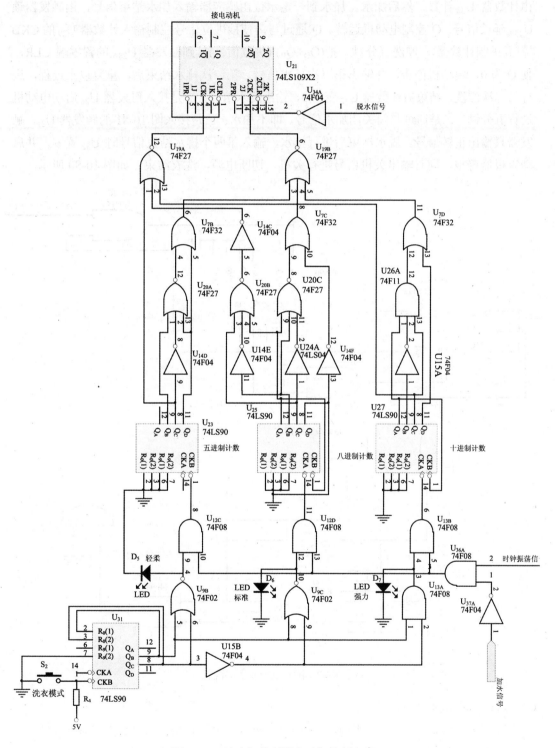

图 10-79　洗衣机控制器电动机控制电路

(6) 漂洗脱水

洗衣机进行两次漂洗一次脱水。洗完后进行第一次排水，排完后，感应器传出信号，

由计数器 U_{32} 计数，然后加水。加水到一定水位由感应器输入加水结束信号，由触发器锁 U_{28A} 延长信号，Q 控制电动机运转。Q'通过与门使秒进位信号控制输入计数器 U_{29} 的 CKB 端(五进制计数器)，漂洗五分钟。把(Q_D+Q_B)'(进位信号)接到触发器 U_{28A} 的置零端 CLR，使 Q 为 0，电动机停止，并输出第二次排水信号。第二次排水结束后，重复以上过程，进行第二次漂洗。结束后计数器 U_{32} 变为 3，输出脱水信号：一是接入触发器 U_{28} 启动电动机运行五分钟；二是通过与门关闭加水信号，即不加水；三是接入图 10-81 的触发器 U_{21}，触发器只输出正转信号。脱水结束后进行排水，输入第四个排水结束信号时 U_{32} 置零，并启动警报器警报，同时输出关机信号进行关机，切断电源，洗衣结束。如图 10-80 所示。

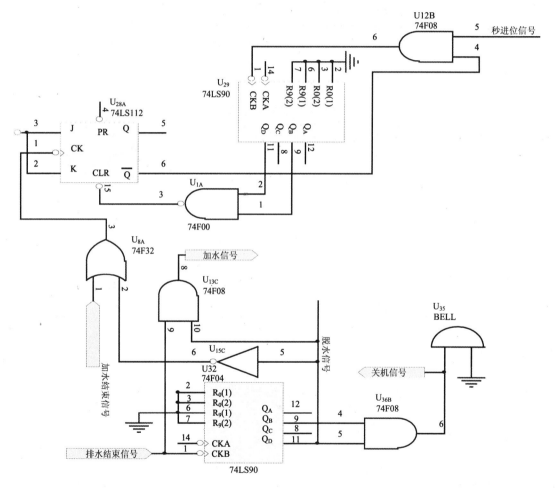

图 10-80　洗衣机控制器漂洗脱水

(7) 显示电路

使用译码器 4511 把二进制转换成七段显示码，再接入 LED。这里只需要显示分钟，十位 U_{17} 的 BLK 端输入灭零控制。如图 10-81 所示。

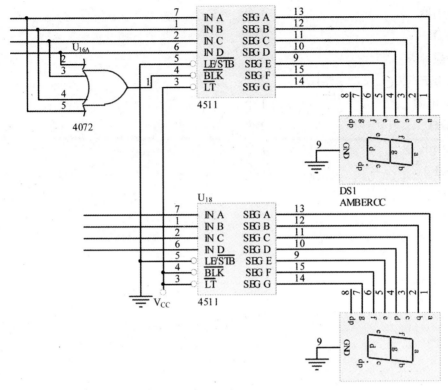

图 10-81　洗衣机控制器显示电路

4. 选用元器件

元件	数量
74F00	2 个
74F02	2 个
74F04	3 个
74F08	3 个
74F11	1 个
74F27	2 个
74F32	1 个
74LS04	1 个
74LS85	1 个
74LS90	11 个
74LS107	1 个
74LS109X2	1 个
74LS112	1 个
555	1 个
4072	1 个
4511	2 个

蜂鸣器	1 个
LED	7 个
触摸开关	3 个
AMBERCC(七段显示器)	2 个
5V 电源	1 个
48kΩ	2 个
0.01μF	1 个
10μF	1 个

参 考 文 献

[1] 范立南，恩莉，代红艳. 模拟电子技术[M]. 北京：中国水利水电出版社，2006.

[2] 范立南，代红艳，恩莉. 数字电子技术[M]. 北京：中国水利水电出版社，2005.

[3] 王成安，张树江. 模拟电子技术基础[M]. 大连：大连理工大学出版社，2006.

[4] 赵淑范，王宪伟. 电子技术试验与课程设计[M]. 北京：清华大学出版社，2006.

[5] 陈先荣. 电子技术基础实验[M]. 北京：国防工业出版社，2006.

[6] 李景宏，马学文. 电子技术实验教程[M]. 沈阳：东北大学出版社，2004.

[7] 钟长华. 电子技术选修实验[M]. 北京：清华大学出版社，1995.

[8] 高建新，雷少刚. 电子技术实验与实训[M]. 北京：机械工业出版社，2006.

[9] 刘建成，严婕. 电子技术实验与设计教程[M]. 北京：电子工业出版社，2007.

[10] 阎石. 数字电子技术基础(第 4 版)[M]. 北京：高等教育出版社，1998.

[11] 康华光. 电子技术基础数字部分(第 4 版)[M]. 北京：高等教育出版社，2004.

[12] 赵建华. 电子技术实验[M]. 西安：西北工业大学出版社，2006.

[13] 毕满清. 电子技术实验与课程设计(第 3 版)[M]. 北京：机械工业出版社，2001.

[14] 李桂安. 电子技术实验及课程设计[M]. 南京：东南大学出版社，2008.

[15] 杨志忠. 电子技术课程设计[M]. 北京：机械工业出版社，2008.

[16] 杨力. 电子技术课程设计[M]. 背景：中国电力出版社，2009.

[17] 张建华. 数字电子技术(第 2 版)[M]. 北京：机械工业出版社，2000.

[18] 彭介华. 电子技术课程设计指导[M]. 北京：高等教育出版社，1997.

[19] 郑步生. Multisim 2001 电路设计及仿真入门与应用[M]. 北京：电子工业出版社，2002.

[20] 杨晖. 大规模可编程器件与数字系统设计[M]. 北京：北京航空航天大学出版社，1998.

[21] 侯伯亨. VHDL 硬件描述语言与数字逻辑电路设计[M]. 西安：西安电子科技大学出版社，1998.

[22] 张克农. 数字电子技术基础[M]. 北京：高等教育出版社，2003.

[23] 王振红. VHDL 数字电路设计与应用实践教程[M]. 北京：机械工业出版社，2003.

[24] 陈大钦. 电子技术基础实验—电子电路实验·设计·仿真[M]. 北京：高等教育出版社，2000.